2024年版

# 电网环境保护管理手册

国家电网有限公司基建部　组编

中国电力出版社
CHINA ELECTRIC POWER PRESS

## 内容提要

本书对电网环境保护管理知识进行了归纳和汇总，从基础概念和管理角度入手，阐述了电网环境保护的工作依据、内容和流程。

本书共 14 章，包括环境保护、电网、电网环境保护、电网水土保持、电网环境保护管理体系、电网建设项目环境保护管理、电网建设项目水土保持管理、电网环保技术监督、电网环境治理、电网固体废物环境无害化处置、六氟化硫管理、电网环保纠纷处理、突发环境事件应急管理和综合管理等内容。

本书具有较强的完整性、精准性、实用性和简便性，可供从事电网环保的管理人员、技术人员和科研人员学习参考，同时也可供高等院校电气工程、环境工程相关专业师生参考借鉴。

**图书在版编目（CIP）数据**

电网环境保护管理手册：2024 年版 / 国家电网有限公司基建部组编 . —北京：中国电力出版社，2024.8
ISBN 978-7-5198-8696-7

Ⅰ . ①电…　Ⅱ . ①国…　Ⅲ . ①电网 – 电力工程 – 环境保护 – 中国 – 手册　Ⅳ . ① X322-62

中国国家版本馆 CIP 数据核字（2024）第 013957 号

---

出版发行：中国电力出版社
地　　址：北京市东城区北京站西街 19 号（邮政编码 100005）
网　　址：http://www.cepp.sgcc.com.cn
责任编辑：匡　野
责任校对：黄　蓓　郝军燕
装帧设计：郝晓燕
责任印制：石　雷

---

印　　刷：三河市万龙印装有限公司
版　　次：2024 年 8 月第一版
印　　次：2024 年 8 月北京第一次印刷
开　　本：787 毫米 ×1092 毫米　16 开本
印　　张：18.75
字　　数：416 千字
定　　价：186.00 元

---

# 《电网环境保护管理手册（2024年版）》

## 编委会

**主　编**　潘敬东

**副主编**　张　宁　谢永胜

**委　员**　李锡成　袁　骏　房岭锋　吴云喜　吴永杰　王之伟　黄常元
李　睿　孙　雷　罗　湘　袁　源　刘晓东　陈　辉　汪美顺
马萧萧　曹文勤　胡　箛

## 编审工作组

**主要审查人员**　严福章　洪　倩　梁　冬　吴　凯　邬　雄　万保权
张建功　刘桂华　李韶瑜　陈　涛　毛文利

**主要编写人员**　祁建民　黄轶康　王　磊　翟晓萌　邱勇军　程　曦
冯　鹏　李征恢　王雪瑶　王一平　傅高健　樊世通
黄一芃　仲　宇　郭达奇　石　磊　刘春雷　高国中
刘　平　王　晟　高　俊　朱江平　李国勇　胡　胜
车　垚　彭继文　周建飞　马悦红　白晓春　吕平海
耿明昕　王　绿　郭季璞　王彦兵　陈枫楠　张永强
朱德亮　奚霁仲　赵　跃　徐霄筱　苏高峰　孙　震
赵光金　王放放　张广洲　李　妮　杨怀伟　贾　凡

# 前 言

党的十八大以来，以习近平同志为核心的党中央把生态文明建设摆在全局工作的突出位置，大力推动生态文明理论创新、实践创新、制度创新，提出一系列新理念新思想新战略新要求，系统形成习近平生态文明思想，为推进生态文明和美丽中国建设提供了根本遵循和行动指南，推动我国生态文明建设和生态环境保护从认识到实践发生了历史性、转折性、全局性变化。党的二十大报告指出，中国式现代化是人与自然和谐共生的现代化，要坚定不移走生产发展、生活富裕、生态良好的文明发展道路，实现中华民族永续发展。2023 年 7 月，习近平总书记在全国生态环境保护大会上再次强调，全面推进美丽中国建设，加快推进人与自然和谐共生的现代化。

国家电网有限公司全面学习贯彻习近平生态文明思想，深入践行“绿水青山就是金山银山”的发展理念，构建以“六精四化”（“六精”指精益求精抓安全，精雕细刻提质量，精准管控保进度，精耕细作抓技术，精打细算控造价，精心培育强队伍；“四化”指标准化、绿色化、机械化、智能化）为主要内涵的专业管理体系，落实“四全两控”（“四全”指业务全覆盖、管理全过程、责任全链条、制度全贯通，“两控”指严格控制环境影响和管理风险）环境保护管理总体要求，系统推进生态环境保护，健全环境保护工作长效机制，强化电网建设项目精准管控，深化环境监测和治理，持续推动电网高质量发展。

2010 年《电网环境保护管理手册》出版以来，生态环境保护法律体系进一步完善，法律法规陆续出台，为进一步落实国家生态环境监管要求，宣贯电网建设项目环境保护和水土保持管理、环保技术监督、环境治理、固体废物无害化处置、环保纠纷处理、突发环境事件应急管理等要求，增强电网环境保护管理工作的系统性、整体性、协同性，国网基建部组织对《电网环境保护管理手册》进行了修订。

本书由国网基建部组编，国网江苏电力牵头，国网北京电力、国网安徽电力、国网湖北电力、国网湖南电力、国网河南电力、国网陕西电力、中国电科院、国网电科院、国网经研院、国网特高压公司共同参与编写。在此，我们向各编写单位的付出，各位领导和专家给予的支持和指导致以最诚挚的谢意！

本书内容不妥之处恳请读者批评指正，提出宝贵意见。

# 目 录

# 基础篇

# 第1章

# 环境保护

环境保护（以下简称“环保”）是指人类为解决现实或潜在的环境问题，协调人类与环境的关系，保护人类的生存环境、保障经济社会的可持续发展而采取的各种行动的总称，其方法和手段包括工程技术、行政管理、经济、宣传教育等。这里的环境指相对于人类这个主体而言一切自然环境要素的总和，当代环境保护研究已成为研究环境与人类相互关系的综合性科学，逐渐衍生出生态环境概念。生态环境与自然环境在含义上十分相近，有时将其混用，但严格说来，生态环境并不等同于自然环境，生态与环境相对独立，又相互交织、紧密联系，是生物及其生存繁衍的各种自然因素、条件的总和，由生态系统和环境系统中的各个“元素”共同组成。当前，生态环境保护作为国家生态文明建设的重要方面，涵盖了环境保护、水土流失、生物多样性、土壤荒漠化等内容，更加关注绿色发展、循环发展与低碳发展。

## 1.1 基本概念及术语

### 1.1.1 生态文明建设和生态环境保护重要政策

#### 1.1.1.1 生态文明

生态文明是指人类遵循人、自然、社会和谐发展这一客观规律而取得的物质与精神成果的总和，是一种以人与自然、人与人、人与社会和谐共生、良性循环、全面发展、持续繁荣为基本宗旨的社会形态。

#### 1.1.1.2 全面推进美丽中国建设

建设美丽中国是以习近平同志为核心的党中央着眼人与自然和谐共生现代化建设全局，顺应人民群众对美好生活的期盼作出的重大战略部署。新时代新征程，把美丽中国建设摆在强国建设、民族复兴的突出位置，加快推进人与自然和谐共生的现代化，对我国实现高质量发展、全面建成社会主义现代化强国具有重大意义。

#### 1.1.1.3 中央生态环境保护督察

中央生态环境保护督察是习近平总书记亲自谋划亲自部署亲自推动的党和国家重大的体制创新和重大的改革举措，是习近平生态文明思想重大原创性成果和制度性保障。原则上在每届党的中央委员会任期内，应当对各省、自治区、直辖市党委和政府，国务院有关部门以及有关中央企业开展例行督察，并根据需要对督察整改情况实施“回头看”；针对突出生态环境问题，视情组织开展专项督察。

#### 1.1.1.4 可持续发展

可持续发展是指“既满足当代人的需求，又不对后代人满足其自身需求的能力构成危害的发展”，它是建立在社会、经济、人口、资源、环境相互协调和共同发展的基础上的一种发展观。1987 年，联合国世界环境与发展委员会主席、挪威首相布伦特兰女士（Brundtland）向联合国提交的一份名为《我们共同的未来》报告中，首次提出“可持续发展”概念。1992 年，联合国环境与发展大会正式定义“可持续发展”，并在《21 世纪议程》中将“可持续发展”从理论探讨范畴推向人类共同追求的实际目标。1994 年，我国发表了《中国 21 世纪人口、环境发展白皮书》，明确提出中国的发展必须以可持续发展思想为指导，走具有中国特色的发展道路。

#### 1.1.1.5 清洁生产

清洁生产是指既可满足人们需要又可合理使用自然资源并保护环境的实用生产方法和措施，其实质是一种物料和能源消耗最小的人类生产活动的规划和管理，将废物减量化、资源化和无害化，或消灭于生产过程之中。清洁生产包含两个全过程控制：生产全过程和产品整个生命周期全过程。对生产过程而言，清洁生产包括节约原材料与能源，尽可能不用有毒原材料并在生产过程中就减少它们的数量和毒性；对产品而言，则是从原材料获取到产品最终处置过程中，尽可能将对环境的影响减少到最低。

#### 1.1.1.6 清洁发展机制

清洁发展机制（Clean Development Mechanism，CDM），是根据《京都议定书》第十二条建立的发达国家与发展中国家合作减排温室气体的灵活机制。它允许工业化国家的投资者在发展中国家实施有利于发展中国家可持续发展的减排项目，从而减少温室气体排放量，以履行发达国家在《京都议定书》中所承诺的限排或减排义务。《京都议定书》附件 1 规定：发达国家通过向发展中国家提供资金和技术帮助发展中国家实现可持续发展；发达国家通过从发展中国家购买“可核证的排放削减量（CER）”以履行《京都议定书》规定的减排义务。

#### 1.1.1.7 绿色发展

绿色发展是以效率、和谐、持续为目标的经济增长和社会发展方式。绿色发展理念以人与自然和谐为价值取向，以绿色低碳循环为主要原则，以生态文明建设为基本抓手。当今世界，绿色发展已经成为一个重要趋势，许多国家把发展绿色产业作为推动经济结构调整的重要举措，突出绿色的理念和内涵。

#### 1.1.1.8 碳达峰、碳中和

“碳达峰”是指在某一个时点，二氧化碳的排放不再增长达到峰值，之后逐步回落。

"碳中和"是指在一定时间内，通过植树造林、节能减排等途径，抵消自身所产生的二氧化碳排放量，实现二氧化碳"零排放"。

2020 年 9 月 22 日，国家主席习近平在第七十五届联合国大会上宣布，中国力争 2030 年前二氧化碳排放达到峰值，努力争取 2060 年前实现碳中和目标。

#### 1.1.1.9 低碳经济

低碳经济是以低能耗、低污染、低排放为基础的经济模式，是人类社会继农业文明、工业文明之后的又一次重大革命。低碳经济实质是能源利用高效率和清洁能源结构，核心是能源技术创新和人类生存发展观念的根本性转变。低碳经济最早见于 2003 年英国政府的能源白皮书《人们能源的未来：创建低碳经济》。低碳经济的特征是以减少温室气体排放为目标，构筑低能耗、低污染为基础的经济发展体系，包括低碳能源系统、低碳技术和低碳产业体系。低碳能源系统是指通过发展清洁能源，包括风能、太阳能、核能、地热能和生物质能等替代煤、石油等化石能源以减少二氧化碳排放。低碳技术包括清洁煤技术（IGCC）和二氧化碳捕捉及储存技术（CCS）、二氧化碳捕捉、利用与储存技术（CCUS）等。低碳产业体系包括火电减排、新能源汽车、节能建筑、工业节能与减排、循环经济、资源回收、环保设备、节能材料等。

#### 1.1.1.10 ISO 14000 环境管理体系

ISO 14000 环境管理体系是指由国际标准化组织的国际环境管理技术委员会（ISO/TC207）负责制定的国际通行的环境管理体系标准，包括环境管理体系、环境审核、环境标志、生命周期分析等国际环境管理领域内的焦点问题。目的是指导各类组织（企业、公司）获得正确的环境行为，不包括制定污染物试验方法标准、污染物及污水极限值标准及产品标准等。该标准不仅适用于制造业和加工业，而且适用于建筑、运输、固体废物管理、维修及咨询等服务业。该标准共预留 100 个标准号，共分 7 个系列，编号为 ISO 14001 ~ 14100。

根据 ISO 14001 的 3.5 定义：环境管理体系是一个组织内全面管理体系的组成部分，包括为制定、实施、实现、评审和保持环境方针所需的组织机构、规划活动、机构职责、惯例、程序、过程和资源，还包括组织的环境方针、目标和指标等内容。

### 1.1.2 环境保护

#### 1.1.2.1 环境

环境是指影响人类生存和发展的各种天然的和经过人工改造的自然因素的总体，包括自然环境和社会环境。自然环境指的是环绕于人类周围的各种自然因素的总和，由空气、水、土壤、阳光和各种矿物质资源等环境因素组成，一切生物离开了它就不能生存。社会环境是人类长期生产生活的结果，指人类的社会制度、经济状况、职业分工、文化艺术、卫生等上层建筑和生产关系等。

#### 1.1.2.2 生态环境

生态环境是指影响人类生存与发展的水资源、土地资源、生物资源以及气候资源数量与质量的总称，是关系到社会和经济持续发展的复合生态系统。

#### 1.1.2.3 环境管理

环境管理是指在环境容量允许的条件下，以环境科学技术为基础，运用诸如：法律的、经济的、行政的、技术的以及宣传教育的手段来对人类影响环境的活动进行调节和控制，规范人类的环境行为，其目的是协调社会经济发展与环境的关系，保护和改善生活环境和生态环境，防治污染和其他公害，保护人体健康，促进社会经济的可持续发展。

#### 1.1.2.4 环境要素

环境要素是指构成环境整体的各个独立的、性质各异而又服从总体演化规律的基本物质组成，也叫环境基质，可分为自然环境要素和社会环境要素，通常是指水、大气、声与振动、生物、土壤、岩石、日照、放射性、电磁辐射、人群健康等。

#### 1.1.2.5 环境质量

环境质量表示的是环境优劣的程度，指一个具体的环境中，环境总体或某些要素对人群健康、生存和繁衍以及社会经济发展适宜程度的量化表述。环境质量是因人对环境的具体要求而形成的评定环境的一种概念。环境质量包括综合环境质量和各要素环境质量。各要素环境质量如大气环境质量、水环境质量、土壤环境质量等。

#### 1.1.2.6 环境容量

环境容量是指某一环境区域内，根据地区自然净化能力，为达到环境目标值，所能承受的污染物最大排放量。大气、水、土地、动植物等都有承受污染物的最高限值，就环境污染而言，污染物存在的数量超过最大容纳量，这一环境的生态平衡和正常功能就会遭到破坏。环境容量包括绝对容量和年容量两个方面。前者是指某一环境所能容纳某种污染物的最大负荷量；后者是指某一环境在污染物的积累浓度不超过环境标准规定的最大容许值的情况下，每年所能容纳的某污染物的最大负荷量。

#### 1.1.2.7 环境污染

环境污染是指人类直接或间接地向环境排放超过其自净能力的物质或能量，从而使环境质量降低，对人类生存与发展、生态系统和财产造成不利影响的现象。具体包括水污染、大气污染、噪声污染、放射性污染等。

#### 1.1.2.8 固体废物

固体废物是指在生产、生活和其他活动中产生的丧失原有利用价值或者虽未丧失利用价值但被抛弃或者放弃的固态、半固态和置于容器中的气态的物品、物质以及法律、行政法规规定纳入固体废物管理的物品、物质。

#### 1.1.2.9 危险废物

危险废物是指列入《国家危险废物名录》或者根据国家规定的危险废物鉴别标准和鉴别方法认定的具有危险特性的固体废物。

#### 1.1.2.10 环境目标

环境目标是指指为保护和改善环境而设定的、拟在相应规划期限内达到的环境质量、生态功能和其他与环境保护相关的目标和要求。

#### 1.1.2.11 生态影响

生态影响是指经济社会活动对生态系统及其生物因子、非生物因子所产生的任何有害的或有益的作用，影响可划分为不利影响和有利影响，直接影响、间接影响和累积影响，可逆影响和不可逆影响。

#### 1.1.2.12 生态系统完整性

生态系统完整性是反映生态系统在外来干扰下维持自然状态、稳定性和自组织能力的程度。应从生态系统组成结构（如连通性、破碎度等）与功能（如系统提供的各种产品、服务）两个方面进行评价。

#### 1.1.2.13 生态保护红线

生态保护红线是指在生态空间范围内具有特殊重要生态功能、必须强制性严格保护的区域，是保障和维护国家生态安全的底线和生命线，通常包括具有重要水源涵养、生物多样性维护、水土保持（以下简称“水保”）、防风固沙、海岸生态稳定等功能的生态功能重要区域，以及水土流失、土地沙化、石漠化、盐渍化等生态环境敏感脆弱区域。生态保护红线可划分为生态功能保障基线、环境质量安全底线、自然资源利用上线。生态功能保障基线包括禁止开发区生态红线、重要生态功能区生态红线、生态环境敏感区、脆弱区生态红线。环境质量安全底线是保障人民群众呼吸上新鲜的空气、喝上干净的水、吃上放心的粮食、维护人类生存的基本环境质量需求的安全线，包括环境质量达标红线、污染物排放总量控制红线和环境风险管理红线。自然资源利用上线是促进资源能源节约，保障能源、水、土地等资源高效利用，不应突破的最高限值。

#### 1.1.2.14 国家公园

国家公园是指由国家批准设立并主导管理，边界清晰，以保护具有国家代表性的大面积自然生态系统为主要目的，实现自然资源科学保护和合理利用的特定陆地或海洋区域。三江源、大熊猫、东北虎豹、海南热带雨林、武夷山国家公园是我国设立的首批国家公园，保护面积达 23 万 $km^2$，涵盖了我国陆域近 30% 的国家重点保护野生动植物种类。

#### 1.1.2.15 环境敏感区

环境敏感区是指依法设立的各级各类自然、文化保护地，以及对某类污染因子或生态影响特别敏感的区域，主要包括自然保护区、世界文化和自然遗产地、饮用水水源保护区、风景名胜区、森林公园、地质公园、水产种质资源保护区、海洋特别保护区、基本农田保护区、基本草原、水土流失重点预防区和重点治理区、沙化土地封禁保护区。重要湿地、天然林、天然渔场、珍稀濒危（或地方特有）野生动植物天然集中分布区，重要陆生动物迁徙通道、繁育和越冬场所、栖息和觅食区域，重要水生动物的自然产卵场及索饵场、越冬场和洄游通道，封闭及半封闭海域，资源性缺水地区，富营养化水域，江河源头区、重要水源涵养区，江河洪水调蓄区，防风固沙区。以居住、医疗卫生、文化教育、科研、行政办公等为主要功能的区域，文物保护单位，具有特殊历史、文化、科学、民族意义的保护地。

#### 1.1.2.16 生态敏感区

包括法定生态保护区域、重要生境以及其他具有重要生态功能、对保护生物多样性具有重要意义的区域。其中，法定生态保护区域包括：依据法律法规、政策等规范性文件划定或确认的国家公园、自然保护区、自然公园等自然保护地、世界自然遗产、生态保护红线等区域；重要生境包括：重要物种的天然集中分布区、栖息地，重要水生生物的产卵场、索饵场、越冬场和洄游通道，迁徙鸟类的重要繁殖地、停歇地、越冬地以及野生动物迁徙通道等。

#### 1.1.2.17 重点生态功能区

重点生态功能区是指生态系统脆弱或生态功能重要，资源环境承载能力较低，不具备大规模高强度工业化城镇化开发的条件，必须把增强生态产品生产能力作为首要任务，从而应该限制进行大规模高强度工业化城镇化开发的地区。

#### 1.1.2.18 环境影响评价

环境影响评价是指对规划和建设项目实施后可能造成的环境影响进行分析、预测和评估，提出预防或减轻不良环境影响的对策和措施，并进行跟踪监测的方法与制度。环境影响评价的根本目的是鼓励在规划和决策中考虑环境因素，最终达到更具环境相容性的人类活动。

#### 1.1.2.19 环境保护“三同时”制度

环境保护“三同时”制度是指建设项目中防治污染的设施应当与主体工程同时设计、同时施工、同时投产使用的制度。它与环境影响评价制度相辅相成，是预防为主环保方针的具体化、制度化。

#### 1.1.2.20 温室气体与温室效应

温室气体是指大气中自然或人为产生的气体成分，它们能够吸收和释放地球表面、大气和云发出的热红外辐射光谱内特定波长的辐射。温室气体包括二氧化碳、甲烷、氧化亚氮、氢氟碳化物、全氟碳化物、六氟化硫等。温室效应又称“花房效应”，是大气保温效应的俗称，因其作用类似于栽培农作物的温室，故称温室效应。温室气体导致温室效应，若温室效应不断加强，全球温度将逐年持续升高，引起全球气候变暖等一系列严重问题，减少二氧化碳等温室气体的排放已经成为人类共识。

### 1.1.3 水土保持

#### 1.1.3.1 水土保持

水土保持是指对自然因素和人为活动造成水土流失通过采取植物、工程等预防和治理措施，防治水土流失，保护、改良与合理利用水土资源，维护和提高土地生产力，减轻洪水、干旱和风沙灾害，充分发挥水土资源生态效益、经济效益和社会效益的工作。

#### 1.1.3.2 水土流失

水土流失指在水力、风力、重力及冻融等自然营力和人类活动作用下，水土资源和土地生产能力的破坏和损失，包括土地表层侵蚀及水的损失。

#### 1.1.3.3 土壤侵蚀

土壤侵蚀是指在水力、风力、冻融、重力等自然营力和人类活动作用下，土壤或其他地面组成物质被破坏、剥蚀、搬运和沉积的过程。

#### 1.1.3.4 土壤侵蚀类型

按照侵蚀营力的不同而划分的土壤侵蚀类别，土壤侵蚀类型包括水力侵蚀、风力侵蚀、冻融侵蚀、重力侵蚀等。

#### 1.1.3.5 水土保持措施

水土保持措施是指为防治水土流失，保护、改良与合理利用水土资源，改善生态环境所采取的工程、植物和耕作等技术措施与管理措施的总称。其中工程措施是指坡面工程、沟道工程、挡墙工程等；植物措施是指水土保持造林、水土保持种草、水土保持耕作等。

#### 1.1.3.6 水土保持监测

水土保持监测是指对水土流失发生、发展、危害及水土保持效益进行长期的调查、观测和分析工作。

#### 1.1.3.7 水土流失综合治理

水土流失综合治理是指按照水土流失规律、经济社会发展和生态安全的需要，在统一规划的基础上调整土地利用结构，合理配置预防和控制水土流失的工程措施、植物措施和耕作措施，形成完整的水土流失防治体系，实现对流域（或区域）水土资源及其他自然资源保护改良与合理利用的活动。

#### 1.1.3.8 水土保持“三同时”制度

水土保持“三同时”制度是指建设项目中的水土保持设施应当与主体工程同时设计、同时施工、同时投产使用的制度。它与水土保持方案审批、施工过程中的水土保持监测和监理、水土保持设施验收等制度相辅相成。

### 1.1.4 重要日期

#### 1.1.4.1 世界环境日

世界环境日是指联合国环境规划署每年 6 月 5 日选择一个成员国举行“世界环境日”纪念活动，发表《环境现状的年度报告书》及表彰“全球 500 佳”，并根据当年的世界主要环境问题及环境热点，有针对性地制定每年的“世界环境日”主题。世界环境日的确立，反映了世界各国人民对环境问题的认识和态度，表达了人类对美好环境的向往和追求。它是联合国促进全球环境意识、提高政府对环境问题的注意并采取行动的主要媒介之一。

2004 年，根据我国国情和面对的主要环境问题，第一次推出世界环境日中国主题；2014 年 4 月 24 日中国第十二届全国人民代表大会常务委员会第八次会议修订通过的；2015 年 1 月 1 日起施行的《中华人民共和国环境保护法》规定，每年的 6 月 5 日为环境日。

#### 1.1.4.2 全国生态日

2023 年 6 月 28 日，十四届全国人大常委会第三次会议决定：将 8 月 15 日设立为全国生态日。全国生态日，是为了深化习近平生态文明思想的大众化传播，提高全社会生态文明意识，增强全民生态环境保护的思想自觉和行动自觉而设立的纪念日。国家电网有限公司从系统谋划统筹推进生态保护工作到建设资源节约、环境友好的绿色电网，从加快推动发展方式绿色低碳转型到履行社会责任开展生物多样性保护项目，坚持围绕“双碳”目标，强化全面环境管理，持续推进能源转型，不断厚植高质量发展的绿色底色。

#### 1.1.4.3 国际生物多样性日

为保护全球生物多样性，1992 年，在巴西里约热内卢召开的联合国环境与发展大会上，包括中国在内的 153 个国家签署了《保护生物多样性公约》。联合国大会于 2000 年 12 月 20 日通过了第 55/201 号决议，宣布每年 5 月 22 日，即《生物多样性公约》通过之日为国际生物多样性日。生物多样性关系人类福祉，是人类赖以生存和发展的重要基础。电网是重要的能源基础设施，也是践行生态文明理念的重要载体。国家电网有限公司深入贯彻习近平生态文明思想，坚定不移走生态优先、绿色发展之路，积极践行保护生物多样性责任，为美丽中国建设贡献电网力量。

## 1.2 习近平生态文明思想

党的十八大以来，以习近平同志为核心的党中央从中华民族永续发展的高度出发，深刻把握生态文明建设在新时代中国特色社会主义事业中的重要地位和战略意义，大力推动生态文明理论创新、实践创新、制度创新，创造性提出一系列新理念新思想新战略，形成了习近平生态文明思想。习近平生态文明思想是习近平新时代中国特色社会主义思想的重要组成部分，是马克思主义基本原理同中国生态文明建设实践相结合、同中华优秀传统生态文化相结合的重大成果，是以习近平同志为核心的党中央治国理政实践创新和理论创新在生态文明建设领域的集中体现，是新时代我国生态文明建设的根本遵循和行动指南。

### 1.2.1 基本内容

2022 年 8 月 18 日，习近平生态文明思想研究中心在《人民日报》刊文，将习近平生态文明思想的基本内容概括为“十个坚持”。即：①坚持党对生态文明建设的全面领导；②坚持生态兴则文明兴；③坚持人与自然和谐共生；④坚持绿水青山就是金山银山；⑤坚持良好生态环境是最普惠的民生福祉；⑥坚持绿色发展是发展观的深刻革命；⑦坚持统筹山水林田湖草沙系统治理；⑧坚持用最严格制度最严密法治保护生态环境；⑨坚持把建设美丽中国转化为全体人民自觉行动；⑩坚持共谋全球生态文明建设之路。

2023 年 7 月，党中央再次召开全国生态环境保护大会，是新时代新征程生态文明建设领域新的重要里程碑。习近平总书记出席会议并发表重要讲话，全面总结了新时代我国生态文明建设取得的举世瞩目的巨大成就特别是“四个重大转变”，深刻阐述了新征程上推进生态文明建设需要处理好的“五个重大关系”，系统部署了全面推进美丽中国建设的“六项重大任务”，鲜明提出了坚持和加强党的全面领导的“一项重大要求”，实现了习近平生态文明思想在实践基础上的创新发展，为全面推进美丽中国建设、加快推进人与自然和谐共生的现代化，提供了根本遵循和行动指南。

### 1.2.2　核心理念

以美丽中国建设全面推进人与自然和谐共生的现代化。坚持以人民为中心，牢固树立和践行绿水青山就是金山银山的理念，把建设美丽中国摆在强国建设、民族复兴的突出位置，推动城乡人居环境明显改善、美丽中国建设取得显著成效，以高品质生态环境支撑高质量发展。

持续深入打好污染防治攻坚战。坚持精准治污、科学治污、依法治污，保持力度、延伸深度、拓展广度，深入推进环境污染防治，持续改善生态环境质量。蓝天保卫战是攻坚战的重中之重。碧水保卫战要促进“人水和谐”。净土保卫战重在强化污染风险管控。

加快推动发展方式绿色低碳转型。坚持把绿色低碳发展作为解决生态环境问题的治本之策，加快形成绿色生产方式和生活方式，厚植高质量发展的绿色底色。优化国土空间开发格局，加快产业绿色转型升级，打造绿色发展高地，推动形成绿色生活方式。

着力提升生态系统多样性、稳定性、持续性。站在维护国家生态安全、中华民族永续发展和对人类文明负责的高度，加强生态保护和修复，为子孙后代留下山清水秀的生态空间。加大生态系统保护力度，切实加强生态保护修复监管，拓宽绿水青山转化金山银山的路径。

积极稳妥推进碳达峰碳中和。坚持全国统筹、节约优先、双轮驱动、内外畅通、防范风险的原则，落实好碳达峰碳中和“1+N”政策体系。有计划分步骤实施碳达峰行动，构建清洁低碳安全高效的能源体系。

守牢美丽中国建设安全底线。贯彻总体国家安全观，积极有效应对各种风险挑战，保障我们赖以生存发展的自然环境和条件不受威胁和破坏。切实维护生态安全，确保核与辐射安全。

健全美丽中国建设保障体系。统筹各领域资源，汇聚各方面力量，打好法治、市场、科技、政策“组合拳”，为美丽中国建设提供基础支撑和有力保障。强化法治保障，完善绿色低碳发展经济政策，推动有效市场和有为政府更好结合，加强科技支撑。

## 1.3　世界环境管理的发展

人类起源于自然，生存于自然，发展于自然。自人类出现以后，生物与环境、人与自然就紧密联系在一起。生物是在与环境的对立统一中存在的，而存在决定意识，这是马克思主义哲学的基本观点。环境问题是不合理的资源利用方式和经济增长模式的产物，根本上反映了人与自然的矛盾冲突，究其本质是经济结构、生产方式和消费模式问题，需要通过科学管理，从根本上扭转粗放发展模式，逐步杜绝或降低人类生产活动对环境的影响。

### 1.3.1 世界环境管理三个发展阶段

从全球视野看，面对环境污染问题，世界环境管理主要经历了“沉痛的代价、宝贵的觉醒、奋起的飞跃”3个阶段。

#### 1.3.1.1 沉痛的代价

工业革命以来，人类征服和改造自然的能力大大增强。传统工业化在创造无与伦比的物质财富的同时，也过度消耗自然资源，大范围破坏生态环境，大量排放各种污染物，人类为此付出了沉痛的代价。

20世纪50年代末60年代初，发达国家环境污染问题日益突出，各发达国家相继成立环境保护专门机构。因当时环境问题只认为是工业污染，环境保护主要是治理污染源、减少排污量，制定一些环境法规和标准，采取给工厂企业补助资金，帮助建设净化设施，通过征收排污费或实行“谁污染、谁治理”，解决环境污染的治理费用问题。在此阶段，投入了大量资金，环境污染有所控制，环境质量有所改善，但由于属于末端治理，收效并不显著。

#### 1.3.1.2 宝贵的觉醒

20世纪60～70年代，随着各国环境保护运动的深入，环境问题和环境保护逐步进入国际社会生活。在环境觉醒历史进程中，出现过著名的3本书。第一本书是《寂静的春天》，这本书揭露了为追求利润而滥用农药的事实。作者在书中号召人们迅速改变对自然世界的看法和观点，呼吁人们认真思考人类社会的发展问题，直接推动了日后现代环保主义的发展，引发了公众对环境问题的关注。随后，各种环境保护组织纷纷成立。第二本书是《增长的极限》，是1972年由来自世界各地的几十位科学家、教育家和经济学家会聚在罗马提出的一份报告。该报告的代表性观点是，“没有环境保护的繁荣是推迟执行的灾难”。第三本书是《只有一个地球》，是1972年斯德哥尔摩联合国第一次人类环境会议秘书长莫里斯·斯特朗委托经济学家芭芭拉·沃德和生物学家勒内·杜博斯撰写的。这本书的主要观点是，“不进行环境保护，人们将从摇篮直接到坟墓”。

#### 1.3.1.3 奋起的飞跃

经历了沉痛的代价和宝贵的觉醒之后，人类对环境问题的认识逐步深入，对发展不断进行深刻反思。以4次世界性环境与发展会议为标志，人类对环境问题的认识发生了历史性转变，期间发生了4次历史性飞跃。

第一次飞跃是1972年6月5～16日在瑞典斯德哥尔摩召开的联合国人类环境会议，来自113个国家政府代表和民间人士就世界当代环境问题以及保护全球环境战略等问题进行研讨，提出了“只有一个地球”的口号，7个共同观点和26项共同原则，确立了人类对环境问题的共同看法和原则。

第二次飞跃是1992年6月3～14日在巴西里约热内卢召开的联合国环境与发展大会，会议发布了《21世纪议程》，标志着世界环境保护工作的新起点。

第三次飞跃是2002年8月26日～9月4日在南非约翰内斯堡召开的可持续发展世界

首脑会议，包括 104 个国家元首和政府首脑在内，192 个国家的 1.7 万名代表就全球可持续发展现状、问题与解决办法进行了广泛的讨论。

第四次飞跃是 2012 年 6 月 20 ~ 22 日在巴西里约热内卢召开的联合国可持续发展大会。会议发起可持续发展目标讨论进程，提出绿色经济是实现可持续发展的重要手段。

### 1.3.2　国际环境管理发展趋势

可持续发展已成为国际社会环境与发展领域的一个主流。受其主导，环境保护管理方面出现了三个重要趋势：一是强调经济与环境决策的一体化，一些发达国家开始制定预防为主的、综合性的、对各部门具有指导作用的环境计划；二是扩大了市场经济手段的应用，特别是强调采用综合性的税收手段，一些有影响的智囊集团提出了“绿色税收”的设想，即保持税负大致不变的同时改变现行税收结构，增加对有污染活动的税负，减少收入所得税负；三是扩大公众参与，倡导企业与公众采取环境保护的自觉行动，倡导政府和企业在环境保护方面建立伙伴关系。

### 1.3.3　国际电磁环境管理的发展

1974 年，国际辐射防护协会（IRPA）设立了非电离辐射（NIR）工作组，开始对各种类型的 NIR 防护方面的问题进行研究。在 1977 年巴黎召开的 IRPA 大会上，该工作组成为国际非电离辐射委员会（INIRC）。

在 1992 年 5 月 18 日至 22 日蒙特利尔召开的第八次 IRPA 国际会议上，作为 IRPA/INIRC 的继承者，一个新的独立的科学组织——国际非电离辐射防护委员会（ICNIRP）成立了。ICNIRP 的职责是调查各种形式的 NIR 可能带来的危害，制定有关 NIR 暴露限值的国际导则，并处理与 NIR 防护相关的各方面问题。

在联合国世界卫生组织（WHO）的直接倡导下，于 1996 年开始了一项有 60 多个国家及多个国际组织参加的长达 10 年的“国际电磁场计划”的研究。研究计划在电磁环境的风险评估、风险感受以及风险管理等方面取得了重要成果，它对各国进行电磁环境的管理、电网环保的标准制定，对各国政府、企业和社会公众正确认识电磁环境影响、科学确立极低频场环境健康准则、开展积极的风险对话、风险管理和风险控制等具有重要的指导和借鉴作用。

## 1.4　我国环境管理的发展

中华人民共和国成立以来，我国环境管理实现了从无到有、从欠缺到逐渐完善的历史性变迁。中国的环境保护起步较晚但发展较快，且具有中国自身特色。在 2018 年最新一轮的国务院政府机构改革中组建了生态环境部。我国的环境保护管理发展可分为 5 个阶段。2023 年 10 月，根据环境管理需要，生态环境部的职责进行了调整，生态环境部内设机构中央生态环境保护督察办公室更名为中央生态环境保护督察协调局，并将其职责表述中“承担国务院生态环境保护督察工作领导小组日常工作”修改为“承担中央生态环境保护督察工作领导小组办公室具体事务”；将科学技术部的组织拟订科技促进生态环境发展规划和政策职责，及其内设的社会发展科技司划入生态环境部，职责的调整更加提升了生态环境保护督察的组织势能，强化了对生态环境科技发展规划的统一管理和顶层设计，这也表明目前我国的环境管理体制仍处于持续性的变迁当中。

### 1.4.1 萌芽和起步阶段（1970～1979 年）

从中华人民共和国成立到“文革”中后期由于我国经济发展水平相对较低，生态环境问题并不严重，并且受意识形态影响将环境污染简单认定为是资本主义国家的公害，致使这一阶段中国虽然采取了一些环保措施，但是并无明确清晰的环保机构、环保法律和环保意识，大众的环保意识尚处于萌芽阶段。1972 年，中国发生了几件较大的环境事件：大连湾污染，涨潮一片黑水，退潮一片黑滩，因污染荒废的贝类滩晾 5000 多亩，每年损失海参十余吨，贝类 100 余吨，蚬子 150 余吨；北京发生鱼污染事件，市场出售的鱼有异味，经调查是官厅水库的水受污染造成的；松花江水系发生污染报警，渔民食用江中含汞的鱼类、贝类，出现水俣病（甲基汞中毒）的症状。当年 6 月 5 日，联合国第一次人类环境会议在斯德哥尔摩召开，当时我国正处于左倾社会主义思潮当中，认为“社会主义没有污染”，“说社会主义有污染是对社会主义的污蔑”，原不准备派代表参加。周恩来总理首先看到了污染的严重性，他强调不能将环境问题看成是小事，不要认为不要紧，不要再等了。在周总理的指示下，我国派出代表团参加了会议，这次会议使我国政府比较深刻地了解到环境问题对经济社会发展的重大影响。

1973 年 8 月 5～20 日，在北京召开了第一次全国环境保护会议。这次会议虽然是在特殊的历史背景下召开的，但却拉开了中国环境保护工作的序幕，为中国环保事业作出了历史性的贡献。会议取得的主要成果有：①向全国、向全世界表明了中国不仅认识到环境污染的存在，已到了比较严重的程度，而且有决心去治理污染。会议作出了环境问题“现在就抓，为时不晚”的明确结论。②审议通过了“全面规划、合理布局，综合利用、化害为利，依靠群众、大家动手，保护环境、造福人民”的 32 字环境保护方针。③审议通过了中国第一个全国性环境保护文件《关于保护和改善环境的若干规定（试行）》，后经国务院以国发〔1973〕158 号文批转全国。这是中国历史上第一个由国务院批转的具有法规性质的文件。共 10 条，第 1 条和第 2 条提出“做好全面规划，工业合理布局”；第 3 条“逐步改善老城市的环境”，要求保护水源，消烟除尘，治理城市“四害”，消除污染；第 4 条“综合利用，除害兴利”预防为主治理工业污染，要求努力改革工艺，开展综合利用，“一切新建、扩建和改建企业，防治污染项目必须和主体工程同时设计、同时施工、同时投产”（即“三同时”）。其他各条对加强土壤和植被的保护，加强水系和海域的管理，植树造林、绿化祖国，以及开展环保科研和宣传教育、环境监测、环保投资、设备和材料的落实也都做出了规定。国务院在对该文件的批示中又提出：“各地区、各部门要设立精干的环境保护机构，给他们以监督、检查的职权”。根据文件的规定，在全国范围内各地区、各部门陆续建立起环境保护机构。

1974 年 10 月，经国务院批准正式成立了国务院环境保护领导小组。由国家计委、工业、农业、交通、水利、卫生等有关部委领导人组成，下设办公室负责处理日常工作。

起步时期的环境保护主要有以下 4 个方面：

（1）全国重点区域的污染源调查、环境质量评价及污染防治途径的研究。主要有：北京西北郊污染源调查及环境质量评价研究；北京东南郊污染源调查、环境质量评价及污染防治途径的研究。沈阳、南京市等也开展了类似的研究工作。在水域、海域方面，开展了蓟运河、白洋淀、鸭儿湖、渤海、黄海的污染源调查。

（2）以水、气污染治理和“三废”综合利用为重点的环保工作。开展保护城市饮用水源和消烟除尘，并大力开展工业“三废”的综合利用。

（3）制定环境保护规划和计划。1974 年国务院环境保护领导小组成立后，为尽快控制环境恶化，改善环境质量，1974 ~ 1976 年连续下发了 3 个制定环境保护规划的通知，并提出了“5 年控制，10 年解决”的长远规划目标。

（4）逐步形成一些环境管理制度，制定“三废”排放标准。1973 年，“三同时”制度逐步形成并要求企事业单位执行；1973 年 8 月，国家计委在上报国务院的《关于全国环境保护会议情况的报告》中提出：对污染严重的城镇、工业企业、江河湖泊和海湾，要一个一个地提出具体措施，限期治好。1978 年，由国家计委、国家经委、国务院环境保护领导小组联合提出了一批限期治理的严重污染环境的企业名单，并于当年 10 月下达任务。

为加强对工业企业污染管理，做到有章可循，1973 年 11 月 17 日，由国家计委、国家建委、卫生部联合颁布了中国第一个环境标准——《工业“三废”排放试行标准》（GBJ 4—1973）。这是一种浓度控制标准，共 4 章 19 条。

1978 年，国务院环境保护领导小组的《环境保护工作汇报要点》提出：“消除污染，保护环境，是进行社会主义建设，实现四个现代化的一个重要组成部分……我们绝不能走先建设、后治理的弯路。我们要在建设的同时就解决环境污染的问题”。

### 1.4.2 奠基和成长阶段（1978 ~ 1992 年）

1979 年 9 月 13 日，《中华人民共和国环境保护法（试行）》经第五届全国人大常委会第十一次会议审议通过并实施，这是新中国第一部环境保护基本法，使我国环境保护进入有法可依的时代，环境保护工作步入法治轨道。

1982 年 5 月，第 5 届全国人大常委会第 23 次会议决定，将国家建委、国家城建总局、建工总局、国家测绘局、国务院环境保护领导小组办公室合并，组建城乡建设环境保护部，内设环境保护局，实现了环境保护职能部门第一次飞跃。

1983 年 12 月 31 日 ~ 1984 年 1 月 7 日，第二次全国环境保护会议在北京召开。这次会议成为中国环境保护工作的一个里程碑，为中国的环境保护事业作出了四个方面的重要历史贡献。

（1）确立环境保护是我国一项基本国策。

（2）提出“三同步”“三统一”，即“经济建设、城乡建设和环境建设同步规划、同步实施、同步发展”，实现“经济效益、社会效益与环境效益的统一”战略方针。

（3）确定符合中国国情的“预防为主、防治结合、综合治理”“谁污染谁治理”“强化环境管理”三大环境政策。

（4）提出到20世纪末的环保战略目标。

1984年5月，国务院做出《关于环境保护工作的决定》，环境保护开始纳入国民经济和社会发展计划。

1988年，成立国家环境保护局，成为国务院直属机构，实现了环境保护职能部门第二次飞跃。地方政府也陆续成立环境保护机构。

1989年4月28日～5月1日，第三次全国环境保护会议在北京召开。这是一次开拓创新的会议，会议提出要加强制度建设，深化环境监管，向环境污染宣战，促进经济与环境协调发展。会议通过了两份重要文件和两个指导性的工作目标，两份文件是：《1989—1992年环境保护目标和任务》和《全国2000年环境保护规划纲要》。会议形成了“三大环境政策”，即环境管理要坚持预防为主、谁污染谁治理、强化环境管理三项政策，提出要积极推行环境保护目标责任制、城市环境综合整治定量考核制、排放污染物许可证制、污染集中控制、限期治理、环境影响评价制度、“三同时”制度、排污收费制度等8项环境管理制度。

环境管理的“八项制度”成为了我国环境管理体系的主体结构，发挥着重要作用。

（1）环境影响评价制度：指在进行建设活动之前，对建设项目的选址、设计和建成投产使用后，可能对周围环境产生的不良影响进行调查、预测和评定，提出防治措施，并按照法定程序进行报批的法律制度。

（2）“三同时”制度：指建设项目中的环境保护设施必须与主体工程同时设计、同时施工、同时投产使用的制度。

（3）征收排污费制度：又称排污收费制度，指国家环境管理机关依据法律规定对排污者征收一定费用的一整套管理措施。

（4）城市环境综合整治定量考核制度：对环境综合整治的成效、城市环境质量制定量化指标进行考核，评定城市各项环境建设与环境管理的总体水平。

（5）环境保护目标责任制度：以签订责任书的形式，具体规定省长、市长、县长在任期内的环境目标和任务，并作为政绩考核内容之一，根据完成的情况给予奖惩。

（6）排污申报登记和排污许可证制度：排污申报登记制度指排放污染物的企、事业单位向环境保护主管部门申请登记的环境管理制度。排污许可证制度指向环境排放污染物的单位或个人，必须依法向有关管理机关提出申请，经审查批准发给许可证后，方可排放污染物的管理措施。

（7）限期治理制度：对现已存在的危害环境的污染源，由法定机关做出决定，令其在一定期限内治理并达到规定要求的一整套措施。

（8）污染集中控制制度：在一个特定的范围内，依据污染防治规划，按照废水、废气、固体废物等的不同性质、种类和所处的地理位置，以集中治理为主，以求用尽可能小的投入获取尽可能大的环境、经济与社会效益的一种管理手段。

按照在环境管理运行机制中的作用，八项制度可分为三类。第一类：贯彻“三同步”方针，促进经济与环境协调发展的制度，主要包括环境影响评价及“三同时”制度，这两项制度结合，成为防止产生新污染的有力制约环节。第二类：控制污染，以管促治的制度，主要包括排污收费、排污申报登记及排污许可证制度，现场检查制度及限期治理制度。第三类：环境责任制与定量考核制度，主要包括环境目标责任制度。

在这一时期，我国环保法律、法规及政策体系逐步完善。以 1979 年颁布试行、1989 年正式实施的《环境保护法》为代表的环境法规体系初步建立，为开展环境治理奠定了法治基础。

### 1.4.3 发展和壮大阶段（1992~2002 年）

1992 年联合国环境与发展大会在里约热内卢召开 2 个月之后，党中央、国务院发布《中国关于环境与发展问题的十大对策》，把实施可持续发展确立为国家战略。

1994 年 3 月，我国政府率先制定实施《中国 21 世纪议程》，将可持续发展总体战略上升为国家战略。

1996 年 7 月 15 ~ 17 日，第四次全国环境保护会议在北京召开，提出保护环境的实质就是保护生产力，要坚持污染防治和生态保护并举。会议发布《关于环境保护若干问题的决定》，大力推进“一控双达标”（控制主要污染物排放总量、工业污染源达标和重点城市的环境质量按功能区达标）工作，全面开展“三河”（淮河、海河、辽河）、“三湖”（太湖、滇池、巢湖）水污染防治，“两控区”（酸雨污染控制区和二氧化硫污染控制区）大气污染防治、一市（北京市）、“一海”（渤海）（简称“33211”工程）的污染防治。启动了退耕还林、退耕还草、保护天然林等一系列生态保护重大工程。

这次会议对于部署落实跨世纪的环境保护目标和任务，实施可持续发展战略，具有十分重要的意义，主要包括 4 个方面：

（1）提出环境保护是关系我国长远发展和全局性的战略问题。在加快发展中绝不能以浪费资源和牺牲环境为代价。

（2）重申跨世纪的环境保护目标。

（3）强调实现环境保护奋斗目标的“四个必须”，即必须严格管理，必须积极推进经济增长方式的转变，必须逐步增加环保投入，必须加强环境法制建设。

（4）提出两项重大举措，即“九五”期间全国主要污染物排放总量控制计划和中国跨世纪绿色工程规划。主要污染物排放总量控制计划对 12 种主要污染物（烟尘、粉尘、$SO_2$、COD、石油类、汞、镉、六价铬、铅、砷、氰化物及工业固体废物）的排放量进行总量控制，要求其 2000 年的排放总量控制在国家批准的水平。中国跨世纪绿色工程规划是《国家环境保护“九五”计划和 2010 年远景目标》的重要组成部分，有项目、有重点、有措施，在一定意义上可以说是对“六五”以来历次环保 5 年计划的创新和突破，也是同国际接轨的做法。

1998 年 6 月，在削减中央机构的大背景下，国家环境保护局升格为国家环境保护总局（正部级），是国务院主管环境保护工作的直属机构，撤销国务院环境保护委员会。

1999 年 3 月，在北京召开“中央人口资源环境工作会议”，这是一次贯彻可持续发展战略的新部署，表明了中央领导解决好中国环境与发展问题的决心。

### 1.4.4 科学发展阶段（2002～2012 年）

2002 年 1 月 8 日，第五次全国环境保护会议在北京召开。会议的主题是贯彻落实国务院批准的《国家环境保护“十五”计划》，部署“十五”期间的环境保护工作。会议指出，“十五”期间，环境保护既是经济结构调整的重要方面，又是扩大内需的投资重点之一。要明确重点任务，加大工作力度，有效控制污染物排放总量，大力推进重点地区的环境综合整治。凡是新建和技改项目，都要坚持环境影响评价制度，不折不扣地执行国务院关于建设项目必须实行环境保护污染治理设施与主体工程“三同时”（同时设计、同时施工、同时投入运行）的规定。要继续搞好环境警示教育，把公众和新闻媒体参与环境监督作为加强环保工作的重要手段。对造成环境污染、破坏生态环境的违法行为，要公开曝光，并依法严惩。突出抓好重点地区、重点领域的环境保护工作，加大资金投入，采用先进技术，加快环保设施建设，加强执法监督，务必取得明显成效。

2002 年 11 月，党的十六大上，党中央、国务院提出树立和落实科学发展观、构建社会主义和谐社会、建设资源节约型环境友好型社会、让江河湖泊休养生息、推进环境保护历史性转变、环境保护是重大民生问题、探索环境保护新路等新思想新举措，把主要污染物减排作为经济社会发展的约束性指标，完善环境法制和经济政策，强化重点流域区域污染防治，提高环境执法监管能力，积极开展国际环境交流与合作。

2005 年 2 月 16 日，《联合国气候变化框架公约》缔约国签订的《京都议定书》正式生效，中国积极参加多边环境谈判，以更加开放的姿态和务实合作的精神参与全球环境治理。

2006 年 4 月 17～18 日，第六次全国环境保护大会在北京召开。会议要求贯彻落实国务院关于加强环境保护的决定和这次会议精神，把思想和行动统一到中央的部署和要求上来，进一步提高对环境保护重要性和紧迫性的认识，把“十一五”环境保护目标和任务落到实处，把环境保护的责任落实到位。抓紧制定环境保护专项规划，进一步落实加强环境保护的工作措施，建立和完善有利于环境保护的体制机制，加大环境执法力度，提高环保工作水平，努力开创我国环保事业新局面。

2008 年 3 月，国家环境保护总局升格为环境保护部，成为国务院组成部门，实现了环境保护职能部门的第四次飞跃。

2008 年 9 月，国家卫星环境应用中心建设开始启动，环境与灾害监测小卫星成功发射，标志着环境监测预警体系进入了从“平面”向“立体”发展的新阶段。

2011 年 10 月 17 日，国务院发布《关于加强环境保护重点工作的意见》，对深入贯彻落实科学发展观，加快推动经济发展方式转变，提高生态文明建设水平，加强环境保护提出三个方面 16 项重点工作。一是在全面提高环境保护监督管理水平方面，严格执行环境影响评价制度，继续加强主要污染物总量减排，强化环境执法监管，有效防范环境风险和妥善处置突发环境事件。二是在着力解决影响科学发展和损害群众健康的突出环境问题方面，切实加强重金属污染防治，严格化学品环境管理，确保核与辐射安全，深化重点领域污染综合防治，大力发展环保产业，加快推进农村环境保护，加大生态保护力度。三是在改革创新环境保护体制机制方面，继续推进环境保护历史性转变，实施有利于环境保护的经济政策，不断增强环境保护能力，健全环境管理体制和工作机制，强化对环境保护工作的领导和考核。

2011 年 12 月 15 日，国务院发布《国家环境保护“十二五”规划》，提出主要污染物减排、改善民生环境保护、农村环保惠民、生态环境保护、重点领域环境风险防范、核与辐射安全保障、环境基础设施公共服务、环境监管能力基础保障和人才队伍建设等 8 项重点工程。

2011 年 12 月 20～21 日，第七次全国环境保护大会在北京召开。会议强调坚持在发展中保护、在保护中发展，积极探索环境保护新道路，切实解决影响科学发展和损害群众健康的突出环境问题，全面开创环境保护工作新局面。会后，迅速发布“水十条”“大气十条”“土十条”等环保措施。

### 1.4.5 生态文明建设新时代

2012 年 11 月，党的十八大召开，把生态文明建设纳入中国特色社会主义事业“五位一体”总体布局，以习近平同志为核心的党中央把生态文明建设摆在治国理政的突出位置。首次把“美丽中国”作为生态文明建设的宏伟目标，生态文明建设要融入经济建设、政治建设、文化建设、社会建设各方面和全过程，实现中华民族永续发展，走向社会主义生态文明新时代。这是具有里程碑意义的科学论断和战略抉择，标志着党对中国特色社会主义规律认识的进一步深化，昭示着要从建设生态文明的战略高度来认识和解决我国环境问题。党的十八大审议通过《中国共产党章程（修正案）》，将“中国共产党领导人民建设社会主义生态文明”写入党章，作为行动纲领，这是国际上第一次将生态文明建设纳入一个政党特别是执政党的行动纲领中。

建设生态文明，是我国创造性地回答经济发展与环境关系问题所取得的重大成果，为统筹人与自然和谐发展指明了前进方向；是积极主动顺应广大人民群众新期待，进一步丰富和完善中国特色社会主义事业总体布局的战略部署；是充分吸纳中华传统文化智慧并反思工业文明与现有发展模式不足，积极推进人类文明进程的重大贡献；是深刻把握当今世界发展绿色、循环、低碳新趋向，对可持续发展理论的拓展和升华。我国生态文明理念引起国际社会关注，在 2014 年 2 月召开的联合国环境规划署第 27 次理事会上，被正式写入决定案文。

2013 年 9 月 7 日，习近平同志在哈萨克斯坦纳扎尔巴耶夫大学发表演讲并回答学生们提出的问题时指出：“我们既要绿水青山，也要金山银山。宁要绿水青山，不要金山银山，而且绿水青山就是金山银山”。2017 年 10 月 18 日，习近平同志在十九大报告中指出，坚持人与自然和谐共生，必须树立和践行绿水青山就是金山银山的理念，坚持节约资源和保护环境的基本国策。习近平同志提出“绿水青山就是金山银山”，充分体现了马克思主义的辩证观点，系统剖析了经济与生态在演进过程中的相互关系、发展与保护的本质关系，深刻揭示了经济社会发展的基本规律，更新了关于自然资源的传统认识，指明了实现发展与保护内在统一、相互促进、协调共生的方法论。

2014 年环境保护部出台《国家生态保护红线—生态功能红线划定技术指南（试行）》，将内蒙古、江西、湖北、广西等地列为生态红线划定试点。生态保护红线是我国环境保护的重要制度创新。生态保护红线是指在自然生态服务功能、环境质量安全、自然资源利用等方面，需要实行严格保护的空间边界与管理限值，以维护国家和区域生态安全及经济社会可持续发展，保障人民群众健康。生态保护红线是继“18 亿亩耕地红线”后，另一条被提到国家层面的“生命线”。

2014 年 4 月 24 日，我国修订完成了《环境保护法》，这是对 1989 年版本 25 年后的新修，被称为“史上最严”的环保法。

2015 年 8 月，中共中央办公厅、国务院办公厅印发《环境保护督察方案（试行）》，首次将地方党委与政府的环境保护责任作为重点监督范围，要求全面落实党委、政府环境保护“党政同责”“一岗双责”的主体责任。把环境问题突出、重大环境事件频发、环境保护责任落实不力的地方作为先期督察对象，重点督察贯彻党中央决策部署、解决突出环境问题、落实环境保护主体责任的情况，为环保督察制度奠定了制度依据，设计了基本框架。经国务院批准，2016 年 1 月中央环境保护督察组进驻河北省开展环境保护督察试点工作，随后督察工作在全国范围内全面展开，2016 ~ 2017 年第一轮督察期间，共开展了四批中央环保督察，实现对 31 个省（区、市）的全覆盖。

2015 年 10 月 26 ~ 29 日，党的十八届五中全会在北京召开。会议提出，坚持绿色发展，必须坚持节约资源和保护环境的基本国策，坚持可持续发展，坚定走生产发展、生活富裕、生态良好的文明发展道路，加快建设资源节约型、环境友好型社会，形成人与自然和谐发展现代化建设新格局，推进美丽中国建设，为全球生态安全作出新贡献。会议通过了《中共中央关于制定国民经济和社会发展第十三个五年规划的建议》，“美丽中国建设”纳入国家“十三五”规划。

2017 年 10 月 18 日，党的十九大在北京召开。党的十九大报告提出“建设生态文明是中华民族永续发展的千年大计”，对生态环境保护和生态文明建设进行了全面总结和重点部署，提出了一系列新变革、新理念、新要求、新目标和新部署，为推动形成人与自然和谐发展现代化建设新格局、建设美丽中国提供了根本遵循和行动指南。

2018 年 3 月 11 日，第十三届全国人民代表大会第一次会议第三次全体会议表决通过了《中华人民共和国宪法修正案》，把“生态文明”写入《中华人民共和国宪法》，这就为生态文明建设提供了国家根本大法遵循。

2018 年 3 月 17 日，十三届全国人大一次会议表决通过了国务院机构改革方案，组建生态环境部。同年 4 月 16 日，生态环境部正式挂牌。新组建的生态环境部整合分散的生态环境保护职责，统一行使生态和城乡各类污染排放监管与行政执法职责，统一负责生态环境监测和执法工作，统一监督管理污染防治、核与辐射安全。从环境保护部到生态环境部，是认真贯彻和落实习近平新时代中国特色社会主义思想、推进我国生态文明领域国家治理体系和治理能力现代化的重大举措。

2018年5月18～19日，在北京召开第八次全国生态环境保护大会。会议提出加大力度推进生态文明建设、解决生态环境问题，坚决打好污染防治攻坚战，推动中国生态文明建设迈上新台阶。第八次全国生态环境保护大会正式确立习近平生态文明思想。习近平生态文明思想是标志性、创新性、战略性的重大理论成果，是新时代生态文明建设的根本遵循与最高准则，为推动生态文明建设、加强生态环境保护提供了坚实的理论基础和实践动力。

2019年6月，中共中央办公厅、国务院办公厅印发《关于全面加强生态环境保护坚决打好污染防治攻坚战的意见》，明确总体目标和基本原则，总体目标是到2020年生态环境质量总体改善，主要污染物排放总量大幅减少，环境风险得到有效管控，生态环境保护水平同全面建成小康社会目标相适应。

2019年2月1日出版的第3期《求是》杂志发表中共中央总书记、国家主席、中央军委主席习近平的重要文章《推动我国生态文明建设迈上新台阶》。文章指出，生态文明建设是关系中华民族永续发展的根本大计，要自觉把经济社会发展同生态文明建设统筹起来，充分发挥党的领导和我国社会主义制度能够集中力量办大事的政治优势，充分利用改革开放40年来积累的坚实物质基础，加大力度推进生态文明建设、解决生态环境问题，坚决打好污染防治攻坚战，推动我国生态文明建设迈上新台阶。

2019年6月，中共中央办公厅、国务院办公厅印发《中央生态环境保护督察工作规定》，跟2015年8月印发的《环境保护督察方案（试行）》相比，《中央生态环境保护督察工作规定》的变化主要体现在三个方面：一是更加强调督察工作要坚持和加强党的全面领导；二是更加突出纪律责任，既对被督察对象提出纪律要求，也对中央生态环境保护督察组、督察人员等提出了明确要求；三是更加丰富和完善了督察的顶层设计，如明确中央生态环境保护督察是中央级、省级两级督察体制，进一步明确三种督察方式，例行督察、专项督察、“回头看”等。

2020年3月，中共中央办公厅、国务院办公厅印发了《关于构建现代环境治理体系的指导意见》，意见指出贯彻落实党的十九大部署，构建党委领导、政府主导、企业主体、社会组织和公众共同参与的现代环境治理体系。确定的基本原则是：①坚持党的领导。贯彻党中央关于生态环境保护的总体要求，实行生态环境保护党政同责、一岗双责。②坚持多方共治。明晰政府、企业、公众等各类主体权责，畅通参与渠道，形成全社会共同推进环境治理的良好格局。③坚持市场导向。完善经济政策，健全市场机制，规范环境治理市场行为，强化环境治理诚信建设，促进行业自律。④坚持依法治理。健全法律法规标准，严格执法、加强监管，加快补齐环境治理体制机制短板。确定的主要目标是：到2025年，建立健全环境治理的领导责任体系、企业责任体系、全民行动体系、监管体系、市场体系、信用体系、法律法规政策体系，落实各类主体责任，提高市场主体和公众参与的积极性，形成导向清晰、决策科学、执行有力、激励有效、多元参与、良性互动的环境治理体系。

2020 年 3 月，国家发展改革委印发《美丽中国建设评估指标体系及实施方案》，评估指标体系包括空气清新、水体洁净、土壤安全、生态良好、人居整洁 5 类指标。根据方案，我国将结合实际分阶段提出全国及各地区预期目标，由第三方机构开展美丽中国建设进程评估，引导各地区加快推进美丽中国建设。后续将根据党中央、国务院部署以及经济社会发展、生态文明建设实际情况，对美丽中国建设评估指标体系持续进行完善。

2020 年 9 月，为应对气候变化，我国政府在 2020 年联合国大会上宣布中国将力争 2030 年前实现碳达峰、2060 年前实现碳中和。“十四五”循环经济发展规划中要求着力解决制约循环经济发展的突出问题，健全法律法规政策标准体系，强化科技支撑能力，补齐资源回收利用设施等方面的短板，切实提高循环经济发展水平。

2023 年 7 月，全国生态环境保护大会在北京召开，习近平总书记出席会议并做讲话，强调今后 5 年是美丽中国建设的重要时期，要深入贯彻新时代中国特色社会主义生态文明思想，坚持以人民为中心，牢固树立和践行绿水青山就是金山银山的理念，把建设美丽中国摆在强国建设、民族复兴的突出位置，推动城乡人居环境明显改善、美丽中国建设取得显著成效，以高品质生态环境支撑高质量发展，加快推进人与自然和谐共生的现代化。指出我国生态环境保护结构性、根源性、趋势性压力尚未根本缓解，我国经济社会发展已进入加快绿色化、低碳化的高质量发展阶段，生态文明建设仍处于压力叠加、负重前行的关键期，必须以更高站位、更宽视野、更大力度来谋划和推进新征程生态环境保护工作。强调建设美丽中国是全面建设社会主义现代化国家的重要目标，必须坚持和加强党的全面领导，要持续深入打好污染防治攻坚战，坚持精准治污、科学治污、依法治污，保持力度、延伸深度、拓展广度，深入推进蓝天、碧水、净土三大保卫战，要健全美丽中国建设保障体系。统筹各领域资源，汇聚各方面力量，打好法治、市场、科技、政策“组合拳”。

2023 年 10 月，中央生态环境保护督察办公室更名为中央生态环境保护督察协调局。

2023 年 12 月，中共中央国务院印发了《关于全面推进美丽中国建设的意见》，将建设美丽中国确定为全面建设社会主义现代化国家的重要目标。

附：国家环境保护主管部门变迁历程：

1974 年，成立国务院环境保护领导小组；

1982 年，设立城乡建设环境保护部；

1984 年，设立国务院环境保护委员会，同年 12 月，成立国家环境保护局，归城乡建设环境保护部领导；

1988 年，成立独立的国家环境保护局（副部级），为国务院直属机构；

1998 年，改设国家环境保护总局（正部级），撤销国务院环境保护委员会；

2008 年，升格为环境保护部，成为国务院组成部门；

2018 年，组建生态环境部，作为国务院组成部门，整合环保部及国家发展改革委、国土资源部、水利部、农业部等部门的生态环境保护职责，不再保留环境保护部；

2023 年，将科学技术部的组织拟订科技促进生态环境发展规划和政策职责，及其内设的社会发展科技司划入生态环境部。

## 1.5 我国参加的环保国际公约和协定

我国积极参与联合国等国际机构发起的全球环境保护进程。多年来，我国参与联合国可持续发展委员会历次会议、可持续发展世界首脑会议及其系列筹备活动，与联合国环境规划署在荒漠化防治、生物多样性保护、臭氧层保护、清洁生产、循环经济、环境教育和培训、长江中上游洪水防治、区域海洋行动计划和防止陆源污染保护海洋全球行动计划等领域开展了卓有成效的合作，与联合国开发计划署、世界银行、亚洲开发银行等国际组织建立了有效的合作模式。

我国积极参加了多边环境协议的相关谈判和履约工作。我国是《联合国气候变化框架公约》及其《京都议定书》《关于消耗臭氧层物质的蒙特利尔议定书》《巴塞尔公约》《鹿特丹公约》《斯德哥尔摩公约》《生物多样性公约》及其《卡塔赫纳生物安全议定书》《联合国防治荒漠化公约》等环境公约的缔约方，并积极履行这些条约规定的义务。

1992 年 5 月 9 日，联合国大会通过了《联合国气候变化框架公约》。1992 年 6 月，在巴西里约热内卢召开的有世界各国政府首脑参加的联合国环境与发展会议期间开放签署。1992 年 11 月 7 日，我国批准了《联合国气候变化框架公约》，并于 1993 年 1 月 5 日将批准书交存联合国秘书长。1994 年 3 月 21 日，该公约生效。1995 年起，该公约缔约方每年召开缔约方会议，评估应对气候变化的进展。1997 年，《京都议定书》达成，使温室气体减排成为发达国家的法律义务。

1992 年 6 月 1 日，由联合国环境规划署发起的政府间谈判委员会第七次会议在内罗毕通过了《生物多样性公约》。1992 年 6 月 5 日，由签约国在巴西里约热内卢举行的联合国环境与发展大会上签署。1993 年 12 月 29 日，该公约生效，旨在保护濒临灭绝的植物和动物，最大限度地保护地球上多种多样的生物资源。我国于 1992 年 6 月 11 日签署该公约，1992 年 11 月 7 日批准，1993 年 1 月 5 日交存加入书。

1994 年 6 月 17 日，在法国巴黎通过了《联合国防治荒漠化公约》。1996 年 12 月 26 日，该公约正式生效。我国于 1994 年 10 月 14 日签署该公约，并于 1997 年 2 月 18 日交存批准书。2019 年 2 月美国国家航天局研究结果表明，全球从 2000 年到 2017 年新增的绿化面积中，约 1/4 来自我国，我国贡献比例居全球首位。2019 年 2 月 26 日，《联合国防治荒漠化公约》第十三次缔约方大会第二次主席团会议在贵阳举行。

2000 年 1 月 29 日，通过了《卡塔赫纳生物安全议定书》，协助确保在安全转移、处理和使用凭借现代生物技术获得的，可能对生物多样性的保护和可持续使用产生不利影响的改性活生物体领域内采取充分的保护措施，同时顾及对人类健康所构成的风险并特别侧重越境转移问题。议定书于 2003 年 9 月 11 日生效。我国于 2000 年 8 月 8 日签署并于 2005 年 4 月 27 日核准议定书。

2001年5月22日，通过了《关于持久性有机污染物的斯德哥尔摩公约》，用以保护人类健康和环境，采取包括减少和/或消除持久性有机污染物排放和释放的措施在内的国际行动。2001年5月23日，我国在斯德哥尔摩签署了该公约。2004年5月17日，该公约生效。该公约于2004年11月11日对我国生效。

2010年10月29日，通过了《关于获取遗传资源和公正和公平分享其利用所产生惠益的名古屋议定书》的目标是公正、公平地分享利用生物遗传资源所产生的惠益，包括通过适当获取遗传资源和适当转让相关技术，同时也顾及对于这些资源和技术的所有权利，并提供适当的资金，从而对保护生物多样性和可持续地利用其组成部分做出贡献。议定书于2014年10月12日生效。我国于2016年6月8日加入议定书。议定书于2016年9月6日起对我国生效。

2015年12月12日，在巴黎气候变化大会上通过了《巴黎协定》。2016年9月3日，全国人大常委会批准我国加入《巴黎协定》。《巴黎协定》是继《联合国气候变化框架公约》《京都议定书》之后人类历史应对气候变化的第三个里程碑式国际法律文本，形成2020年后的全球气候治理格局，建立了从2023年开始每5年对各国行动的效果进行定期评估约束机制。

2016年9月19日，李克强总理在纽约联合国总部主持召开"可持续发展目标：共同努力改造我们的世界——中国主张"座谈会，并宣布发布《中国落实2030年可持续发展议程国别方案》，成为指导中国开展落实工作的行动指南，并为其他国家尤其是发展中国家推进落实工作提供借鉴和参考。

2018年7月16日，中欧双方发表了《中欧领导人气候变化和清洁能源联合声明》，承诺展现坚定决心，并与所有利益相关方一道应对气候变化，落实2030年可持续发展议程，推动全球温室气体低排放、气候适应型和可持续发展。

2019年3月25日，中法两国发表了《关于共同维护多边主义、完善全球治理的联合声明》。2019年11月6日，中法两国发表了《中法生物多样性保护和气候变化北京倡议》，决心加紧全球努力应对气候变化，加快向绿色、低碳和气候韧性发展过渡，呼吁尽快批准并执行《蒙特利尔议定书》的基加利修正案，鼓励和支持政府在《从沙姆沙伊赫到昆明——自然与人类行动议程》框架内采取行动，联合力量筹备世界自然保护大会，为2020年后全球生物多样性框架的筹备工作提供信息。

2021年12月17日，我国签署《斯德哥尔摩公约》二十周年暨2021年度履约技术协调会在北京召开。到2021年底，将实现全面淘汰六溴环十二烷等20种类持久性有机污染物（POP）的履约目标。20年来，履约行动每年减少了数十万吨POP的生产和环境排放，提前完成含多氯联苯电力设备下线处置的履约目标，全国主要行业二噁英排放强度大幅下降，环境和生物样品中有机氯类POP含量水平总体呈下降趋势。

2022年12月19日，联合国《生物多样性公约》第十五次缔约方大会（COP15）主席、生态环境部部长黄润秋在加拿大蒙特利尔主持召开COP15、《卡塔赫纳生物安全议定书》第十次缔约方大会、《名古屋议定书》第四次缔约方大会第五次全体会议。近40个缔约方、利益攸关方宣布一系列重大行动与承诺，会议通过约 60 项决定，达成了成果文件《昆明 – 蒙特利尔全球生物多样性框架》，纳入了遗传资源数字序列信息（DSI）的落地路径，决定设立基金，描绘了 2050 年“人与自然和谐共生”的愿景。

2023 年 3 月 20 ~ 21 日，由丹麦、《联合国气候变化框架公约》第 27 次缔约方会议（COP27）主席国埃及、COP28 主席国阿联酋联合召集的气候部长级会议在哥本哈根召开。我国愿全力支持阿联酋成功举办 COP28，圆满完成《巴黎协定》首次全球盘点，推动适应、资金、损失与损害、减缓等关键谈判议题取得积极成果。

2023 年 4 月 15 日，中巴两国发表了《中国 – 巴西应对气候变化联合声明》。中巴两国认为，气候变化是我们所处时代面临的最大挑战之一，应对这一危机有助于构建公平和共享繁荣的人类命运共同体。需将紧急气候响应和保护自然相结合以实现可持续发展目标。承诺拓宽、深化和丰富气候领域双边合作，以及双方在《联合国气候变化框架公约》下，遵循公平、共同但有区别的责任和各自能力原则。

2023 年 4 月 18 日，第四次上海合作组织成员国环境部长会以线上形式举行。各方分享了环境保护工作进展与成效，围绕《2022—2024 年〈上合组织成员国环保合作构想〉落实措施计划》实施情况进行交流，并审议通过了《第四次上合组织成员国环境部长会议联合公报》。我国高度重视上合组织生态环保合作，积极落实《上合组织成员国元首理事会关于应对气候变化的声明》等合作文件，推动共建上合组织环保信息共享平台。

2023 年 11 月 17 日，我国作为《生物多样性公约》第十五次缔约方大会（CBD COP15）主席国，与《联合国防治荒漠化公约》第十五次缔约方大会（UNCCD COP15）主席国科特迪瓦、《联合国气候变化框架公约》第二十七次缔约方大会（UNFCCC COP27）主席国埃及共同发布了《〈联合国防治荒漠化公约〉〈生物多样性公约〉〈联合国气候变化框架公约〉缔约方大会主席联合声明》。我国呼吁各缔约方根据公约授权和任务规定，努力推进公约在土地、气候和生物多样性等方面的各项目标，共同构建人与自然生命共同体，确保人类和地球的可持续未来。

2023 年 12 月 9 日，在《联合国气候变化框架公约》第二十八次缔约方大会（COP28）“自然日”期间，我国推动实施《昆明 – 蒙特利尔全球生物多样性框架》下“3030 目标”高级别活动，并以《生物多样性公约》第十五次缔约方大会（COP15）主席身份宣布牵头发起“昆蒙框架”实施倡议。“3030 目标”对协同推进保护生物多样性和应对气候变化、增强地球生命共同体气候韧性具有重要作用，呼吁各缔约方平衡推进《生物多样性公约》三大目标，奋力扭转全球生物多样性丧失趋势。其他环境保护相关的公约、议定书和双边协定还包括：关于森林问题的原则声明、巴厘岛路线图、哥本哈根协定、保护臭氧层维也纳公约、联合国关于在发生严重干旱或沙漠化的国家特别是在非洲防治荒漠化的公约、濒危野生动植物物种国际贸易公约、关于特别是水禽生境的国际重要湿地公约及其该公约的修正、国际重要湿地公约、东南亚及太平洋区植物保护协定、国际热带木材协定、防止因倾倒废物及其他物质而引起的海洋污染的公约、联合国海洋法公约、关于 1973 年国际防止船舶污染公约的 1978 年议定书、关于油类以外物质造成污染时在公海上进行干涉的议定书、国际捕鲸管制公约、养护大西洋金枪鱼国际公约、国际油污染损害民事责任公约、干预公海油类污染突发事故国际公约、国际油污防备、反应和合作公约，关于禁止发展、生产和储存细菌（生物）及毒素武器和销毁此种武器的公约、核材料的实质保护公约、核事故或辐射紧急情况援助公约、核事故及早通报公约、禁止在海床洋底及其底土安置核武器和其他大规模毁灭性武器条约、保护世界文化和遗产公约、南极条约、关于环境保护的南极条约议定书、关于各国探索和利用包括月球和其他天体在内的内外层空间活动的原则条约、外空物体所造成损害之国际责任公约、亚洲–太平洋水产养殖中心网协议、核安全公约、核材料实物保护公约、乏燃料管理安全和放射性废物管理安全联合公约、化学制品在工作中的使用安全建议书、作业场所安全使用化学品公约、关于化学品国际贸易资料交换的伦敦准则、中日保护候鸟及其栖息环境的协定、中澳保护候鸟及其栖息环境的协定、中巴和平利用核能合作协定、中美自然保护议定书、中蒙关于保护自然环境的协定、中朝环境保护合作协定、中加环境保护合作谅解备忘录、中印环境合作协定、中韩环境合作协定、中日环境保护合作协定、关于建立中、俄、蒙共同自然保护区的协定、中俄环境保护合作协定、中国–东盟环保合作战略等。

## 1.6 国际与国外组织机构

### 1.6.1 国际组织机构

#### 1.6.1.1 联合国环境规划署

联合国环境规划署（United Nations Environment Programme，UNEP）成立于 1973 年，总部设在肯尼亚首都内罗毕，是全球仅有的两个将总部设在发展中国家的联合国机构之一。所有联合国成员国、专门机构成员和国际原子能机构成员均可加入 UNEP，到 2009 年，已有 100 多个国家参加其活动。

UNEP 的宗旨是：促进环境领域内的国际合作，并提出政策建议；在联合国系统内提供指导和协调环境规划总政策，并审查规划的定期报告；审查世界环境状况，以确保可能出现的具有广泛国际影响的环境问题得到各国政府的适当考虑；经常审查国家和国际环境政策和措施对发展中国家带来的影响和费用增加的问题；促进环境知识的取得和情报的交流。

UNEP 的主要职责是：贯彻执行环境规划理事会的各项决定；根据理事会的政策指导提出联合国环境活动的中、远期规划；制订、执行和协调各项环境方案的活动计划；向理事会提出审议的事项以及有关环境的报告；管理环境基金；就环境规划向联合国系统内的各政府机构提供咨询意见等。

我国自 1973 年以来一直是 UNEP 理事会成员。1976 年，中国在内罗毕设立驻 UNEP 代表处，由中国驻肯尼亚大使兼任代表。自 1976 年起，中国开始向 UNEP 基金捐款，并于 1982 年起改为每年定期捐款。

2003 年 9 月 19 日，UNEP 驻华代表处在北京正式揭牌成立，这是该机构在全球发展中国家设立的第一个国家级代表处。

#### 1.6.1.2 世界自然保护联盟

世界自然保护联盟（International Union for Conservation of Nature，IUCN）于 1948 年在瑞士格兰德成立，是政府及非政府机构都能参与合作的少数几个国际组织之一。

IUCN 由全球 160 多个国家、208 个政府组织、1200 多个非政府组织、17000 多位专家及科学家组成，实际工作人员已超过 8500 名。

IUCN 每 3 年召开一次世界自然保护大会，旨在影响、鼓励及协助全球各地的社会，保护自然的完整性与多样性，并确保在使用自然资源上的公平性，以及生态上的可持续发展。

#### 1.6.1.3 世界卫生组织

世界卫生组织（World Health Organization，WHO）是联合国下属的一个专门机构。1948 年 6 月，WHO 在日内瓦召开的第一届世界卫生大会（WHA）上正式成立，总部设在瑞士日内瓦。

WHO 的宗旨是使全世界人民获得尽可能高水平的健康。该组织给健康下的定义为“身体、精神及社会生活中的完美状态”。WHO 的主要职能包括：促进流行病和地方病的防治；提供和改进公共卫生、疾病医疗和有关事项的教学与训练；推动确定生物制品的国际标准。截至 2023 年 4 月，WHO 共有 194 个成员国。

WHO 是联合国系统内卫生问题的指导和协调机构。它负责对全球卫生事务提供领导，拟定卫生研究议程，制定规范和标准，阐明以证据为基础的政策方案，向各国提供技术支持，以及监测和评估卫生趋势。

WHO 的“国际电磁场计划”自 1996 年 5 月开始至今，历时已逾 20 年。其间 WHO 官方网站陆续发布了多个代表 WHO 在“国际电磁场计划”研究各阶段官方意见的文件、历次国际顾问委员会会议以及该计划每年度国际会议的文献，对各国政府与公众了解电磁场环境健康风险的全面、科学信息起到了很好的效果，甚至已被一些国家引用为法庭证据文件。

#### 1.6.1.4 国际肿瘤研究机构

国际肿瘤研究机构（International Agency for Research on Cancer，IARC）是 WHO 辖下的癌症专门研究机构，于 1965 年 5 月在 WHA 上通过相关决议而建立的。IARC 的创始成员国包括德国、法国、意大利、英国和美国，其总部位于法国里昂。截至 2023 年 10 月，IARC 成员国已经增至 27 个，除了创始成员国外，还包括澳大利亚、奥地利、比利时、巴西、加拿大、中国、丹麦、芬兰、匈牙利、印度、伊朗、爱尔兰、日本、摩洛哥、挪威、荷兰、卡塔尔、韩国、俄罗斯、西班牙、瑞典和瑞士。

IARC 旨在促进世界范围内的癌症联合研究。其主要任务是协调并指导人类致癌原因、致癌作用机理等研究，制定癌症预防及控制的科研策略。该机构开展跨学科研究，融合流行病学、实验室科学以及生物统计学等技术来识别致癌原因，及时采取预防措施并减少疾病发病压力和患病痛苦。IARC 的一个重要特点是其在跨国、跨组织之间协调研究的专业性较强，且在实施这些活动时，始终保持作为国际组织的独立性。该机构重在关注，通过合作与共同研究的方式，指导中低发展水平国家在以下方面的研究工作。

IARC 的评估是 WHO“国际电磁场计划”的工作内容之一。按照 WHO“国际电磁场计划”，IARC 的专家工作小组于 2001 年 6 月审阅了有关静态场和极低频场致癌性的已有研究证据，并采用 IARC 用以权衡对人类致癌性证据强弱的标准分类法，进行评估分类。

#### 1.6.1.5 国际非电离辐射防护委员会

国际非电离辐射防护委员会（International Commission on Non-Ionizing Radiation Protection，ICNIRP）是 WHO 认可的、从事电磁场健康风险评估的国际性权威机构。

WHO 明确推荐各成员国政府采纳 ICNIRP 于 1998 年制定的《限制时变电场、磁场和电磁场（300GHz 以下）曝露的导则》，并建议各国政府将该导则作为制定本国电磁场标准和电磁场控制限值的依据。ICNIRP 依据多年研究和评估，对其 1998 年版的导则进行修订，并形成了 2010 年导则《限制时变电场和磁场（1Hz ~ 100kHz）曝露的导则》。

#### 1.6.1.6 电气与电子工程师协会

电气与电子工程师协会（Institute of Electrical and Electronics Engineers，IEEE）是 WHO 制定电磁场曝露标准的合作组织之一，其制定的 IEEE C95.6—2002《关于人体曝露于 0 ~ 3 kHz 电磁场安全水平的 IEEE 标准》也推荐作为制定全球标准的基础。2007 年 12 月，IEEE 对该标准再次进行了确认。2019 年，IEEE C95.6—2002 与 IEEE C95.1—2005《关于人体曝露于 3kHz ~ 300GHz 电磁场安全水平的 IEEE 标准》合并修订为 IEEE C95.1—2019《关于人体曝露于 0 Hz ~ 300 GHz 电场、磁场和电磁场安全水平的 IEEE 标准》。

IEEE 还制定了有关交直流电场、磁场等参数的测量方法标准，包括 IEEE 644—2019《测量交流电力线路工频电场和磁场的 IEEE 标准程序》、IEEE 1229—1990《测量直流电场场强和离子相关量的 IEEE 导则》(正在修订）和 IEEE 1308—2023《IEEE 仪器推荐实践：磁通密度和电场强度计规范—10 Hz 至 3 kHz》等。

#### 1.6.1.7 国际电工委员会

国际电工委员会（International Electrotechnical Commission，IEC）成立于 1906 年，它是世界上成立最早的国际性电工标准化机构，负责有关电气工程和电子工程领域中的国际标准化工作。目前，IEC 常任理事国为中国、法国、德国、日本、英国、美国。

IEC 每年要在世界各地召开一百多次国际标准会议，世界各国的近 10 万名专家在参与 IEC 的标准制定、修订工作。截至 2023 年 4 月，IEC 下设技术委员会 112 个，分技术委员会 102 个。

IEC 的宗旨是促进电工、电子和相关技术领域有关电工标准化等所有问题上（如标准的合格评定）的国际合作。IEC 的目标是：有效满足全球市场的需求；保证在全球范围内优先并最大程度地使用其标准和合格评定计划；评定并提高其标准所涉及的产品质量和服务质量；为共同使用复杂系统创造条件；提高工业化进程的有效性；提高人类健康和安全；保护环境。

IEC 分别于 2013 年和 2014 年发布了 IEC 61786-1《关于人体曝露于直流磁场、1 Hz ~ 100 kHz 交流电场和交流磁场的测量 第 1 部分：测量仪器要求》和 IEC 61786-2《关于人体曝露于直流磁场、1 Hz ~ 100 kHz 交流电场和交流磁场的测量 第 2 部分：测量基础标准》，用于测量直流磁场、1 Hz ~ 100 kHz 准静态磁场和电场的场强，以评估人体曝露于这些场的场强水平。

IEC 制定的 CISPR/TR 18《架空电力线路和高压设备的无线电干扰特性》系列出版物是关于输电和配电设施（架空线路和变电站）产生的无线电噪声的系列标准，阐述了有关产生电磁噪声场所涉及的物理现象和这类场的主要特性及数值，给出了确定电力线路和设备所产生的无线电噪声限值的一般程序和典型值示例以及测量方法，提出了有关构成配电系统组成的线路和设备设计、选线选址、建设和维护方面的建议，以减少干扰至最小程度。

### 1.6.1.8 国际标准化组织

国际标准化组织（International Organization for Standardization，ISO）成立于 1947 年，负责当今世界上多数领域（包括军工、石油、船舶等垄断行业）的标准化活动。

ISO 的最高权力机构是 ISO 全体大会。1994 年以前，全体大会每 3 年召开一次。自 1994 年开始根据 ISO 新章程，ISO 全体大会改为一年一次。截至 2023 年 10 月，ISO 现有 169 个成员，包括各会员国的国家标准机构和主要工业、服务业企业。

ISO 的宗旨是在全世界范围内促进标准化工作的开展，以便于国际物资交流和服务，并扩大在知识、科学、技术和经济方面的合作。ISO 的任务是推动全世界标准化和相关活动的发展，目的在于方便物品和服务的国际交换，进一步加强在知识、科学、技术和经济领域的合作。

ISO 14001 系列标准是由 ISO 制定的环境管理体系标准，旨在帮助建立、实施和维护有效的环境管理体系，并确保其符合法律法规和其他相关要求。ISO 14001 环境管理体系认证在全球范围内被广泛接受，并被认为是一种有效的环境管理工具，可以帮助减少对环境的影响，提高环境绩效。

ISO/IEC 17025：2017《检测和校准实验室能力的一般要求》是 ISO 认可的全球最主要的实验室质量体系标准，旨在帮助实验室提供高质量、有效、可信的测量结果。中国实验室国家认可委员会（CNAS）是我国唯一的实验室认可机构，承担全国所有实验室的 ISO 17025 标准认可。

### 1.6.1.9 国际大电网会议

国际大电网会议（International Conference on Large High Voltage Electric System，CIGRE）是世界领先的电力系统组织之一，其业务涉及技术、经济、环境、组织、管理等方面。CIGRE 成立于 1921 年，总部设在法国。我国于 1986 年参加 CIGRE，并成立了中国国家委员会。

CIGRE 每两年召开一次大会，其宗旨是：促进并发展各国工程人员与技术专家之间关于发电与高压输电的工程知识与信息的交流；综合技术发展现状和国际实践经验，为交流所得的知识和信息增值；在电力领域，让经营者、决策者和管理者了解 CIGRE 的成果。

CIGRE 下设 16 个研究委员会，其中 C3 涉及电力系统可持续性和环境特性，C4 涉及电力系统技术特性。C3 的任务是通过全球信息和知识交流，促进电力系统特性领域的可持续性发展，识别最佳实践并制定符合全球最佳实践的建议，涉及解决环境和社会影响，包括土地利用、生物多样性、温室气体、大气、土壤和水污染、自然资源消耗、固体废物、电磁场、噪声、景观等方面。C4 的任务是促进端到端电力系统技术特性领域的工程进展以及国际信息和知识交流，综合最先进的实践并制定支持能源转型的建议，负责端到端电力系统相关的先进分析方法和工具，特别是动态和瞬态条件以及电力系统与其设备 / 子系统之间的相互作用。

#### 1.6.1.10 国际噪声控制工程学会

国际噪声控制工程学会（International Institute of Noise Control Engineering，I–INCE）创立于 1974 年，是噪声控制工程领域唯一世界性的学术社团组织联盟，致力于噪声、振动和声学的学术交流，推动相关的研究和发展。I–INCE 的成员为世界各个国家和地区的声学学会或噪声与振动控制工程学会，中国声学学会与香港声学学会均是其会员。学会的主要目标是控制噪声（即不需要的声音及其相关振动）。

I–INCE 是大型系列国际学术会议 Inter–Noise 的创办组织。Inter–Noise 是世界范围规模最大、影响最广的有关噪声及其振动控制工程的国际性学术大会，每届参加人数一般在 500 ~ 1200 人左右，每年举办一次，会议地点一般在美洲、亚太和欧洲三大区域轮流。

### 1.6.2 国外组织机构

#### 1.6.2.1 美国国家环境卫生科学研究所

美国国家环境卫生科学研究所（National Institute of Environmental Health Sciences，NIEHS）创建于 1969 年，是美国国立卫生研究院（National Institutes of Health，NIH）的 27 个下属研究机构之一，致力于提供创新研究的全球性领导力，研究环境对人类的影响，促进更健康的生活。

NIEHS 的实验室和行政科室设在北卡罗来纳州研究三角公园内。其主要目标有：识别和了解造成各种复杂疾病的基础致病机理或常见的生物途径，制定预防和干预策略；基于群体性研究，了解在整个生命跨度中对因环境因素引起的复杂慢性疾病的个体易感性；通过考虑人体曝露的各个方面，改变曝露科学，并制定规划；了解各种环境曝露联合影响疾病的发病机制；识别和应对本地和全球范围内新出现的对人体健康有影响的环境威胁；建立环境健康差异研究计划，确定和支持公共卫生和预防解决方案；鼓励采用跨学科的方法开展研究、分析和传播成果；在教育和培训中加强对环境卫生科学的指导；鼓励推动环境卫生科学的发展，培养涉及更广泛学科和具有不同背景的下一代环境卫生科学领导者；通过预防疾病来减少曝露于环境中有毒物质，评价相关政策、实践和行为的经济影响，研究如何改善公众卫生状况和减少经济负担；促进研究人员和利益相关方之间的沟通和合作。

20 世纪 90 年代初，美国曾掀起过一轮关于电磁场对人体有致癌性或“长期健康影响”的争议，同时伴随着少数媒体的炒作与公众不安，针对这种研究不足和公众信息传播失衡的情况，NIEHS 在美国能源部的管理和美国国家卫生研究所的监督下，耗资 4500 万美元，历时 6 年，完成了著名的“电磁场研究与公众信息传播（EMF RAPID）计划”。

#### 1.6.2.2 美国电力科学研究院

美国电力科学研究院（Electric Power Research Institute，EPRI）成立于 1972 年，是独

立、非盈利的能源研究、开发和部署机构，拥有三大专业实验室。主要任务是组织、协调并统一规划发电、输电、配电、用电等方面的科研活动，以及核能发电、新技术开发利用、环境保护等方面的研究，科技信息的交流等。

EPRI 设有电磁场项目组，从 20 世纪 70 年代就开始了极低频电磁场对动植物生态影响研究，研制了可调的电场和磁场曝露系统，对白鼠和大鼠等动物进行研究。与美国邦维尔电力局（BPA）合作，在 500kV 输电线路下方设置了极低频电磁场观测场，观测动物为绵羊和牛等。

EPRI 开展的工作还包括：电磁场测量仪开发；电磁场儿童白血病全库文献分析；电磁场信息工程，通过评论、期刊论文、公众网站、学校宣传等渠道，公布电磁场研究成果；电磁场工作站，通用交互式的电磁场曝露计算和减缓建模工具，使公众了解输电线路和变电站周围的电场、磁场强度；电磁场健康评估研究，开展儿童白血病流行病学统计分析、阿尔茨海默病、动物行为研究等；新的曝露源电磁场曝露风险研究，如太阳能发电装置、风能发电装置等。

#### 1.6.2.3 英国健康保护局

英国健康保护局（Health Protection Agency，HPA）是独立的公共机构，负责通过向英国国家医疗服务体系、地方当局、应急服务、卫生部和行政部门提供支持和建议来保护英国公众健康。2003 年，英国政府建立了独立组织特别健康机构管理机构（SpHA）。2005 年 4 月 1 日，SpHA 以及英国国际辐射防护委员会（NRPB）合并成立了 HPA。HPA 的主要任务是向广大公众、健康方面的专业人士（包括医生和护士）以及国家和地方政府提供建议和信息，以保护公众免于来自传染病及环境危害的健康威胁。

英国 NRPB 在 2001 年发表了由非电离辐射指导小组编写的两份报告，其中一份报告针对的是电磁场与癌症的关系，另一份报告针对的是关于电磁场与神经退行性疾病的关系。

英国是世界上较早制定了极低频电磁场曝露标准（英国国家辐射防护委员会 NRPB，1993）的国家，2004 年 NRPB 决定采纳 ICNIRP 国际曝露导则（1998）。

#### 1.6.2.4 日本电力中央研究所

日本电力中央研究所（Central Research Institute of Electric Power Industry，CRIEPI）成立于 1951 年，由日本九个电力公司出资建立，是日本最高水平的能源技术研究所，研究所每年的科研经费在 400 亿日元左右。CRIEPI 总部设在日本东京，主要开展以电力为主的能源和经济方面的研究，除了地区运行和服务中心之外，目前主要有 5 个研究实验室和中心：社会经济研究中心、核风险研究中心、能量转换研究实验室、电网创新研究实验室、可持续系统研究实验室。CRIEPI 期望建立一个开放式的研究环境，结合各国的人才推动电力技术与自然环境的共同发展。

为了支持电力行业的环境风险管理，CRIEPI 开展了化学物质和电磁场环境风险评价、管理方法的开发及固体废物的有效利用技术的开发等内容。研究主题包括：环境风险管理，遗传基因信息为基础的健康风险评价方法，化学物质的测量和评价，煤炭灰、脱硫石膏再资源化，电磁场的生物影响评价等。

# 第2章

# 电网

传统电力系统是由发电、输电、配电和用电等环节组成电能的生产与消费系统，其功能是将自然界的一次能源通过发电动力装置（如火电厂的锅炉、汽轮机、发电机及电厂辅助生产系统等）转化成电能，再经输配电系统将电能供应到各用户，通过各种设备再转换成动力、热、光等不同形式的能量，为经济和人民生活服务。

电力系统的主体结构分电源、电网和负荷中心三个部分。

电源指各类发电厂、站，它将一次能源转换成电能的火电，水力发电和新能源发电，而抽水蓄能电站，一般用于电网的调峰 、调频 、调相及事故备用。

电网由电源的升压变电站、输电线路、负荷中心变电站、配电线路等构成，其功能是将电源发出的电能升压到一定等级后输送到负荷中心变电站，再降压至一定电压等级后，经配电线路与用户相连。

负荷中心即电能的消费场所，由各种电气设备把电能再转换成动力、热、光等不同形式的能量加以运用。

电力系统要实现其功能，还需要在各个环节和不同层次设置的监控系统与通信系统。

新型电力系统是以承载实现碳达峰碳中和，贯彻新发展理念、构建新发展格局、推动高质量发展的内在要求为前提，确保能源电力安全为基本前提、以满足经济社会发展电力需求为首要目标、以最大化消纳新能源为主要任务，以坚强智能电网为枢纽平台，以源网荷储互动与多能互补为支撑，具有清洁低碳、安全可控、灵活高效、智能友好、开放互动基本特征的电力系统。

新型能源体系是通过源网荷储系统建设，构建一个化石能源清洁低碳高效利用、新能源高质量发展、产供储销各环节协调互动的能源体系。重点在于能源产业链供应链韧性与安全水平持续增强，能源生产供给、储备调节、跨区域输送能力不断提升，形成多能互补、源网荷储一体化的供用能模式；能源生产消费方式绿色低碳转型，主体能源逐渐由化石能源向非化石能源转变；现代化能源产业体系加快形成，新型电力系统建设、化石能源节能清洁低碳高效利用、新能源高质量发展和能源数字化转型有序推进。

新型电力系统和新型能源体系将融入中国式现代化建设，满足人民美好生活需要；服务于构建新发展格局，加快构建现代化产业体系；推进碳达峰碳中和，加快推动能源清洁低碳转型；保障国家能源安全，提升能源自主供给能力；推动能源高质量发展，解决行业发展难题。

## 2.1 电网的构成及作用

电力系统中发电机的额定电压一般为 15～20kV。我国常用的交流输电电压等级有 1000、750、500、220、110kV 等，直流输电电压等级有 ±400、±500、±600、±800、±1100kV 等，柔性直流输电电压等级有 ±160、±200、±320、±500、±800kV 等；配电电压等级有 10、35、60kV 等；用电的用电器具有额定电压为 6、10kV 的高压用电设备和 110、220、380V 等低压用电设备。

### 2.1.1 变电和输电

变电就是通过一定的设备实现电压等级和交直流转变的过程。设备包括变压器、换流阀等。电压等级的变换包括升压和降压，升压是指电压由低等级转变为高等级；降压是指电压由高等级转变为低等级。交直流变换包括整流和逆变。整流就是由交流电变为直流电，逆变就是由直流转变为交流。

输电是将发电站发出的电能通过高压输电线路输送到消费电能的地区（又称负荷中心），或进行相邻电网之间的电力互送，使其形成互联电网或统一电网，以保持发电和用电或两个电网之间的供需平衡。输电方式主要有交流输电和直流输电两种。通常所说的交流输电是指三相交流输电。直流输电有两端（也称端对端）直流输电、多端直流输电、背靠背直流输电和柔性直流输电等类型。交流输电与直流输电相互配合，发挥各自的特长，构成现代电力传输系统。对于交流输电而言，输电系统是由升压变电站的升压变压器、高压输电线路、降压变电站的降压变压器组成。在输电系统中杆塔、绝缘子串、架空线路（包括避雷线）等称为输电设备；变压器、电抗器、电容器、断路器、隔离开关、接地开关、避雷器、电压互感器、电流互感器、母线等一次设备和确保安全、可靠输电的继电保护、监视、控制和电力通信等二次设备等，安装在变电站内的设备称为变电设备。直流输电的输电功能由直流输电线路和两端的换流站内的各种换流设备包括一次设备和二次设备实现。

### 2.1.2 配电和用电

配电是在消费电能的地区接受输电网受端的电力，进行再分配，输送到城市、郊区、乡镇和农村，并进而分配和供给工业、农业、商业、居民以及特殊需要的用电部门。与输电网类似，配电网主要由电压相对较低的配电线路、开关设备、互感器和配电变压器等构成。配电网几乎全采用三相交流网络。由于可再生能源发电系统（如风电和太阳能发电）

的广泛应用和物联网的发展，配电网形式与传统的配电网发生了一些变化，比如可再生能源系统的接入，使得配电网进入有源配电网时代。

用电主要是通过安装在配电网上的用户变压器，将配电网上电压进一步降低到更低的电压，如 10kV、380V 三相电或 220V 单相电，供厂矿、楼宇和居民等用户使用。

## 2.2 输配电系统的发展

最初的电力系统采用直流发电和供电方式，因为电压低供电范围小，而仅在局部范围使用。随着技术进步，交流发电和供电系统逐步取代直流系统。为了提高输电经济性能，不断满足大容量和长距离输电的需求，电网电压等级在不断提高。100 多年来，输电网电压由最初的 13.8kV，逐步发展到高压 20、35、66、110、134、220、230kV；20 世纪 50 年代后，迅速向超高压 330、345、380、400、500、735、750、765kV 发展；20 世纪 60 年代末，开始进行 1000kV 及更高电压等级的输电工程的可行性研究。

交流输电电压一般分高压、超高压和特高压。国际上，高压通常指 35～220kV 电压；超高压通常指 330kV 及以上、1000kV 以下的电压；特高压是指 1000kV 及以上电压。直流输电电压一般分为高压直流和特高压直流，高压直流通常指的是 ±750kV 及以下的直流输电电压，±800kV 及以上的电压称为特高压直流。

在高电压输电方面，1908 年，美国建成了第一条 110kV 输电线路，1923 年又建成第一条 230kV 线路。瑞典于 1954 年首先建成第一条 380kV 输电线路，此后美国、加拿大等欧美国家相继使用 330～345kV 输电系统。1964 年，美国建成第一条 500kV 输电线路，苏联也于 1964 年建成了 500kV 输电系统。1965 年，苏联建成 ±400kV 直流输电线路。1965 年，加拿大建成 765kV 输电线路，之后 1969 年美国又建成 765kV 线路。1989 年，苏联建成一条世界上最高电压 1150kV 的交流输电线路，长 1900km。

我国电网主要是在中华人民共和国成立后发展起来的，为了满足大容量长距离的送电要求，我国电力系统的运行电压等级也在不断提高。1952 年自主建设了 110kV 输电线路，逐渐形成京津唐 110kV 输电网。1954 年，建成丰满—李石寨 220kV 输电线路，逐渐形成东北 220kV 骨干网架。1972 年，建成 330kV 刘家峡—关中输电线路，全长 534km，逐渐形成西北电网 330kV 骨干网架。1981 年建成 500kV 姚孟—武昌输电线路，全长 595km，逐步形成华中 500kV 骨干网架。1989 年建成 ±500kV 葛洲坝—上海高压直流输电线路，实现了华中—华东两大区的直流联网。

2001 年 5 月，华北与东北电网通过 500kV 线路实现了第一个跨大区交流联网；2002 年 5 月，川电东送工程实现了川渝与华中联网；2003 年 9 月，华中—华北联网工程的投入，形成了东北、华北、华中（包括川渝）区域电网构成的交流同步电网，2004 年，华中电网通过三峡至广东直流工程与南方电网相连；2005 年 3 月，山东电网联入华北；2005 年，在西北电网建成第一回 750kV 输电线路；2005 年 6 月，华中—西北通过灵宝直流背靠背相连；2011 年 12 月，青藏交直流联网工程建成投运；2014 年 11 月，川藏联网工程正式投入运营；2018 年

11 月，藏中 500kV 联网工程投入运营；至此，我国建成了覆盖全国的 500kV 巨型电网。

在特高压输电方面，2008 年 12 月，我国第一条特高压输电线路晋东南—南阳—荆门 1000kV 特高压交流试验示范工程正式投入试运行，2009 年建成首条云南—广东 ±800kV 特高压直流输电线路，拉开了特高压交、直流工程建设的序幕，标志着我国进入特高压输电时代。截至 2023 年底，国家电网公司已累计建成“十九交十六直”，建成和核准在建特高压工程线路长度达到 4.6 万 km。

我国高压直流输电技术还走向海外，截至 2022 年底，已建成投运巴基斯坦默蒂亚里—拉合尔 ±660kV 直流输电工程（线路长度 886km，换流容量 800 万 kW，2021 年 9 月投运）、巴西美丽山 ±800kV 特高压直流输电一期（线路全长 2084km，换流总容量 800 万 kW，2017 年 12 月投运）、二期工程（线路全长 2539km，换流总容量 800 万 kW，2019 年 10 月投运）。

## 2.3 交流输电和直流输电的特点

交流输电和直流输电两种方式具有各自的特点，见表 2–1。总的来说，直流换流站造价远高于交流变电站，而直流输电线路造价则明显低于交流输电线路。随着输电距离的改变，交、直流两种输电方式的造价和总费用将作相应的增减变化。在某一输电距离下，两者总费用相等的距离称为等价距离，大约为 700 ~ 800km。一般来说，大于等价距离，采用直流合理；小于等价距离，采用交流合理。

表 2–1 交流输电和直流输电的主要特点对比

| 项目 | | 交流输电 | 直流输电 |
|---|---|---|---|
| 技术性能 | 功率传输特性 | 输送容量不断增长，稳定问题成为制约因素。为满足稳定，常需采用串补、静补、调相机、开关站等措施，有的甚至需要提高输电电压，因此将增加很多电气设备，代价昂贵 | 无相位和功角，不存在稳定问题，只要电压降、网损等技术指标符合要求，即可达到传输的目的，此为直流输电重要特点，也是主要优势 |
| | 稳定性能 | 由于受发电机功角特性的限制，所有连接在电力系统的同步发电机须保持同步运行以维持系统稳定 | 不存在稳定问题，不受输电距离限制 |
| | 线路故障时的自防护能力 | 单相接地后，其消除过程一般为 0.4 ~ 0.8s，加上重合闸时间，一般需 0.6 ~ 1s 恢复 | 单极接地，整流、逆变两侧晶闸管阀立即闭锁，电压降到 0，迫使直流电流降到 0，故障电弧熄灭不存在电流无法过 0 的困难，直流线路单极故障的恢复时间一般在 0.2 ~ 0.35s 内 |
| | 自身恢复能力 | 采用单相重合闸，需满足单相瞬时稳定才能恢复供电 | 不存在此限制条件 |

续表

| 项目 | | 交流输电 | 直流输电 |
|---|---|---|---|
| 技术性能 | 过负荷能力 | 线路具有较高的持续运行能力，受发热条件限制的允许最大连续电流比正常输送功率大得多，其输送容量往往受稳定极限控制。对过负荷能力，交流有更大的灵活性 | 线路也有一定的过负荷能力，受制约的往往是换流站。通常分2h、10s和固有等几种过负荷能力。直流如果需要具有更大的过负荷能力，则须在设备选型时预先考虑，但需增加投资 |
| | 潮流和功率 | 控制取决于网络参数、发电机与负荷的运行方式，值班人员需进行调度，但又难控制 | 全部进行自动控制 |
| | 短路容量 | 两个系统以交流互联时，将增加两侧系统的短路容量，有时会造成部分原有断路器不能满足遮断容量要求而需更换设备 | 直流互联时，不论何处发生故障，在直流线路上增加的电流都不大，不增加交流系统的短路容量 |
| 经济性 | 输送距离 | 影响交流工程的变电和线路造价，因为随着输电距离的增加，为稳定、过电压等要求，可能需设置中间开关站，串补等 | 只影响直流工程的线路造价 |
| | 变电和线路 | 交流输电线路投资较大 | 直流输电换流站投资很大 |
| | 输电功率损失 | 交流输电功率损失大 | 直流输电功率损失小 |

## 2.4 输变电主要设施

### 2.4.1 输电线路

输电线路是一种用来实现将电厂或变电站的电能输送到用电端的电气设施，包括架空输电线路和电缆输电线路。按电压等级，一般分为低压、中压、高压、超高压和特高压线路；另外还有交流和直流输电线路之分。

架空输电线路在运行时可在周围空间产生电、磁场和电场耦合效应，产生可听噪声和无线电干扰，但投资低，施工运维方便。电缆线路主要敷设于地下，对环境影响要小，但投资较大，施工运维便利性不及架空线路。

### 2.4.2 变压器

变压器是利用电磁感应原理，将某一数值的交流电压（电流）变成频率相同的另一种或几种数值不同电压（电流），在不同电压等级电网间交换功率的设备。

大型电力变压器运行时，铁心会产生电磁噪声，散热器的风扇或循环油泵会产生机械振动噪声，是变电站的主要噪声源之一。另外，电力系统中有直流输电所引起的直流偏磁现象，会进一步加重变压器的电磁噪声。

### 2.4.3 换流变压器

换流变压器是一种特殊的变压器，是直流换流站交直流转换的关键设备，为换流阀提供相位相差 30° 交流电源（送端），或将逆变器脉冲电流变换为交流电流（受端）。换流变压器其网侧与交流场相联，阀侧和换流器相连，因此，其阀侧绕组需承受交流和直流复合应力。因换流变压器工作电流含有大量的谐波，其噪声较交流变压器大，且低频（谐波）分量明显。

### 2.4.4 断路器

断路器是一种专用于断开或接通电路的开关设备，它有完善的灭弧装置，不仅能在正常时通断负荷电流，且能在出现短路故障时切断短路电流。目前高压断路器的灭弧和绝缘介质主要是六氟化硫（$SF_6$）气体。电路器操作时会产生瞬间噪声，使用的 $SF_6$ 气体在维修、故障时，可能引起泄漏，造成一定的环境影响。

### 2.4.5 气体绝缘开关设备（GIS）

又叫气体绝缘全封闭组合电器设备、气体绝缘金属封闭开关设备，简称为 GIS，是 Gas Insulated Switchgear 的英文缩写。GIS 可由断路器、隔离开关、接地开关、互感器、避雷器、母线、连接件和出线终端等组成，这些设备或部件全部封闭在金属接地的外壳中，内部充有一定压力的 $SF_6$ 绝缘气体，也称 $SF_6$ 全封闭组合电器。与常规敞开式变电站相比，GIS 结构紧凑、占地面积小、可靠性高、配置灵活、安装方便、安全性强、环境适应能力强，维护工作量很小。

高压断路器和 GIS 中作为灭弧和绝缘介质的 $SF_6$ 气体是目前高压电器中使用最优良的灭弧和绝缘介质。它无色、无味、无毒，不会燃烧，化学性能稳定，常温下与其他材料不会产生化学反应。但电弧作用下 $SF_6$ 的分解物，如 $SF_4$、$S_2F_2$、$SF_2$、$SOF_2$、$SO_2F_2$、$SOF_4$ 和 HF 等，它们都有强烈的腐蚀性和毒性。在 1997 年防止全球变暖的《京都议定书》中，$SF_6$ 气体被列为 6 种温室效应气体之一。

### 2.4.6 换流阀

换流阀是直流换流站中最核心的部件。由大量的功率晶体管组成，实现电流的变换。常规直流输电采用的是可控开通、电网相控关闭的换流阀，这种换流阀必须和交流大电网相连才能可靠运行。

为减小谐波，提高输送功率，一般采用 12 脉动换流器，每个 12 脉动换流器有 12 个桥臂。1 个桥臂就是 1 个换流阀。目前，大多数直流输电工程均采用晶闸管阀。

换流阀工作时，由于电压、电流的突变，往往产生较强的暂态骚扰，形成较强的空间电磁场和高频噪声。但换流阀一般安装在封闭的阀厅内，且处于换流站的中心，对外环境影响相对较小。

柔性直流输电工程使用的是可自主控制通断的换流阀，采用的是可由控制信号进行开通和关断的半导体器件，如绝缘栅双极型晶体管（IGBT）等。这种换流阀可在与大电网脱离的情况下，实现孤岛运行，是正在兴起的柔性直流输电技术的重要器件。环境影响也较小常规直流换流阀小。

### 2.4.7 滤波器

直流输电系统换流器在进行交流和直流的相互转换过程中，需要消耗大量的感性无功。一个换流站大约需要相当于直流输送额定功率 55% 左右的无功功率。一般情况下，交流系统能够提供的无功功率不能满足换流站正常运行时的无功需要，所以，需要对换流站进行无功补偿。无功补偿设备包括交流滤波器、并联电容器、调相机、静止无功补偿器、静止同步补偿器等。

换流器交、直流两侧的电流和电压状态量中，除工频交流和直流主要分量外，还有众多的频率为工频整数倍的谐波分量。当采用 12 脉动换流器时，交流侧和直流侧分别含有 $12k \pm 1$ 次和 $12k$ 次的特征谐波。因此，通常用在换流器两侧设置滤波器的方法来消除换流器运行中产生的各次谐波。交流滤波器还能根据系统无功平衡的需要，提供全部或部分换流器所需的无功功率。

由于滤波器、并联电容器等工作于谐振电流下，导致滤波器和并联电容器在正常工作时产生较大的低频噪声。

### 2.4.8 高压并联电抗器

长距离输电线路带电时在导线间和导线对地都存在分布电容，无负载或负荷较小时容性无功功率较大，须进行电感性无功补偿，即吸收电容产生的充电功率，为此，需要在输电线路的末端装设并联电抗器。其作用包括：①降低工频过电压；②改善长输电线路上的电压分布；③就地平衡无功功率，减轻线路上的功率损失；④降低高压母线上工频稳态电压，便于发电机同期并列；⑤防止发电机带长线路可能出现的自励磁谐振现象。

并联电抗器运行时会产生较强的电磁噪声，且安装在变电站的线路出线侧围墙附近，距站界较近，有可能导致站界噪声较大。

### 2.4.9 平波电抗器

平波电抗器用于平滑直流电流中的纹波，并防止直流侧雷电和陡波进入阀厅，使换流阀免遭过电压的影响。另外，在直流短路时，平波电抗器还可通过限制电流快速变化，降低换相失败概率。

平波电抗器分为油浸式和干式两种。油浸式平波电抗器运行时会产生电磁噪声，是换流站主要噪声源之一；干式平波电抗器运行时噪声较小，一般不会对环境造成影响。

### 2.4.10 调相机

调相机是一种特殊运行状态下的同步电机，当应用于电力系统时，能根据系统的需要，自动地在电网电压下降时增加无功输出，在电网电压上升时吸收无功功率，以维持电压，提高电力系统的稳定性，改善系统供电质量。

调相机作为大型旋转电力设备，包含调相机本体及辅助冷却系统，在为电网提供无功、保障远距离输电可靠性的同时，也成为了换流站的噪声源。

## 2.5 特高压输电

### 2.5.1 特高压输电的优势

特高压输电是指电压等级在交流 1000kV 及以上电压等级的交流特高压输电和直流 ±800kV 及以上电压等级的直流特高压输电。

我国发电能源分布和经济发展极不均衡的基本国情，决定了能源资源必须在全国范围内优化配置。要在东西 2000～3000km，南北 800～2000km 范围内远距离、大规模能源输送，只有促进电煤就地转化和水电大规模开发，利用特高压输电输送距离远、输送容量大的优势才能实现。除此之外，特高压电网还可以大幅度提高电网自身的安全性、可靠性、灵活性和经济性，具有显著的社会效益和经济效益。主要体现在以下几个方面：

（1）提高电网的安全性和可靠性。建设特高压电网可以从根本上解决跨大区 500kV 交流弱联系所引起的电网安全性差的问题，为我国东部地区的受端电网提供坚强的网架支撑，可以解决负荷密集地区 500kV 电网的短路电流超标的问题。

（2）减少走廊回路数，节约大量土地资源。以溪洛渡、向家坝、乌东德、白鹤滩水电站的电力送出工程为例，采用 ±800kV 级特高压直流输电技术与采用 ±500kV 级高压直流输电技术相比，输电线路可以从 10 回减少到 6 回，节省输电走廊占地 300km$^2$。再以输送 10GW 电力、输电距离达 800km 的交流输电技术为例，采用 500kV 交流输电技术需要 8～10 回输电线路，而采用 1000kV 交流输电技术仅需要 2 回输电线路，可减少输电走廊宽度 300m，节省输电走廊占地 240km$^2$。

（3）获得显著的经济效益。特高压电网将实现大规模跨区联网，可以获得包括错峰、调峰、水火互济、互为备用、减少弃水电量等巨大的联网效益，降低网损。以 1000kV 交流特高压代替 500kV 交流超高压输电功能，可以降低输电成本，减少部分 500kV 交流超高压输电通道的重复建设，节约大量投资。

（4）减轻铁路煤炭运输压力，促进煤炭集约化开发。建设特高压电网，可实现大电网、大电源与大煤矿相互促进，实施煤电一体化开发，减少煤炭和电力综合成本。

（5）促进西部大开发，增加对西部地区的资金投入，变资源优势为经济优势，同时减小中、东部地区环境容量压力，有利于区域社会经济协调发展。

（6）带动我国电工制造业技术全面升级。通过依托特高压电网工程建设，增强了我国科技自主创新能力，实现了跨越式发展道路，全面提升了国内输变电设备制造企业的制造水平，实现了我国交、直流输变电设备制造技术升级，显著提高了国际竞争能力。

### 2.5.2 特高压输电的环境影响研究及限值标准

美国、苏联、日本和意大利等国家在研究交流特高压输电时，就工频电场和磁场对人和动植物的影响进行过大量研究，世界卫生组织也就极低频电场和磁场（包括工频场）对健康的影响进行过全面评估，结果表明，输电线路下工频电场和磁场远低于世界卫生组织确定的安全阈值。

原国网武汉高压研究院和中国电力科学研究院于2005年初分别开展1000kV交流特高压输电工程生态环境影响和电磁环境影响的研究工作。2005年7月13日，原国家环境保护总局组织专家对《1000kV级交流输电工程的电磁环境及其对生态环境影响》报告进行了审查，认为报告中提出的"1000kV级交流输电工程的电磁环境控制指标"符合保持特高压输电的环境影响与我国500kV超高压输电水平相当的环境控制原则，可以作为1000kV级特高压输电工程的环境影响控制标准。12月2日，原国家环境保护总局在北京组织召开了特高压交、直流输电线路电磁环境指标的确认研讨会，通过了"特高压交直流输电线路电磁环境暂行指标"。

输变电工程电磁环境控制值是针对电磁环境影响因子确定的，而与输变电工程电压等级无关。对于特高压交、直流输变电工程，需要电力设计、施工、运行等部门采取更多的工程和管理措施，资金投入更大，技术要求更高，以达到500kV输变电工程电磁环境水平。目前，国家环境保护部在对特高压交、直流输电工程的环评批复中提出如下要求：

对于特高压交流输变电工程，要求确保线路两侧和变电站周边居民区的工频电场强度、工频磁感应强度符合《电磁环境控制限值》(GB 8702)[1]要求（即工频电场限值4kV/m，工频磁感应强度限值100μT）。架空输电线路线下的耕地、园地、牧草地、畜禽饲养地、养殖水面、道路等场所，其频率50Hz的电场强度控制限值为10kV/m，且应给出警示和防护指示标志。

对于直流输变电工程，合成电场执行《直流输电工程合成电场限值及其监测方法》(GB 39220)中限值，即为控制合成电场所致公众曝露，环境中合成电场强度E95的限值为25kV/m，且E80的限值为15kV/m；直流架空输电线路线下的耕地、园地、牧草地、畜禽饲养地、养殖水面、道路等场所的合成电场强度E95的限值为30kV/m，且应给出警示和防护指示标志；换流站交流侧厂界及其电磁环境敏感目标处工频电场、工频磁场执行《电磁环境控制限值》(GB 8702)表1中频率为50Hz所对应公众曝露限值，即工频电场限值：4000V/m；工频磁场限值：100μT。

### 2.5.3 特高压工程建设及荣誉

近些年来，特高压工程进入全面提速、大规模建设的新阶段。从2004年开始，国家电网公司联合各方力量，在特高压理论、技术、标准、装备及工程建设、运行等方面取得全

[1] 本书中凡是不注日期的引用文件，其最新版本适用于本书。

面创新突破，掌握了具有自主知识产权的特高压输电技术，并将特高压技术和设备输出国外，实现了“中国创造”和“中国引领”。

截至 2023 年底，国家电网公司特高压工程建成“十九交十六直”（交流：晋东南—南阳—荆门、淮南—浙北—上海、浙北—福州、淮南—南京—上海、锡盟—山东、蒙西—天津南、榆横—潍坊、锡盟—胜利、北京西—石家庄、潍坊—临沂—枣庄—菏泽、苏通 GIL 综合管廊、山东环网、蒙西—晋中、张北—雄安、南阳—驻马店、荆门—武汉、南阳—荆门—长沙、驻马店—武汉、福州—厦门；直流：向家坝—上海、锦屏—苏南、哈密南—郑州、溪洛渡—浙西、宁东—浙江、酒泉—湖南、晋北—江苏、锡盟—泰州、上海庙—山东、扎鲁特—青州、±1100kV 淮东—皖南、青海—河南、雅中—江西、陕北—湖北、白鹤滩—江苏、白鹤滩—浙江）。建成和核准在建特高压工程线路长度达到 4.6 万 km、变电（换流）容量超过 4.76 亿 kVA（kW）。特高压输电通道累计送电超过 11457.8 亿 kWh，在保障电力供应、促进清洁能源发展、改善环境、提升电网安全水平等方面发挥了重要作用。

特高压工程还先后获得了中国机械工业科学技术奖特等奖、中国电力科学技术奖一等奖、国家重大工程标准化示范奖、国家优质工程金质奖以及中国工业大奖等一系列奖项。2010 年，1000kV 晋东南—南阳—荆门特高压交流试验示范工程荣获国家优质工程奖。2011 年，1000kV 晋东南—南阳—荆门特高压交流试验示范工程荣获中国工业大奖。“特高压交流输电关键技术、成套设备及工程应用”荣获 2012 年度国家科学技术进步奖特等奖。淮南—浙北—上海、锦屏—苏南特高压工程获得 2013—2014 年度国家优质工程金奖。“特高压 ±800kV 直流输电工程”获 2017 年度国家科学技术进步特等奖。2021 年，张北—雄安 1000kV 交流工程获国家水土保持示范工程；2022 年，青海—河南 ±800kV 直流工程获国家水土保持示范工程。2022 年，国家电网公司获得第十一届中华环境奖（企业环保类）大奖。

## 2.6 柔性直流

### 2.6.1 概念

柔性直流输电是以 IGBT 等全控型电力电子器件、电压源换流器和新型调制技术为突出标志的新一代直流输电技术，具有无需无功补偿、电网支撑换相、有功无功单独控制、黑启动、对系统强度要求低、响应速度快、可控性好、运行方式灵活、占地面积和环境影响小等特点。

国内目前已建成的柔性直流工程有：±30kV 上海南汇风电场柔性直流输电工程、±160kV 南澳多端柔性直流输电工程、扬州—镇江 ±200kV 直流输电工程、±200kV 舟山五端柔性直流输电示范工程、±320kV 厦门柔性直流工程、±350kV 云南鲁西背靠背直流异步联网柔性直流工程、±500kV 张北柔性直流电网示范工程、±800kV 姑苏换流站多端柔性直流工程。

### 2.6.2 特点

（1）无需无功补偿，谐波水平低。相比于常规直流输电技术，柔性直流输电采用可关断器件，控制系统可以在需要的时刻关断换流阀，无需交流侧提供换相电流和反向电压，从而避免消耗大量的无功，可以节省常规直流输电交流滤波器场的用地，大大减少了征地范围，根据测算和已实施工程，可节约用地约20%。同时，由于没有并联大容量电容器，甩负荷时过电压的情况会更小。有利于弱电网系统的电压调控。柔性直流输电技术采用可关断器件，高频次的开关，也使得各侧波形更好，低频谐波含量更少，仅需配置较高容量的高通滤波器，就可以实现谐波的控制。

（2）没有换相失败问题，提高电网可靠性。柔性直流输电技术采用可关断器件，开通和关断时间可控，与电流的方向无关，从原理上避免了换相失败问题；即使受端交流系统发生严重故障，只要换流站交流母线电压仍在，就能够维持一定的功率；还拥有稳态、瞬态及动态的高精度控制技术，可以在电网故障、负荷波动等情况下，使电网保持稳定，减少事故发生。

（3）线路电压极性不变，适合构成多端系统。柔性直流输电系统的电流可双向流动，而直流电压极性不改变，也就是潮流反转时，直流电压保持不变。而常规直流潮流反转时，直流电压极性反转，直流电流的方向不变。在并联型多端直流输电系统中，柔性直流输电系统可以通过改变单端电流方向来改变潮流的方向，便捷而又快速。

（4）有功和无功功率控制灵活，可向孤岛供电。由于柔性直流输电技术能够自换相，可以工作在无源逆变模式下，不需要外加的换相电压，因此，受端系统可以是无源网络。常规直流系统则需要依靠电网完成换相，需要较强的有源交流系统支撑。可以对输电电压等级、电流和电压波形、有功和无功功率等进行实时调节和控制，对配合各类优化算法及控制方法的实时优化控制更为容易。

（5）系统能效高，环保节能。柔性直流输电可实现电力系统的优化运行和灵活调节，通过优化电力系统、提高电气能量利用效率，节约能源、降低能耗，是一项具有很高环保效益的技术。

### 2.6.3 应用

柔性直流输电的主要应用领域如下：

（1）连接分散的小型发电厂。清洁能源发电一般装机容量小、供电质量不高且远离主网，如中小型水电厂、风电场、潮汐电站、太阳能电站等，利用柔性直流输电与主网实现互联有利于克服清洁能源并网带来的一系列问题，提高电能质量和系统稳定性。

（2）岛屿供电和海上平台供电。以往此类供电通常采用昂贵的本地发电系统，比如柴油机。但使用柔性直流输电系统可以直接从大陆上直接输电，不仅更加便利、便宜，而且没有环境污染。同时一些偏远地区的发电系统也可以回馈电网。

（3）异步联网。实现不同频率或相同频率的交流系统间的非同步运行。柔性直流输电系统可以同时控制互连的两个电力系统的无功功率和电压，哪怕是异步的电力系统。

（4）城市电力供应。大中城市的空中输电走廊已没有发展余地，原有架空配电网络已不能满足电力增容要求。柔性直流输电系统只需要很少的空间且可以输送更多电力，对于城市供电的扩容，柔性直流输电系统是最佳的解决方案。

## 2.7 嵌入式直流

### 2.7.1 概念

“嵌入式”直流输电技术的送、受两端换流站建设于同一个交流电网内部，直流输电系统“嵌入”交流电网中，直流线路可新建或利用现有架空输电线路，也可新建或利用现有 / 预留的交流电缆通道敷设直流电缆，从而大幅提高电网输电能力和电网的可控能力与灵活性，这种嵌入式的直流方式将成为后续电网升级为交直流混联电网的途径之一。

### 2.7.2 特点

（1）提升关键通道输电能力。嵌入式直流可实现有限通道资源的最大化利用，输电能力可提升数倍，为重要断面加强、城市中心供电等新建输电通道困难的电网发展场景提供新的解决方案，提升电网投资经济性。

（2）提升主网架输电可靠性。嵌入式直流在不对现有网架作结构性调整、不增加短路电流的同时，实现新增输电通道能力的充分利用和潮流灵活调节，提升主网安全裕度，大幅提高整体输电能力，满足大规模新能源发展背景下的潮流输送需求，并可适应系统潮流的随机波动，显著提升了主网架输电可靠性。

（3）实现电网分区柔性互联。嵌入式直流采用分区直流互联技术，在短路电流可控的同时，可实现送 / 受端电网百万千瓦级新能源电力跨分区消纳，以及正常 / 事故方式下各联接分区间的分钟级、大规模快速功率支援，提升了分区电网运行灵活性。

### 2.7.3 应用

嵌入式直流的主要应用领域如下：

（1）新能源外送消纳。新能源发电一般装机容量小、供电质量不高且远离主网，但对电网灵活性和可控性要求较高，构建灵活可控的交直流混联电网结构，可适应新能源发展的新要求。

（2）城市高负荷供电。新增交流通道对断面输电能力提升有限且代价高昂，而建设嵌入式直流线路将显著提高现有输电通道的利用效率，有利于缓解城市高负荷供电压力。

# 第3章

# 电网环境保护

电网环境保护工作主要内容包括：输变电设施电磁环境、声环境、水环境、生态环境、大气环境、固体废物、六氟化硫、电网环境保护措施等方面。输变电工程的环境影响涵盖施工期和运行期，施工期的主要环境影响包括变电站（换流站）和线路施工产生的噪声、扬尘、外排废水对周围环境的影响，变电站（换流站）和线路施工土地占用对生态环境的影响，主要采取文明绿色施工、抑制扬尘、废水达标处理、施工垃圾集中清理等环境保护措施。运行期的主要环境影响包括变电站（换流站）和线路运行产生的工频电磁场、直流合成场强、噪声对周围环境的影响，变电站（换流站）运行产生的外排废水、固体废物等对周围环境的影响，主要采取降噪减振、电磁屏蔽、废水达标排放、固废合规处置等环境保护措施。

## 3.1 基本概念

### 3.1.1 电磁环境

电磁环境是指存在于给定场所的所有电磁现象的总和。

### 3.1.2 工频电场

工频电场是指随时间作50Hz周期变化的电荷产生的电场。度量工频电场强度的物理量为电场强度，其单位为伏特每米（V/m），工程上常用千伏每米（kV/m）。

### 3.1.3 工频磁场

工频磁场是指随时间作50Hz周期变化的电流产生的磁场。度量工频磁场强度的物理量既可以用磁感应强度也可以用磁场强度，它们的单位分别为特斯拉（T）和安培每米（A/m），工程上磁感应强度常用微特斯拉（μT）。

### 3.1.4 合成电场

合成电场是指直流带电导体上电荷产生的电场和导体电晕引起的空间电荷产生的电场合成后的电场。度量合成电场强度的物理量为电场强度，其单位为伏特每米（V/m），工程上常用千伏每米（kV/m）。

### 3.1.5 计权声级

在使用声级计（噪声计）测量噪声时，声级计接收的信号是噪声的声压。为使测量仪器输出的信号符合人耳的生理特性，在声级计内加入一套滤波网络，并参照等响曲线对某些人耳不敏感的频率成分进行适当的衰减，对那些人耳敏感的频率成分予以加强，以求输出的信号与人耳听觉的主观感受尽可能一致。这种修正的方法称为频率计权，实现频率计权的网络称为计权网络，经过计权网络测得的声级称为计权声级。

现已有 A、B、C、D、E、SI 等多种计权网络，其中 A 计权和 C 计权最为常用。实践证明，A 声级基本上与人耳对声音的感觉相一致；此外，A 声级同人耳听力损伤程度也能对应得很好。因此，国内外在噪声测量与评价中普遍采用 A 声级。

### 3.1.6 等效连续 A 声级

对于一个非稳态噪声，此时用计权声级只能测出某一时刻的噪声值，即瞬时值。用一个在相同时间内声能与之相等的连续稳定 A 声级表示该时段内不稳定噪声的声级，即为等效连续 A 声级。

等效连续 A 声级用符号 $L_{Aeq}$ 表示（简写为 $L_{eq}$），单位为 dB（A），它反映了在噪声起伏变化的情况下，噪声受者实际接受噪声能量的大小，可用式（3-1）表示为

$$L_{eq}=10\lg\left(\frac{1}{T}\int_0^T 10^{0.1L_A}\mathrm{d}t\right) \tag{3-1}$$

式中：$L_A$ 为某一时刻 $t$ 的瞬时 A 声级；$T$ 为测定的总时间。

### 3.1.7 昼夜等效声级

在昼间和夜间的规定时间内测得的等效连续 A 声级分别称为昼间等效声级 $L_d$ 或夜间等效声级 $L_n$。昼夜等效声级为昼间和夜间等效声级的能量平均值，用 $L_{dn}$ 表示，单位 dB（A）。昼夜等效声级是在等效连续 A 声级的基础上发展起来的，用于评价城市环境噪声。考虑到噪声在夜间比昼间更吵人，故计算昼夜等效声级时，需要将夜间等效声级加上 10dB 后再计算。计算公式为

$$L_{dn}=10\lg\left[\frac{1}{24}\left(16\times 10^{\frac{L_d}{10}}+8\times 10^{\frac{L_n+10}{10}}\right)\right] \tag{3-2}$$

式中：$L_d$ 为昼间（是指 6：00 至 22：00 之间的时段）的等效声级，dB（A）；$L_n$ 为夜间（是指 22：00 至次日 6：00 之间的时段）的等效声级，dB（A）。

县级以上人民政府为环境噪声污染防治的需要（如考虑时差、作息习惯差异等）而对昼间和夜间的划分另有规定的，应按其规定执行。

### 3.1.8 累积百分声级

累积百分声级用于评价测量时间段内噪声强度时间统计分布特征的指标，指占测量时间段一定比例的累积时间内 A 声级的最小值，用 $L_N$ 表示，单位 dB（A）。最常用的是 $L_{10}$、$L_{50}$ 和 $L_{90}$，其含义如下：

$L_{10}$ 指在测量时间内有 10%的时间 A 声级超过的值，相当于噪声的平均峰值；

$L_{50}$ 指在测量时间内有 50%的时间 A 声级超过的值，相当于噪声的平均中值；

$L_{90}$ 指在测量时间内有 90%的时间 A 声级超过的值，相当于噪声的平均本底值；

如果数据采集是按等间隔时间进行的，则 $L_N$ 也表示有 $N$%的数据超过的噪声级。

## 3.2 电磁环境

当输变电工程建成投入运行后，由其运行电压和电流产生的电磁现象，成为影响环境主要因素。输变电工程附近的电磁环境，主要是指由导体带电产生的电场、载流产生的磁场，其能量以电磁波形式由源发射到空间或在空间传播。交流输变电工程的电磁环境影响因子主要考虑工频电场、工频磁场，直流输电工程的电磁环境影响因子主要考虑合成电场、直流磁场，在设计中还要考虑离子流、无线电干扰、接地极的跨步电压、接触电势等。

我国电力系统采用 50Hz 作为电网运行的标准频率。因此，交流系统的工频电场和工频磁场为 50Hz 及其谐波的频率的电场和磁场，属于准静态场。直流系统的合成电场和直流磁场属于静电场和静磁场。这些场都属于极低频场范畴，未产生有效电磁辐射。

### 3.2.1 电磁环境影响因子

#### 3.2.1.1 工频电场

电场是由电荷产生的，高压输电线路导线带电时，电荷分布在导线的表面，从而在其附近空间产生电场。工频电场是一种以 50Hz 频率交变的准静态场，其效应可用静电场的一般概念来分析。磁场是有规则地运动着的电荷（电流）周围存在的一种物质形式，随时间作 50Hz 周期变化的磁场为工频磁场。电流产生的磁场大小用磁场强度表示，而磁场源附近空间的磁场大小用磁感应强度来表示。在空气介质中，1μT 磁感应强度相当于 0.8A/m 的磁场强度。

交流输变电工程的带电体（如母线、导线、跳线等）在其周围一定范围内产生工频电场，其特点为：①随着离开带电导体距离增加，电场强度迅速降低；②地面约 2m 以下的空间，电场基本上是均匀分布的；③工频电场很容易被树木、房屋等屏蔽；受到屏蔽后，电场强度明显降低；④工频电场在导体边缘或顶部极易畸变，形成比原有电场大很多倍的畸变电场。

交流输电线路的工频电场大小和分布与线路电压等级和线路几何形状、位置（线路的结构、导线形式、排列方式、对地高度等）有关。根据测量结果，输电线路工频电场一般在边相导线外数米迅速衰减。典型的导线水平布置的单回路工频电场的分布如图 3–1 所示；同塔双回线路的电场如图 3–2 所示。

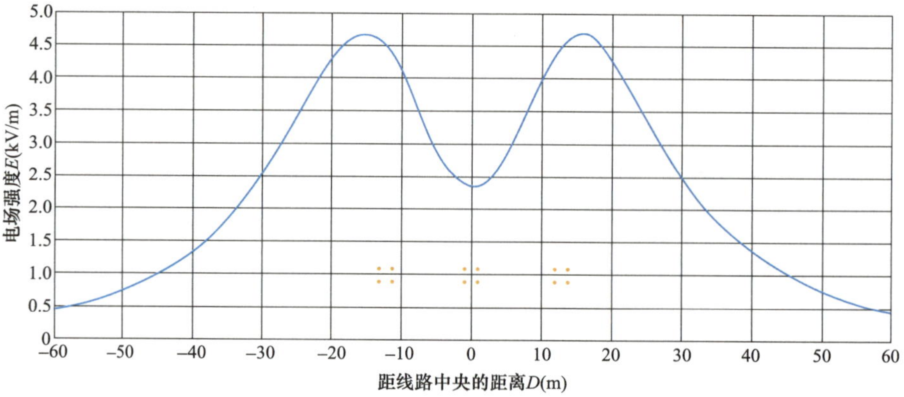


图 3–1 500kV 单回路线路工频电场分布图

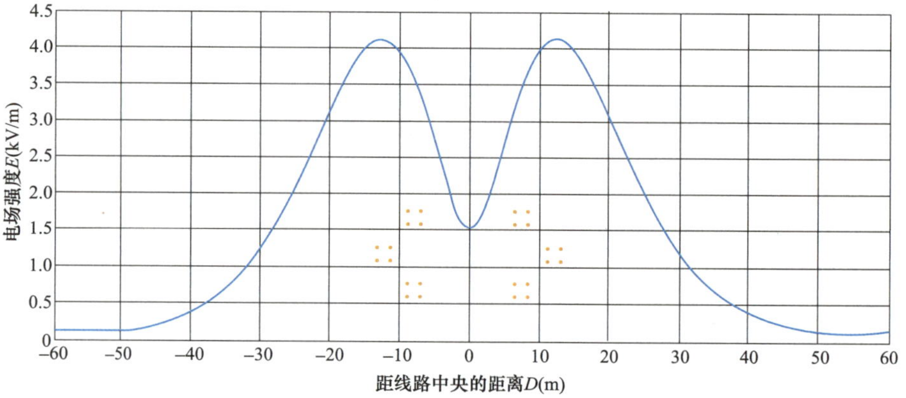


图 3–2 500kV 同塔双回线路工频电场分布图

在工频电场中，电场方向周期性地变化，引起电场中的任何导体（不管其原来带电与否）内部正、负电荷的往复运动，也即在导体内感生出交变的感应电动势，这就是“静电感应”。如果将导体接地，则流入地中的感应电流称为该物体的短路电流 $I_{sc}$。如果人光脚或手触摸接地体时，在电场中也会感应出电流，该电流称为人体的短路电流 $I_{sc}$。

导体（包括人体、动植物）处在电场中，电场就会引起该导体表面电荷的移动，导体上的电荷也会产生电场，这个电场会叠加在原来的电场之上，改变导体附近的电场分布，这时导体周围的场称为“畸变场”。图 3–3 就表示人和两种动物处于 10kV/m 电场场强中时使电场畸变的情况。可见，电力线集中在身体的上部，身体上面的表面场强（每个动物图上的数值）增强了体内电流密度，导致流过身体总的短路电流 $I_{sc}$ 增加。

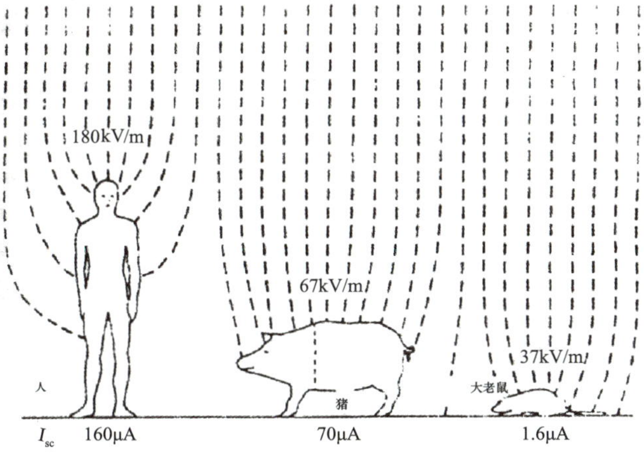


图 3–3　人和动物引起的电场畸变及短路电流

静电场对其中的物体产生静电感应，物体也会对电场起到屏蔽作用。如线路附近的房屋容易使房屋外表面电场畸变，导致尖顶房房顶上电场强度则可能增大更多，达到无房屋时地面场强的几倍。而由于房屋的屏蔽作用，在房屋内部以及周围以房屋高度为半径的范围内，场强都有不同程度的降低。原武汉高压研究所的研究（如图 3–4 所示）表明：屋内场强仅为 0.02 ~ 0.17kV/m，是无房屋时地面场强的 3% 以下，与家用电器设备附近的场强是同一数量级。

图 3–4　用于研究电场变化的 500kV 输电线下的试验民房

### 3.2.1.2　工频磁场

输变电设施的载流体（如带有负载的母线、导线，变压器、电抗器等）中流过的电流在其周围一定范围内产生磁场。磁场的大小与载流体的电流大小成正比。

工频磁场是由导线中的电流产生的，其强度一是随用电负荷的变化而变化；二是随着与输电线路距离的增加而快速降低，并且与工频电场强度相比，工频磁场强度随距离变远，下降得更快。除铁、钢、镍等铁磁材料构成的物体外，一般非铁磁材料物体不会引起工频磁场产生畸变。

典型的导线水平排列的单回路工频磁场如图 3–5（a）所示，同塔双回工频磁场如图 3–5（b）所示。图 3–5 中的实线表示磁感应强度的垂直分量，虚线表示磁感应强度的水平分量。

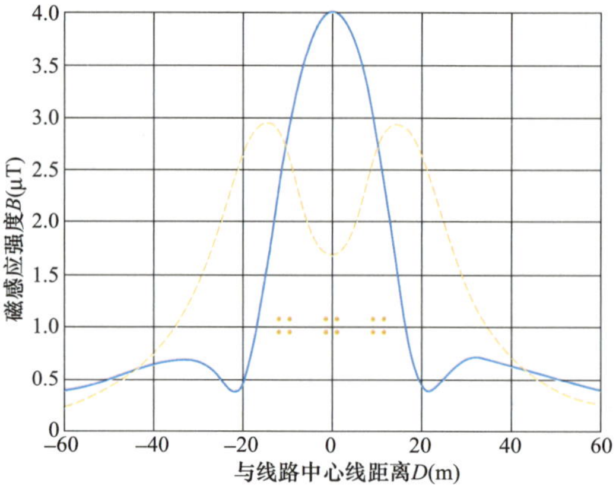


（a）

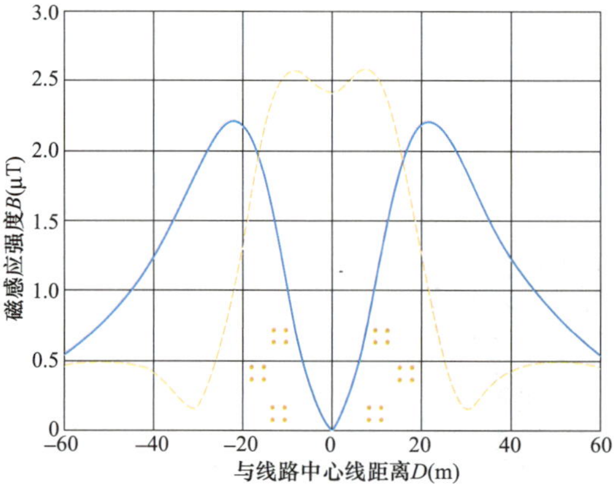


（b）

图 3–5 单回路和同塔双回线路工频磁场分布图（$I$=400A）

（a）单回路；（b）同塔双回

### 3.2.1.3 直流合成电场

直流合成电场和空间电荷（离子电流）是高压直流输电的特有现象，也是与交流输电环境影响的重要差别之一。

线路设计时，一般使得导线表面电场强度低于或接近导线起晕电场强度。而在恶劣天气、导线表面发生变化等情况下，使得导线表面起晕电场降低，高压输电线路导线将出现电晕现象。电晕将产生与导线极性相同的空间电荷，并在导线电场作用下离开导线（详见电晕章节）。就超高压交流输电线路而言，由于电压的交替变化，电晕所产生的离子绝大部分被限制在导线附近往复运动，基本上不存在离开导线扩散到空间的离子；而双极高压直流输电线路情况下，电晕产生空间电荷在固定极性的电场作用下，向极性相反的导线、地线以及大地运动，在直流线路附近形成正极性、负极性和混合极性空间电场区域，如图3-6所示。在正极导线与地面之间的区域充满正离子；负极导线与地面之间区域充满负离子；正负极导线之间正负离子同时存在。

这些空间电荷将造成直流输电线路所特有的一些效应：

（1）空间电荷本身产生电场，它将加强由导线电荷产生的电场；

（2）空间电荷在电场作用下运动，形成离子电流；

（3）由极导线向大地运动的离子，附着在对地绝缘的物体上形成物体带电现象，可能引起暂态电击；

（4）空间电荷以及吸附空间电荷的空气中的各种微粒，在风的作用下，可移动到较远的地方，导致合成电场分布范围很广。

电晕产生的离子，可与空气中的各种微小颗粒形成不同大小的空间带电微粒，这些带电微粒不仅在电场力的作用下向反极性导线、地线和大地运动，而且还受到风等引起的机械力的作用下运动；由于这些随机运动的带电微粒的存在使得直流输电线路的合成电场比较复杂。

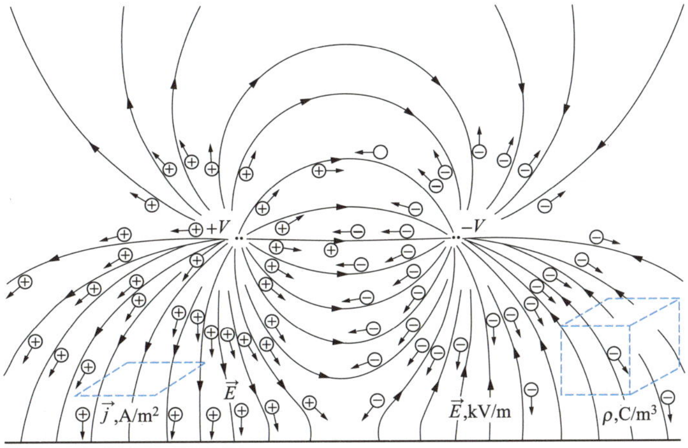


图 3-6　双极直流输电线路电力线和带电离子分布示意图

合成电场与导线表面电场强度及电晕起始场强，导线结构［如分裂数、子导线直径、相导线间距（交流）、极导线间距（直流）和导线对地高度等］，电晕起始场强、导线表面状况和天气等因素有关。当直流线路的几何尺寸确定后，导线表面电场强度越高，电晕起始电场强度越小，合成电场越大。

高压直流输电线路线下的合成场强数值高于同一电压等级的交流输电线路下的电场强度。在正常运行的直流输电线路下，没有通过电容耦合产生位移电流，相同大小的直流合成电场和交流工频电场下两者产生的效应相差甚远，直流输电线路下方的地面合成电场对人体的较小。

一般来说，直流线路产生的离子流对人的影响很小，限值标准距离人体感受阈值也有相当大的裕度。且高压直流输电线路产生的合成电场与离子流具有相关性，当地面合成电场达到限值要求时，离子流密度一般也能够满足限值要求。因此在高压直流输电工程中，重点关注地面合成电场这一个因子即可。

#### 3.2.1.4 直流磁场

直流电流产生直流磁场；地球自身也产生地磁场；二者同属于静磁场。分析直流线路磁场时不可避免地涉及地磁场。

我国运行着世界上电压等级最多的直流线路，虽然各电压等级直流线路的输送容量不同，负载电流不同、位置不同，导致不同直流线路产生的直流磁场各不相同；但考虑到地球磁场与线路直流磁场的相似性，直流输电线路产生的磁场仅影响线路附近的总磁场的局部区域。在建的世界上电压等级最高、输送容量最大的 ±1100kV 直流线路导线，按设计最大通流 5kA 计，在线路下方附近最大磁感应强度不超过 100μT。而目前我国在运行的 ±500kV 直流线路的实测数据表明，±500kV 直流线路产生的磁场在数十 μT 量级（50～60μT），而我国地球磁场水平在 50μT 左右，所以直流线路的磁场与地球持续和水平相当。

直流磁场现场测量受地球磁场、测量定位等因素影响，测量值变化较大，图 3–7 给出特高压直流输电线路在线路电流 5000A，极导线对地距离 30m，极间距离 24m 情况下的计算值。

由计算可知，我国的直流输电线路的直流磁场很小。

直流线路产生的磁场属于静磁场，不会在人体等生物体内产生感应场。同时，这一磁场与地球磁场性质相同、大小相当。

直流线路产生的磁场随导线高度增加和随距导线的距离增加衰减很快。

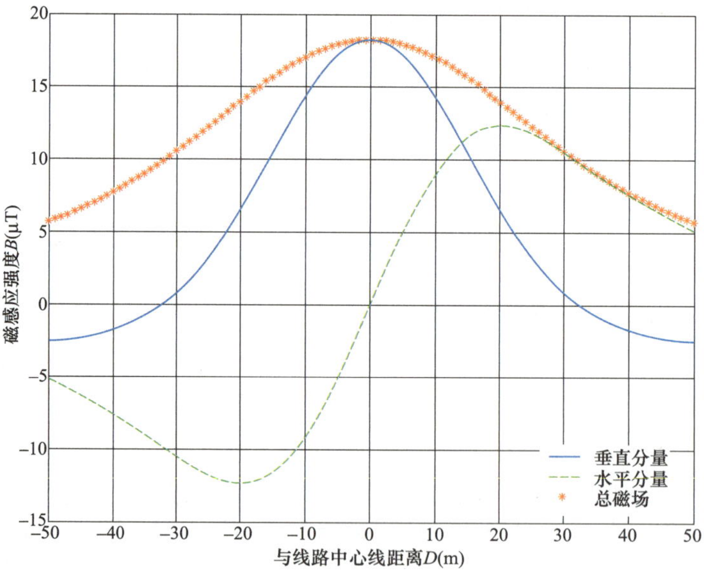


图 3–7 直流线路磁场计算值

ICNIRP 的导则给出一般公众的磁场曝露参照水平（1Hz 以下），即 40mT，表明直流磁场对人的影响远比交流磁场要小。而通过计算，包括 ±500kV 和 ±800kV 输电线路的磁场水平，都远远小于 ICNIRP 的磁场曝露参照水平，从这个意义上，直流输电线路可以不考虑磁场问题。

## 3.2.2 电磁环境效应

### 3.2.2.1 电晕效应

电晕是指在高电压作用下，导体表面电位梯度升高，致使导体周围空气发生游离放电并显现紫蓝色的辉光和发出轻微的嘶嘶声的现象。

随电压升高，光滑导体表面的电位梯度达到一定数值时，会引起紧靠导体周围空气分子碰撞游离，空间电荷数量增加，形成导体周围小范围内放电条件。实际上，由于导体表面的棱角和毛刺，或者局部粘附某些污秽微粒，都会导致其表面电位梯度的局部畸变，成为局部放电的起晕点。局部放电功率很小，又不稳定，属于电晕放电的前期。当电压继续升高，导线表面电场强度继续增大，电晕电流也逐步增加；直到电压升到某一数值，开始在导线上看到电晕辉光，后可听到电晕放电声。开始产生可见电晕现象的电压，称为电晕起始电压。起始电晕往往起始于导体表面不光洁处。只有电压再升高，放电现象才扩展到导体的全部表面。

经试验表明，电晕放电的形成机理因尖端形状、电极极性不同而不同，这是由于电晕放电时空间电荷的积累和分布状况不同所造成的。在直流电压作用下，负极性电晕或正极性电晕均在尖端电极附近聚集起与电压极性相同的空间电荷。

在负极性电晕中，当电子引起碰撞电离后，被驱往远离尖端电极的空间，形成负离子。在靠近电极表面则聚集起正离子。电场继续加强时，正离子被吸进电极，此时出现一脉冲电晕电流，负离子则扩散到间隙空间。此后又重复开始下一个电离及带电粒子运动过程。如此循环，致使形成许多脉冲形式的电晕电流。此现象是特里切尔于 1938 年发现的，称为特里切尔脉冲。正极性电晕在尖端电极附近也分布着正离子，但不断被推斥向间隙空间，而电子则被吸进电极，同样形成重复脉冲式电晕电流。电压继续升高时，出现流注放电，并可导致间隙击穿。

工频交流电晕在正、负半周内其放电过程与直流正、负电晕基本相同。工频电晕电流与电压同相，反映出电晕功率损耗。工程应用中还常以外施电压与电晕电荷量的关系表示电晕特性，称为电晕的伏库特性。实际上，导线表面状况如损伤、雨滴、附着物等，都会使电晕放电易于发生。

对于高电压电气设备，发生电晕放电会逐渐破坏设备绝缘性能。线路设计时，应选择足够的导线截面积，或采用分裂导线降低导线表面电场，以避免发生电晕。

变电（换流）站内部的母线、连接导线等的电晕特性与输电线路相同。变压器、电抗器、电容器等设备，在其端部的连接处，通常设有尺寸较大的均压环和屏蔽环，以期降低局部电场强度，避免电晕产生。

输电线路导线上发生电晕，会引起电晕噪声以及无线电干扰等现象。

电晕噪声是由电晕现象造成的环境效应之一，一般出现在高压输变电工程中。对因电晕而产生的可听噪声问题的重视，是从美国采用 500kV 和 765kV 超高压输电开始的。之后电晕噪声成为了实现特高压输电的一个重要限制因素。而且输电线路电晕放电产生的可听噪声，与同一声压的一般环境噪声相比，通常更加令人厌烦。因此，各国科研人员给予了高度重视，通过采用电晕笼模拟或仿真试验线段上长期实测数据的统计、分析，获得可听噪声的幅频特性和预估公式。

详细的电晕噪声问题在“3.3 声环境”中进行介绍和解释。

#### 3.2.2.2 电场耦合效应

（1）静电感应现象。工频电场是一种随 50Hz 频率交变的准静态场，其效应可用静电场的一般概念来分析。对高压装置，当导线带电时，电荷分布在架空导线的表面，即电荷产生了电场。如图 3–8 所示，在两相距 $d$ 的导线上施加电压 $U$，则导线之间存在电场 $E$。

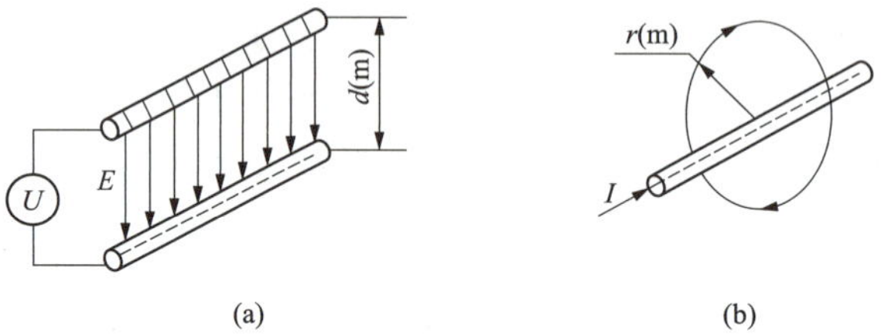


图 3–8 工频电场、磁场产生的原理

（a）电场；（b）磁场

前述可知，在电场中的导体将引起所在区域的电场分布变化，形成所谓“畸变场”。以下给出图示说明，图 3–9（a）为均匀电场，电场强度为 $E_0$；图 3–9（b）为引入一接地物体后电场的改变，电场强度随着引入物体的突出部位的曲率半径变化而变化，端部越尖，电场畸变越大。物体尖端附近的电场增强了，电场强度 $E = kE_0$，$k$ 为大于 1 的系数，与物体的形状（曲率）有关，但物体内部的电场强度 $E_i$=0；图 3–9（c）为引入一不接地金属球后电场的变化情况，畸变后的最大电场强度达原均匀场的 3 倍。

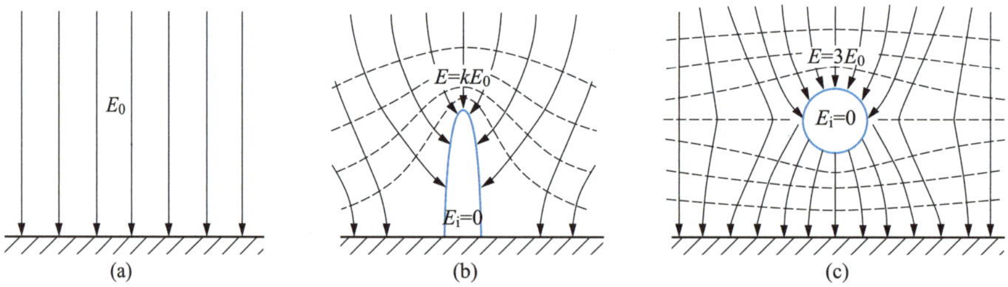


图 3–9 静电感应和畸变场

（a）均匀电场；（b）接地物体对电场的改变；（c）不接地金属球对电场的改变

（2）暂态电击。

1）暂态电击的形成原理。在一定强度的电场环境中，地面上的人触及电场中的对地绝缘金属物体时，或者绝缘良好的人体，当接触到接地良好的导体时，在接触瞬间可能感受到刺痛感；这一现象称为“暂态电击”，也叫“间接耦合效应”（或“非直接耦合效应”）。这是人体或物体积蓄的电荷通过物体或人体释放，形成暂态电流造成的影响，常有微小电火花伴随发生。

邻近高压输电线路的电场环境中的暂态电击有以下两种情况：①处在电场中因电场耦合感应电荷的人体，触及接地的金属物体（例如接地的金属栏杆）时，电荷从人体释放，形成流经人体的接触电流或接触瞬间的放电现象；②人体碰触在电场中的带有感应电荷的对地是绝缘金属物体（大至汽车、小至雨伞、金属天线支架等）时，因碰触致使积累在物体上的感应电荷通过人体释放，形成接触电流或放电现象。

可用图 3–10 所示的高压线路下不接地金属体和人体等效电路图说明。

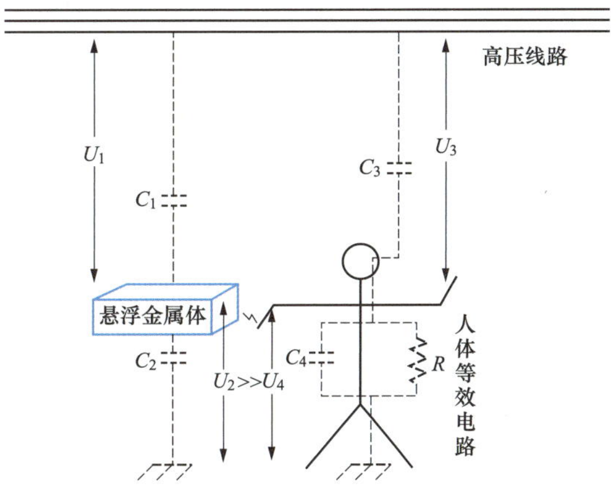


图 3–10　高压线路下不接地金属体和人体等效电路图

不接地金属体与高压线路间及地面都存在耦合电容，形成一个电容串联电路，当线路带较高电压时，金属体将感应一定电压；与此同时邻近的人体可等效看作对地分布电容和对地绝缘电阻组成的并联电路，也会感应电压。当两个感应电压差达到一定程度时，人接近被感应物体但尚未完全接触，其小空气间隙击穿而发生火花放电。在交流电场作用下，只要存在小间隙，充电和由此引起的再次放电是连续进行的。

2）间接耦合效应对人体的影响。间接耦合发生时，人体所能承受的电击电压与能量将不同于直接接触电源所造成的稳态电击。间接耦合效应强度是电压和能量的函数，取决于放电物体对地电容、对地绝缘电阻和感应电压。目前国际上有文献认为当放电能量为 0.1mJ 时，达到可感觉的水平；当能量为 0.5 ~ 1.5mJ 时，不会引起生理上的直接损失，仅能使人烦恼和引起肌肉不自觉的反应；当能量达到 25mJ 时，对人能造成损伤。

高压线路下方接触不接地金属体所发生的间接耦合效应，作用时间很短，仅几微秒至十几微秒，一般不会对人体带来危害。有资料表明在交流输电线下当电场强度为 9kV/m 时，鞋绝缘电阻大于 100MΩ 时，感应电压可达 3000V，有轻微感觉；若绝缘电阻继续增加，并联电容的作用使电压趋于饱和，最高电压不超过 4000V，瞬态电击能量小于 0.8mJ。

对间接耦合效应的反应属主观评价，除与接触金属的面积、部位、接触情况有差别外，还与每个人的心理因素及生理特点有关。

ICNIRP 导则及 IEEE 标准在根据交流电场在人体中感应电流（或电场）的直接效应，制订了旨在防止生物学“有害直接影响”的最大允许曝露限值的同时，均详细分析并提出了在连续正弦波条件下通过间接耦合产生的接触电流最大允许限值以及防止不愉快的火花放电的措施建议。

对人们在高压架空线路下方，感受到接触电流甚至火花放电的刺痛感存在一定的关注是可以理解的。关键在于了解流经人体接触电流的安全阈值有多大。国际电工委员会 2005 年颁发的技术规范《人体和家畜的电流效应　第 1 部分》（IEC/TS 60479-1：2005）对 15 ~ 100Hz 正弦波的交流电流效应提出了 4 种阈值：①感觉阈值——导致人产生任何感觉的，流经人体接触电流的最小值；②反应阈值——导致不自觉肌肉收缩的接触电流的最小值；③摆脱阈值——人握住电极后可以摆脱的接触电流的最大值；④心室振颤阈值——能导致心室振颤的接触电流的最小值。

IEC/TS 60479-1：2005 规范针对 15 ~ 100Hz、电流途径为自左手到脚（即通过心脏），得出的交流电流持续时间与人体电流效应的关系曲线如图 3-11 所示（人体电流为稳态有效值）。图中，人体反应阈值为 0.5mA（图中线 *a*，与持续时间无关）；曲线 *b* 为摆脱阈值，其中 5mA 值是针对整个人群的（对成年男性为 10mA）；曲线 $c_1$、$c_2$、$c_3$ 分别为根据动物试验和人体试验结果确定的振颤概率分别为 0%、5% 和 50% 的心脏振颤阈值，人体电流低于 $c_1$ 曲线的，不可能出现心脏振颤。

图 3-11 给出了人体一手到双脚的电流通路情况下，交流 15 ~ 100Hz 交流电流 / 持续时间区域示意图，图中各区域的人体生理效应如表 3-1 所示。可明显看出，在不同电压等级输电线路下方，人体在电场中接触未接地导体时所产生的人体电流均在“可能有感觉”的范围内，远低于反应阈值，对人体是无害的。

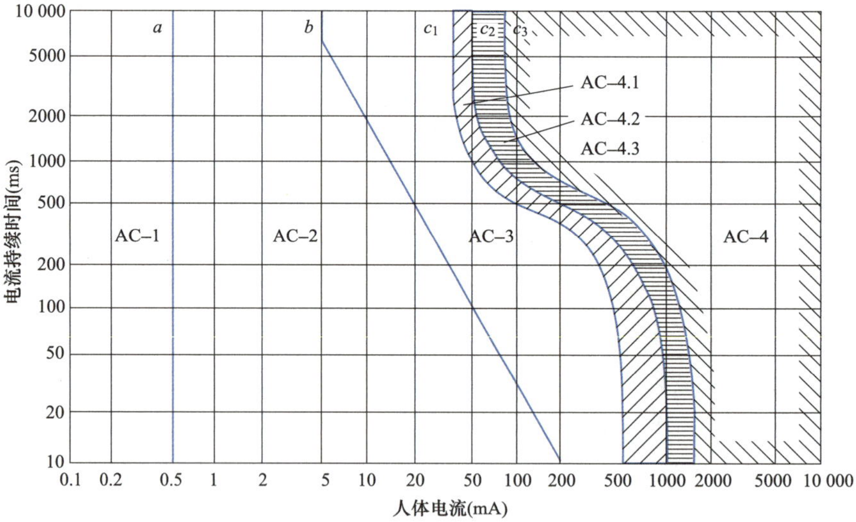


图 3-11　交流人体电流与电流持续时间的阈值曲线

表 3-1 各区域人体生理效应说明

| 区域 | 范围 | 生理效应 |
|---|---|---|
| AC-1 | 0.5mA 曲线 $a$ 的左侧 | 可能有感觉，但通常无“吃惊”反应 |
| AC-2 | $a$ 以上至曲线 $b$ | 可能有感觉以及不自主的肌肉收缩，但通常无有害的电生理效应 |
| AC-3 | 曲线 $b$ 以上 | 强的不自主肌肉收缩，呼吸困难，心脏功能受可逆性干扰，可能出现不能移动。电流增大效应增强，通常无可预见的组织损害 |
| AC-4* | 曲线 $c_1$ 以上 | 可出现病理－生理学效应，诸如心搏停止、呼吸停止以及烧伤或其他细胞的破坏。心室纤维性颤动的概率随着电流的幅值和时间增加 |
| | $c_1$–$c_2$ | AC-4.1：心室纤维性颤动的概率增大到约 5% |
| | $c_2$–$c_3$ | AC-4.2：心室纤维性颤动的概率增大到约 50% |
| | $c_3$ 的右侧 | AC-4.3：心室纤维性颤动的概率超过 50% |
| * 电流的持续时间在 200ms 以下，如果相关的阈值被超过，心室纤维性颤动只有在易损期内才能被激发。关于心室纤维性颤动，与在从左手到双脚的电流路径通道中的电流效应相关。对于其他电流路径，应考虑心脏电流系数 | | |

高压输电线路下方发生的暂态电击与人们生活中经常遇见的静电放电类似。人体在生活、工作中与身体以外的物体相接触产生摩擦，人体会产生静电而带电，如搅拌、洗涤、剥离等工作。人体行动时，工作服、帽子、手套等相互摩擦产生静电，人坐在椅子上，工作服与椅子之间摩擦产生的静电都可使人体带电。如果鞋是绝缘的，步行时鞋底与地面之间产生接触和摩擦，鞋子带静电，也可使人体带静电等。

有关资料表明，人体静电电压一般可达几千伏、十几千伏，最高可达 50kV，见表 3-2。如此高静电电压的人体，一旦靠近或接触接地导体时，不可避免地发生静电放电。由于人体静电电压远高于线路下方所能接触到的最大电压，所以日常生活和工作中所遇到的静电放电强度远高于高压输电线路下方的暂态电击强度。

表 3-2 在各种动作条件下的静电电压

| 发生静电的主要原因 | 静电电压（V） | |
|---|---|---|
| | 湿度 10%～20% | 湿度 65%～90% |
| 在地毯上步行 | 35000 | 1500 |
| 在乙烯地板上步行 | 12000 | 250 |
| 拆开乙烯信封或封套 | 7000 | 600 |
| 抓取聚乙烯袋 | 20000 | 1200 |
| 坐装入有聚氨酯垫的椅子 | 18000 | 1500 |

#### 3.2.2.3 电磁场生物效应

1960 年，苏联首次提出电磁场曝露有可能对人健康有害的假设。1979 年，一项流行病学研究首次提升了公众对工频磁场曝露与儿童期白血病关联性问题的担忧，迄今全球在电磁场健康风险方面已经完成了大量研究。该领域内的国际权威组织也曾组织进行过耗资巨大的电场、磁场和电磁场健康风险全面综合评估，并取得了基本相同的评估结论，它们形成了世界上针对电磁场环境健康问题的主流趋向，得出基本一致的评估结论并为世界上绝大多数国家认同。以下是国际性权威组织的两项国际大型研究的综合评估结果的简要论述。

对于工频电场和工频磁场，其对人的影响主要是通过电场或磁场耦合，在人体内感应较小的电场或电流，而不会像高频电磁波那样紧密耦合向外传播，形成电磁波发射。它们只会分别通过体内感应电流或电场，导致神经与肌肉组织的刺激，而不会像 1MHz 以上电磁波那样，在人体中产生发热效应，更不会产生电离或其他细胞级的反应。此外，工频电场还可能导致间接耦合效应，这种效应只会造成瞬间的不适感，与普通的静电放电原理相同，不会对人体健康产生影响。

直流电场对人的作用与工频电场相类似，主要是人体表面电荷与皮肤相互作用的直接感受和电荷放电给人带来的刺痛感。但不同的是，由于感应电荷的存在，直流电场不会进入人体内部，因此直流电场对人体内部几乎没有影响。人在直流线路下截获离子一般也不会有感觉。到目前为止，没有任何试验结果表明直流电场对人体的健康有害，也没有任何研究表明曝露于直流电场中会对人的健康产生慢性的或迟发性的不利影响。

对于直流磁场，实验已经证明只有高达几特斯拉的强直流磁场（如核磁共振设备可以产生数特斯拉的强磁场）对人和动物可能会造成血液中的离子发生偏移，或掌握平衡和方位的神经受到影响，需要引起注意。但在日常生活中遇到的直流设备电流产生的磁场很小，与地球磁场水平相当。

### 3.2.3 测量方法

#### 3.2.3.1 工频电场磁场测量

可供参考的测量方法国际标准有：《架空电力线路附近低频电场和磁场测量技术导则》（CIGRE 375：2009），《IEEE 有关交流电力线路工频电场和磁场测量程序的标准》（ANSI/IEEE 644：1994），《有关人体曝露的低频磁场和电场测量》[IEC 61786 系列标准（2013—2014）]，《IEEE 有关人体曝露于 0～100kHz 电场、磁场和电磁场测量的建议实践草案》（IEEE C95.3.1：2010）。

国内的测量方法标准有：《工频电场测量》（GB/T 12720），《输变电工程电磁环境监测技术规范》（DL/T 334），《高压交流架空送电线路、变电站工频电场和磁场测量方法》（DL/T 988），《交流输变电工程电磁环境监测方法》（HJ 681）。

国内标准中，GB/T 12720 对测量仪器、方法、校准等较为详细的描述，但该标准年限较早，部分内容略显陈旧。DL/T 988 是在 GB/T 12720 的基础上，结合现场测试和公众对监测的要求，增加了部分监测的具体要求。DL/T 334 在工频电场测试方面全面引用了 DL/T 988 的内容。HJ 681 也是全面引用了 DL/T 988 的内容，并做了部分修改。

本节所指的测量方法是指 DL/T 988 所规定的方法。具体测量方法及其实施参见该技术标准。

工频电场测量时必须注意测量仪绝缘状态、测量人员影响以及相对湿度的大小，以减小测量误差。

#### 3.2.3.2 合成电场测量

《直流输电工程合成电场限值及监测方法》(GB 39220)、《直流换流站与线路合成场强、离子流密度测量方法》(DL/T 1089)给出了合成电场的测量方法。

直流输电线下的合成电场是随时间变化的，测量时通常要布置多个传感器同时测量。若要全面测出直流输电线下合成电场分布，一般需同时放置 10 余套测量设备，每套设备间的距离可在 0.5 ~ 6m 间任意选定。

合成场强的测量数据分散性较大，应用累计概率的方法进行数据处理，并以统计场强 $E_N$ 表示。$E_N$ 为测量时间的百分之 N 所超过或相等的地面合成场强的绝对值。$E_5$、$E_{50}$ 和 $E_{95}$ 分别相当于地面合成场强的峰值、平均值和最小值。

典型直流输电线路的合成场强分布如图 3-12 所示。

#### 3.2.3.3 直流磁场测量

《高压直流输电工程直流磁场测量方法》(DL/T 2038)给出了直流磁场的测量方法。

直流磁场的测量可采用运动（旋转）的线圈。微弱的磁场测量通常采用磁通门、霍尔元件、磁阻传感器等为传感器的仪器。

测量时，将磁通门探头放置于测点位置，按照选定的方向，合理摆动磁通门探头，读取最大数值。仪器读数为垂直于磁通门探头截面的磁感应强度。

测点布置与直流合成电场一致。

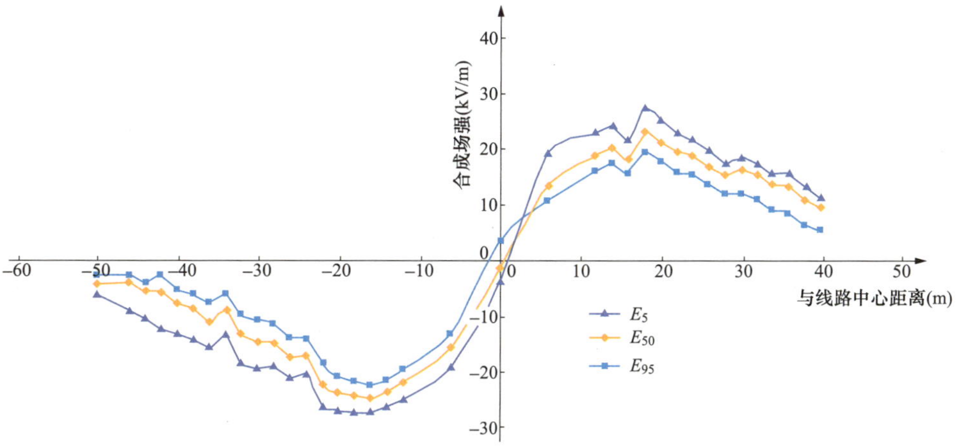


图 3-12 典型直流输电线路的合成场强分布图

### 3.2.4 电磁环境控制限值

#### 3.2.4.1 工频电场和磁场限值标准

ICNIRP 于 1998 年出版了《限制时变电场、磁场和电磁场（300GHz 以下）曝露的导则》，对电磁辐射的曝露水平作了限值规定。该导则是对已知的、对健康有有害影响的电场、磁场和电磁场的曝露加以限制，从而保护健康。只有被确定的影响才用来作为制定曝露限值的基础。限值是从基本限值和参考水平两方面给定的，见表 3-3。

表 3-3 ICNIRP 导则（1998）的工频电场、磁场与接触电流限值（50Hz）

| 曝露特性 | 基本限值（$mA/m^2$） | 参考水平 | | 接触电流（mA） |
|---|---|---|---|---|
| | | 工频电场（kV/m） | 工频磁场（μT） | |
| 职业人员 | 10 | 10 | 500 | 1 |
| 一般公众 | 2 | 5 | 100 | 0.5 |

ICNIRP 导则规定的工频电场强度 5kV/m、工频磁感应强度 100μT 的公众曝露限值已经含有足够的安全因子（50 倍）。ICNIRP 导则是欧洲此方面的主要指导性导则之一，目前许多国家采用该导则，同时 WHO 也向各国推荐该导则。

2010 年，ICNIRP 依据研究和评估成果，对其 1998 年导则进行修订并形成了《限制时变电场和磁场曝露的导则（1Hz ~ 100kHz）》。表 3-4 汇总了 50Hz 职业和公众曝露下工频电场、磁场以及接触电流的基本限值和参考水平。

表 3-4 ICNIRP 导则（2010）的工频电场、磁场与接触电流限值（50Hz）

| 曝露特性 | 基本限值（mV/m） | 参考水平 | | 接触电流（mA） |
|---|---|---|---|---|
| | | 工频电场（kV/m） | 工频磁场（μT） | |
| 职业人员 | 800（避免周围神经系统刺激）<br>100（避免光幻视） | 10 | 1000 | 1 |
| 一般公众 | 400（避免周围神经系统刺激）<br>20（避免光幻视） | 5 | 200 | 0.5 |

IEEE 标准也是 WHO 向各国推荐的标准之一。IEEE 标准《关于人体曝露到电磁场（0 ~ 3kHz）的安全水平》（C95.6：2002）中指出：50Hz 受控区电场，20kV/m；50Hz 公众电场，5kV/m；50Hz 受控区磁场，2710μT（头部和躯体），75800μT（四肢）；50Hz 公众磁场，904μT（头部和躯体），75800μT（四肢）。

根据 WHO“电磁场标准全球数据库”公布的调查结果，既制定了工频电场又制定了工频磁场曝露限值的国家共有 32 个，其中，限值基于 ICNIRP 导则（1998）或与 ICNIRP 导则（1998）一致的有 27 个（不包括波兰、希腊、瑞士、俄罗斯、意大利、斯洛文尼亚），占 84.4%。具体情况见表 3-5。

表 3-5　　已制定工频电场和工频磁场曝露标准的国家和地区情况

| 序号 | 国家 | 工频电场公众曝露限值（kV/m） | 工频磁场公众曝露限值（μT） | 备注（摘引原表说明） |
|---|---|---|---|---|
| 1 | 英国 | 5 | 100 | |
| 2 | 法国 | 5 | 100 | |
| 3 | 德国 | 5 | 100 | |
| 4 | 澳大利亚 | 5 | 100 | |
| 5 | 奥地利 | 5 | 100 | |
| 6 | 比利时 | 5 | 100 | |
| 7 | 西班牙 | 5 | 100 | |
| 8 | 葡萄牙 | 5 | 100 | |
| 9 | 荷兰 | 8 | 120 | |
| 10 | 瑞典 | 5 | 100 | |
| 11 | 丹麦 | 5 | 100 | |
| 12 | 芬兰 | 5 | 100 | |
| 13 | 爱尔兰 | 5 | 100 | |
| 14 | 卢森堡 | 5 | 100 | |
| 15 | 梵蒂冈 | 5 | 100 | |
| 16 | 马耳他 | 5 | 100 | |
| 17 | 匈牙利 | 5 | 100 | |
| 18 | 罗马尼亚 | 5 | 100 | |
| 19 | 斯洛伐克 | 5 | 100 | |
| 20 | 克罗地亚 | 5 | 100 | |
| 21 | 拉脱维亚 | 8.333 | 533 | |
| 22 | 立陶宛 | 5 | 100 | |
| 23 | 捷克 | 5 | 100 | |
| 24 | 韩国 | 5 | 100 | |
| 25 | 新加坡 | 5 | 100 | |

续表

| 序号 | 国家 | 工频电场公众曝露限值（kV/m） | 工频磁场公众曝露限值（μT） | 备注（摘引原表说明） |
|---|---|---|---|---|
| 26 | 南非 | 5 | 100 | |
| 27 | 波兰 | 1 | 75 | 公众 50Hz 的电场强度限值：1kV/m（短时曝露时为 10kV/m）；磁场强度限值：75μT |
| 28 | 希腊 | 4 | 80 | 基于欧洲理事会 1999/519/EC 建议，但带有附加的安全参数（参考水平的 0.8） |
| 29 | 瑞士 | 5 | 100 | 签发机构：瑞士联邦政府。认为 ICNIRP 限值是对有害健康影响的保护，必须在所有人员可及场所予以遵守，但对敏感地区如学校、公寓、医院、永久工作场所、儿童游乐园等采用限值很低的设施限值 31（ILV）：1μT |
| 30 | 俄罗斯 | 1 | 50 | 职 32 业：电场最大 25kV/m；磁场 8h100μT，最大 2mT。公众：电场：室内 0.5kV/m，建筑物外生活区 1kV/m；磁场：室内 10μT，建筑物外生活区 50μT |
| 31 | 意大利 | 5 | 100 | 曝露限值基于 ICNIRP，但电力线路除外，磁场注意值 10μT、质量标准 3μT |
| 32 | 斯洛文尼亚 | 10 | 100 | 对一类地区：公众限值 0.5kV/m、10μT；二类地区：公众限值 10kV/m、10μT |

我国电磁环境标准《电磁环境控制限值》（GB 8702）中规定公众曝露控制限值为：工频电场控制限值 4kV/m，工频磁感应强度控制限值 100μT。架空输电线路线下的耕地、园地、牧草地、畜禽饲养地、养殖水面、道路等场所，工频电场强度控制限值为 10kV/m，且应给出警示和防护指示标志。

#### 3.2.4.2 直流电场限值标准

ICNIRP 于 1998 年发布了用于限制曝露于 300GHz 及以下的电磁场的导则。该导则给出的适用于一般公众曝露的导出限值中虽没有直接给出 1Hz 以下的电场强度的水平值，但在其有关注释中指出，“频率低于 1Hz 的电场强度值，因为它实际上属静电场，对大多数人来说因表面电荷而引起的烦恼的感觉不会发生在 25kV/m 场强之下。引起紧张或烦恼的火花放电应该避免”。

美国邦维尔电力局（BPA）的 ±500kV 试验段的试验表明，计算的最大标称电场为 9.8kV/m，最大合成电场为 30kV/m。

部分国家关于直流线路电场和离子流密度以及静电场的限值为：

美国能源部：直流线路下的地面合成电场限值为 30kV/m；North Dakota 州：地面合成

电场限值为 33kV/m。

加拿大：规定直流输电线路下最大合成电场为 25kV/m；线下离子流密度限值为 100nA/m$^2$。

巴西：伊泰普 ±600kV 直流输电线路地面最大合成电场取 40kV/m。

俄罗斯：将允许电场强度 $E$、离子流密度 $j$ 和允许停留时间 $t$ 一并考虑，见表 3-6。在设计 ±750kV 直流输电线路时规定了不同情况下的地面最大合成电场，无人居住时取 25kV/m，有人居住时取 10kV/m。

表 3-6　在不同电场强度和离子流密度下的允许工作时间（俄罗斯）

| 允许工作时间 $t$（h） | 电场强度 $E$（kV/m） | 离子流密度 $j$（nA/m$^2$） |
|---|---|---|
| 8 | ＜15 | ＜20 |
| 5 | 5～20 | ＜25 |
| $\frac{60}{(E+0.25j)^2}$ | ＞20 | — |

早在 20 世纪 80 年代后期，我国建设第一条直流输电工程——±500kV 葛洲坝—上海直流输电工程时，提出了线下最大合成场强为 30kV/m 的控制值，随着该工程的建成和运行，我国制定了《高压直流架空送电线路技术导则》（DL 436—1991），该标准采纳了 30kV/m 作为线下合成电场的控制值。我国 ±500kV 直流线路的合成场强实测数据，合成场强最大值低于 25kV/m。《±800kV 特高压直流线路电磁环境参数限值》（DL/T 1088—2008）中，规定了 ±800kV 直流架空输电线路临近民房时，民房处地面的合成场强限值为 25kV/m，且 80% 的测量值不得超过 15kV/m；线路跨越农田、公路等人员容易到达区域的合成场强限值为 30kV/m；线路在高山大岭等人员不易到达的限值按电气安全距离校核。2020 年 12 月 1 日实施的《直流输电工程合成电场限值及其监测方法》（GB 39220—2020）中，规定了合成电场的限值，“为控制合成电场所致公众曝露，环境中的合成电场强度 E95 的限值为 25kV/m，且 E80 的限值为 15kV/m。直流架空输电线路线下的耕地、园地、牧草地、畜禽饲养地、养殖水面、道路等场所的合成电场强度 E95 的限值为 30kV/m，且应给出警示和防护指示标志”。

需要指出的是，我国的地面合成电场限值，是在结合众多研究成果的基础上，按照“可合理做到的尽可能低（ALARA）”的原则，增加了不合理的人为因素的系数得到的。

### 3.2.4.3 直流磁场限值标准

ICNIRP 的导则给出一般公众的磁场曝露参照水平（1Hz 以下），即 40mT。表明直流磁场对人的影响远比交流磁场要小。我国《±800kV 特高压直流线路电磁环境参数限值》（DL/T 1088—2008）规定“±800kV 直流架空输电线路下方的磁感应强度的限值为 10mT。”

图 3-13 为 ±800kV 直流线路采用 5×720 导线的磁场计算分布，导线通流 4kA，极导线间距 22m，曲线自上而下的高度变化为 13～24m。可以看出，线路下方附近的最大磁感应强度不超过 70μT，磁场随导线高度增加和随距导线的距离增加衰减很快。

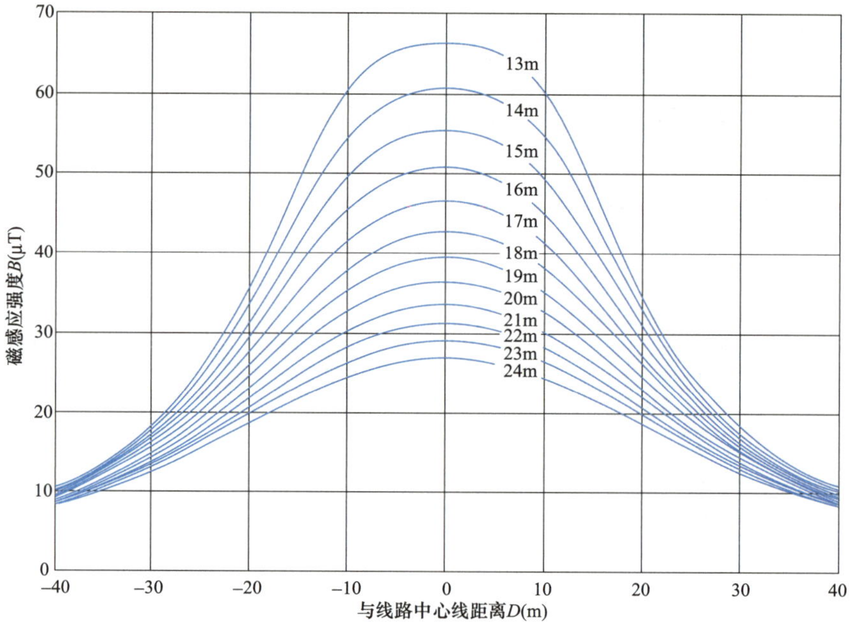


图 3–13　直流磁场计算分布

### 3.2.4.4　家用电器的工频电场磁场水平

家用电器和办公设备的普及，使公众在日常工作和生活中曝露于更多工频电场和磁场。实测表明，由于电缆外层绝缘、设备外壳等的屏蔽作用，工作和生活中的各种电器设备附近的工频电场数值大多在 10V/m 以下；而工频磁场和直流磁场由于难以屏蔽和衰减，电器设备附近的工频磁场实测数值较大。测量数值与距设备的远近、设备功率大小相关。表 3–7 中给出了不同电器设备的磁场实测数据，可以发现，邻近某些电器设备的磁场通常比电力线路下方的磁场要强得多。

表 3–7　　不同家用电器周围产生的低频合成磁感应强度典型水平

| 磁场源 | 离磁场源不同距离处磁感应强度典型水平（μT） | | | | |
|---|---|---|---|---|---|
| | 5cm 处 | 15cm 处 | 30cm 处 | 60cm 处 | 120cm 处 |
| 常规电热毯（110V） | 3.9 | | | | |
| PTC 低磁场电热毯 | 0.27 | | | | |
| 头发吹风机 | | 0.1 ~ 70 | 0.1 | –③ | – |
| 电剃须刀 | | 0.4 ~ 60 | < 10 | – | – |
| 电动开罐刀具 | | 50 ~ 150 | 4 ~ 30 | 0.3 ~ 3 | < 0.4 |
| 吸尘器 | | 10 ~ 70 | 2 ~ 20 | 0.4 ~ 5 | < 1 |
| 电炉灶 | | 2 ~ 20 | < 3 | < 0.9 | < 0.6 |

续表

| 磁场源 | 离磁场源不同距离处磁感应强度典型水平（μT） | | | | |
|---|---|---|---|---|---|
| | 5cm 处 | 15cm 处 | 30cm 处 | 60cm 处 | 120cm 处 |
| 空气清洁器 | | 11 ~ 25 | 2 ~ 5 | 0.3 ~ 0.8 | ＜ 0.2 |
| 微波炉① | | 10 ~ 30 | 0.1 ~ 20 | 0.1 ~ 3 | ＜ 2 |
| 视频显示器② | | 0.7 ~ 2 | 0.2 ~ 0.6 | 0.1 ~ 0.3 | — |
| 彩色电视机② | | | ＜ 2 | ＜ 0.8 | ＜ 0.4 |

**注** 数据来源：美国全国环境卫生学研究所（NIEHS），电磁场研究与公众资料传播（EMF RAPID）计划——电磁场常见问题与回答［DB/OL］. http://www.niehs.nih.gov，2002-10-1。

① 微波炉在炉内产生相当高频率的微波能量（约 2.45GHz），但设计中仅对高频磁场进行屏蔽而不对低频磁场进行屏蔽。

② 显示器和电视机还同时产生 10 ~ 30kHz 的磁场。在电视机后盖 20cm 处曾测到 7.91μT；在电视机前 3m 前处测得 0.09μT 磁场水平。

③ 表中标明“—”处，为与测试环境背景水平已难以区分。

### 3.2.5 其他国际组织的电磁环境影响研究结论

#### 3.2.5.1 电磁场健康影响研究

（1）美国国家环境卫生学研究所（NIEHS）“EMF RAPID 计划”。20 世纪 90 年代初，美国曾掀起过一轮关于电磁场对人体有致癌性或“长期健康影响”的争议，同时伴随着少数媒体的炒作与公众不安。针对这种研究不足和公众信息传播失衡的情况，美国国家环境卫生研究所在美国能源部（DOE）管理下，在美国国家卫生研究所的监督下，耗资 4500 万美元，历时 6 年，完成了“电磁场研究与公众信息传播（EMF RAPID）计划”。

NIEHS 在逐项对诸多关于电磁场曝露与心脑功能、心率、睡眠电生理学、激素、免疫系统、血液化学、细胞繁殖和分化、基因表达、酶的活动、遗传毒性、褪黑色素水平影响，以及包括白血病在内的各类癌症关系的研究结果进行全面评估后指出：少数反映有影响的报告并不能为大量否定性的研究报告结果所证实；研究结果并未表明电磁场曝露在上述任何方面具有一致性的影响。

（2）世界卫生组织（WHO）“国际电磁场计划”。“国际电磁场计划”自 1996 年 5 月开始，为期十年。其间 WHO 官方网站陆续发布了多个代表 WHO 在“国际电磁场计划”研究各阶段官方意见的文件（Fact Sheet）、历次国际顾问委员会会议以及该计划每年度国际会议的文献。其中每份 Fact Sheet 文件，均经 WHO 国际顾问委员会（IAC）逐篇审查后批准发布，对各国政府与公众了解电磁场环境健康风险的全面、科学信息起到了很好的效果，甚至已被一些国家引用为法庭证据文件。

#### 3.2.5.2 主要研究结论

（1）美国国家环境卫生学研究所（NIEHS）“EMF RAPID 计划”研究结论。NIEHS 关于电磁场评估研究的关键性结论，已清楚地表述在其给国会的报告中，原文引述如下：

1）关于电磁场曝露的人体健康风险方面的全面科学证据是微弱的。

2）根据当前有限的认识采取降低电磁场的措施是不妥当的或没有意义的。

3）NIEHS 并不建议对用电设备采用电磁场标准，也不建议为电磁场问题将电力架空线路改为电缆入地，而是建议向公众提供减少电磁场曝露的实际方法的信息。NIEHS 也建议电力公司和公用事业部门继续做好线路路径选择工作，以减少曝露，并在不产生新的危害的前提下降低输、配电线路周围的磁场（有些措施可能带来新的危害，例如紧凑型线路在降低场强的同时也增加了线路工触电的危险）。

（2）世界卫生组织（WHO）“国际电磁场计划”研究结论。在世界卫生组织的这些出版物中，将极低频电磁场定义为 0～300Hz 频率范围内的电场和磁场。关于极低频场的健康风险，WHO 的以下观点已经在多份官方文件中强调：

1）经确定短时间接触高强度磁场（远远超出 100μT）会产生生物学效应，这可以通过人体组织中感应电场和电流而与组织的相互作用来解释。外部极低频磁场将电场和电流导入人体，在场强极高时，会刺激神经和肌肉并改变中枢神经系统神经细胞的兴奋。

2）没有一致的证据表明，曝露于生活环境中的极低频场会对生物大分子（包括 DNA）引起直接的损伤。迄今为止进行的动物实验结果表明：极低频场并不诱发或促进癌症的发生。

3）没有一个权威的委员会已经得出低水平的场确实存在健康危害结论，也未证实在输电线和配电线周围的极低频场水平对健康有危险。

（3）国际肿瘤研究机构（IARC）研究结论。直流磁场、直流电场与工频电场（包括极低频电场）都因为无任何致癌性证据，已经被 IARC 确认为“不能分类为致癌性的”。

工频磁场，仅仅因为两项流行病学研究反映的结果（即居室中的工频磁场可能与儿童期白血病风险的增加有关的微弱证据，而 WHO 和 IARC 都明确指出，对“工频磁场可能与儿童期白血病风险的增加有关的微弱证据”的结果：“未能找到科学的解释”“所观察到的关联仍然可能存在其他的解释，特别是在流行病学研究中可能有选择性偏差以及曝露到其他类型场的问题”），被 IARC 归入按证据强弱程度区分的“三种潜在致癌性分类”中最微弱的一种（2B 类），即“可疑”致癌的（与咖啡同类）。

## 3.3 声环境

输变电工程建设期施工噪声主要由大型机械设备运转产生，持续时间较短，与一般的建筑施工噪声没有明显的区别。输变电工程运行期噪声主要包括变电站（换流站）变压器、电抗器、通风风机（调相机）噪声等，以及输电线路电晕噪声。

### 3.3.1 交流输变电工程声环境

#### 3.3.1.1 变电站声环境

变电站声环境除了与噪声源设备的声功率和数量密切相关外，还受到变电站布置方式、建筑布局、占地面积等多方面因素的影响。变电站主要噪声源包括变压器、电抗器、带电构架、风机等。

（1）变压器噪声。变压器噪声由两部分组成：变压器本体噪声及辅助冷却装置噪声。

本体噪声包括铁心、绕组、油箱等产生的噪声，其频谱如图 3–14 所示。变压器铁心在磁通作用下产生磁致伸缩振动引起“嗡嗡”声为电磁噪声。功率越大，电磁噪声越高。变压器电磁噪声的基频为供电频率的 2 倍，且有高次谐波噪声成分。体积较大的变压器，其谐波频率较低，而体积较小的变压器，其谐波频率较高。辅助冷却装置噪声主要是指变压器风扇产生的噪声，主要集中在中高频，包括空气动力性噪声、机壳、管壁、电动机轴承等产生的机械性噪声和风机振动带动变压器壳体振动产生的噪声。若风扇停运时，噪声峰值往往出现在 20 ~ 630Hz 的频段内。风扇的安装方式会对噪声产生较大影响；同一变压器在风扇运行侧与无风扇侧噪声可相差 10dB。

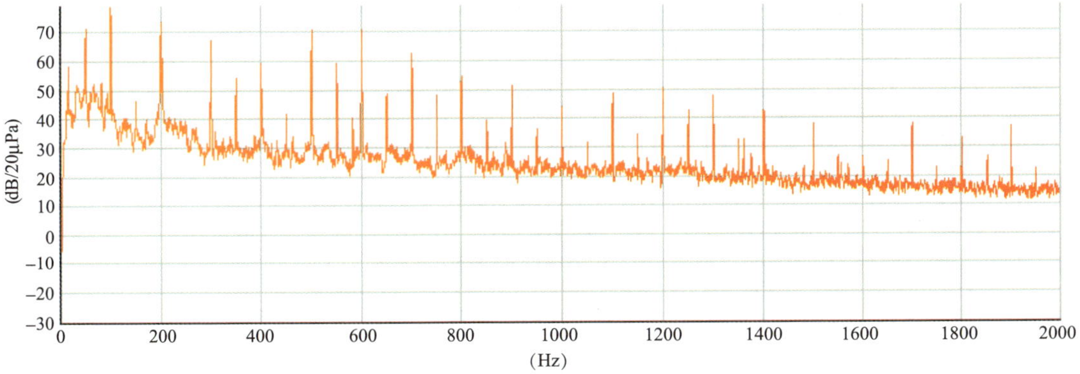


图 3–14　500kV 主变压器噪声的典型频谱（20μPa 表示对气体的基准声压）

变压器声级大小与电压等级、运行功率、运行年限、生产工艺等因素有关。统计结果显示：220 ~ 500kV 主变压器测量声级在 61 ~ 83dB（A）之间；110kV 主变压器测量声级在 56 ~ 76dB（A）之间。不同厂家生产的变压器在相同运行功率下噪声可相差 10 ~ 20dB，国产的变压器噪声要普遍大于合资公司产的变压器。交流变压器噪声与运行年数有关，运行时间大于 10 年的变压器比平均水平高 4dB；运行时间在 5 ~ 10 年的接近平均水平；运行时间在 5 年内的比平均低 2.45dB。

（2）电抗器噪声。变电站中电抗器可分为空心电抗器与铁心式电抗器两类。随着用电容量的增加，由于铁心式电抗器容量大、体积小等优点，已被广泛应用在超高压输电工程中。铁心式电抗器一般做成分段式，分段铁心之间存在着磁吸引力。这些磁吸引力引起额外的振动和噪声，超过变压器通常所遇到的因磁致伸缩而导致的振动和噪声。因此如果电抗器铁心未采取很好的降噪措施，则由铁心发出的噪声可能在整体噪声中所占比例更大。电抗器在一个周波内始而吸收电能，以磁能方式储存，继而又释放成电能返送，共进行两次。图 3–15 为某变电站中铁心式电抗器噪声频谱，由图中可以看到，电抗器中 100Hz 处的可听噪声较为突出。据统计 500kV 高压电抗器噪声声级水平一般为 65 ~ 77dB（A）。

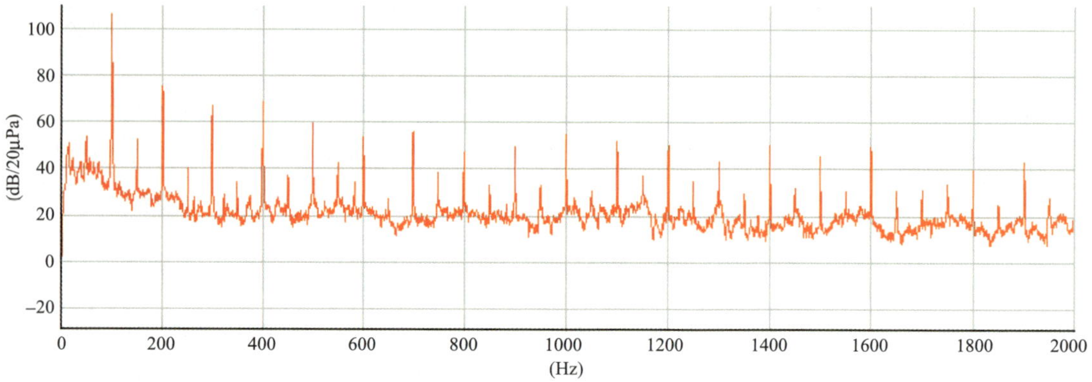


图 3–15　500kV 电抗器噪声频谱

（3）带电构架噪声。变电站内带电构架的频谱基本与主变压器、电抗器频谱一致。带电构架在低频部分噪声较大，高频部分随着频率增大而减小。根据频谱分析，带电构架处测到的噪声受站内其他设备影响较大，在带电构架处测到的噪声在 100Hz 处出现峰值，明显受到变压器、电抗器的影响。据统计，在变电站带电构架处的噪声水平一般为 43 ~ 63dB（A）。

（4）风机噪声。变电站内以叶片式轴流风机的应用最为广泛，其突出特点是流量大而扬程短，风机噪声是户内变电站的主要噪声源之一。通风风机噪声主要包括空气动力产生的噪声、机械振动产生的噪声以及二者共同作用产生的噪声 3 个方面。其中，空气动力性噪声最为强烈。风机的空气动力性噪声是气体流动过程中产生的噪声。它主要是由于气体的非稳定流动，也就是气流的扰动、气体与气体及气体与物体相互作用产生的风机噪声以偶极子声源为主。

风机噪声频带一般较宽，噪声大小与风机型号和通风量有关，噪声水平一般为 60 ~ 80dB（A），轴流风机典型噪声频谱如图 3–16 所示。

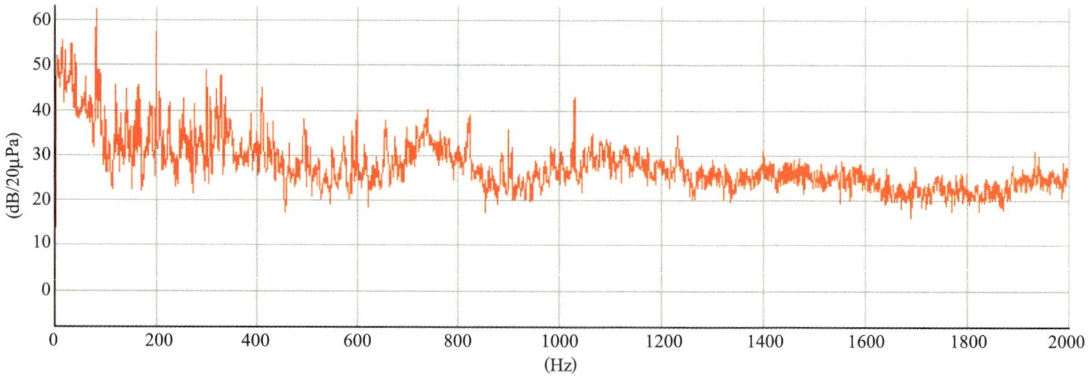


图 3–16　轴流风机典型噪声频谱

### 3.3.1.2　交流输电线路声环境

输电线路可听噪声一般较小，是因为线路设计中，在考虑输送容量的同时，为减小电晕损耗而将导线表面电位梯度降低到一定水平，既可减少电晕损耗，满足运行经济性要求，又可满足降低电晕噪声要求。

对于 500kV 及以上电压等级交流输电线路，按不同频率分量所表现出的特征，可听噪声可以分为两部分：一种是由正极性流注放电产生的宽频带噪声；另一种是由于电压周期变化，使导线附近带电离子往返运动产生的纯音，频率是 50Hz 的倍频。宽频带噪声（无规噪声）是由导线表面正极性流注放电产生的随机脉冲所引起。宽频带噪声属于中高频噪声，频率范围通常集中在 400Hz ~ 10kHz。这种放电产生的突发脉冲具有一定的随机性，听起来像破碎声、“吱吱”声或“嗞嗞”声，与一般环境噪声有着明显区别。所谓交流声（纯音），是由于电压周期性变化，使导线附近带电离子往返运动产生的“嗡嗡”声。对于交流输电线路，随着电压正负半波的交变，导线先后表现为正电晕极和负电晕极，由电晕在导线周围产生的正离子和负离子被导线以两倍工频排斥和吸引，在每半周内使空气压力变换方向两次。因此，这种噪声的频率是工频的倍数，属于低频噪声，对应 100Hz 的分量最为明显，对应不同的导线相数和导线特性，100Hz 分量值会比 200Hz 值大 5 ~ 20dB。图 3–17 为交流输电线路电晕噪声频谱及其影响。

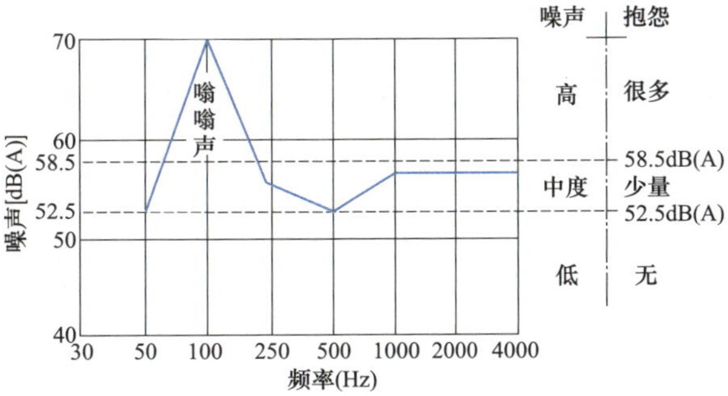

图 3–17　交流输电线路电晕噪声频谱及其影响

交流输电线路可听噪声受环境气候影响较大。晴好天气时，交流线路可听噪声较小，随着空气湿度的增加，导体起晕电压将逐渐降低，将导致导线电晕加强，电晕可听噪声增大；大雨天噪声比晴好天气下一般大 15 ~ 20dB。大雨天时背景噪声很大，电晕可听噪声并不明显；小雨或大雾等相对湿度很大、背景噪声较小时，交流输电线噪声较明显。

典型的交流单回路噪声分布如图 3–18 所示，交流同塔双回线路噪声分布如图 3–19 所示。

现场测量数据表明，输电线路的噪声在晴好天气时，与背景噪声水平相当。

除了电晕噪声，输电线路有时还存在导线风噪声，它是自然风作用在导线上所产生的声音。风噪声的振动频率大致为 50 ~ 250Hz，属于低频范围。导线风噪声具有较强的穿透力，随着空间距离增大衰减较慢，传播较远。风噪声发生机理是：固体在流体中发生振动时会引起周围流体的压力变动，产生声波并向四周传播。

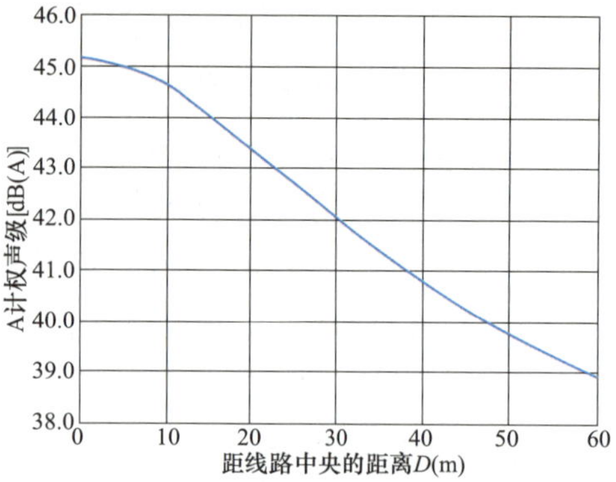


图 3-18 交流单回路噪声分布图

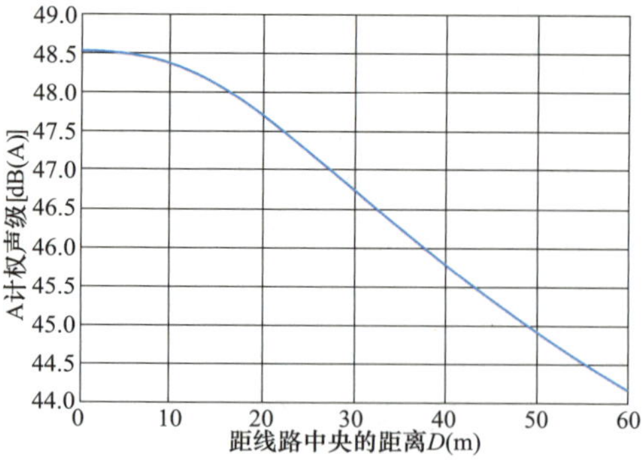


图 3-19 交流同塔双回线路噪声分布图

## 3.3.2 直流输电工程声环境

### 3.3.2.1 换流站声环境

换流站声环境除了与噪声源设备的声功率和数量密切相关外，与变电站声环境一样，还受到换流站布置方式、建筑布局、占地面积等多方面因素的影响。换流站包括交、直流设备。交流设备与常规交流设备相同。直流设备则有其不同的特点。换流站的主要噪声源包括换流变压器、电抗器、滤波电容器、调相机、换流阀和调相机冷却系统、变电构架及金具等。

（1）换流变压器噪声。换流变压器噪声与变压器类似，由于存在直流偏磁，其噪声比常规交流变压器大。换流变压器是换流站噪声最大的单个设备，其噪声主要有：电磁噪声，包括铁心硅钢片磁致伸缩产生的振动噪声，线圈导线或线圈间电磁力产生的噪声；机械噪声，如冷却风扇等产生的噪声。以往铁心硅钢片磁致伸缩振动被认为是噪声的主要来源，随着铁心硅钢片设计技术的提高，磁致伸缩振动的噪声大为减少，线圈导线或线圈间电磁力产生的噪声成为主要噪声，线圈噪声的声功率级随着变压器负载的增加而增加。

换流变压器电磁噪声基频为 100Hz，其次为高次谐波噪声，如图 3-20 所示。低频噪声因波长较长，有很强的绕射和透射能力，在空气中的衰减也很小，随距离衰减较慢。

换流变压器测量噪声水平为 80 ~ 95dB（A），采用声屏障降噪后，屏外噪声水平为 60 ~ 76dB（A）。

（2）电抗器噪声。与变电站电抗器不同的是，平波电抗器和滤波电抗器是换流站中噪声较大的设备，交、直流滤波器场中电抗器一般采用干式空心电抗器；平波电抗器在工程中采用油浸式电抗器。线圈振动是电抗器的主要噪声。

平波电抗器噪声频谱特征为宽频噪声，位于阀厅外直流场中。可听噪声能量分布在很宽的频率范围内，在平波电抗器正前方测得的噪声声级为 85 ~ 90dB（A）。其中中低频噪声成分稍强，高频成分稍弱，存在 600、700Hz 主成分。此特征受平波电抗器两侧防火墙影响，两侧防火墙阻挡了设备后部高频噪声辐射，因此，设备向外部噪声传播表现为以中低频为主的噪声频谱，如图 3-21 所示。

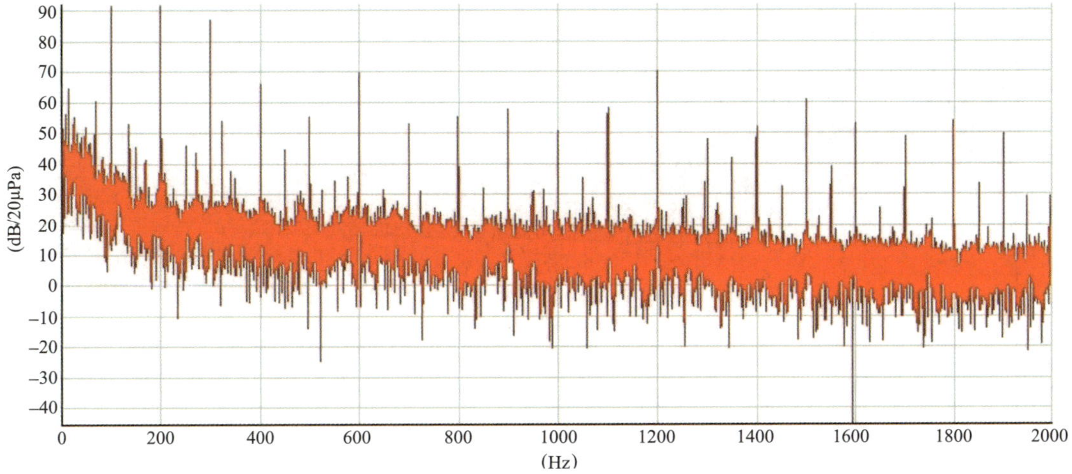


图 3–20 换流变压器典型频谱图

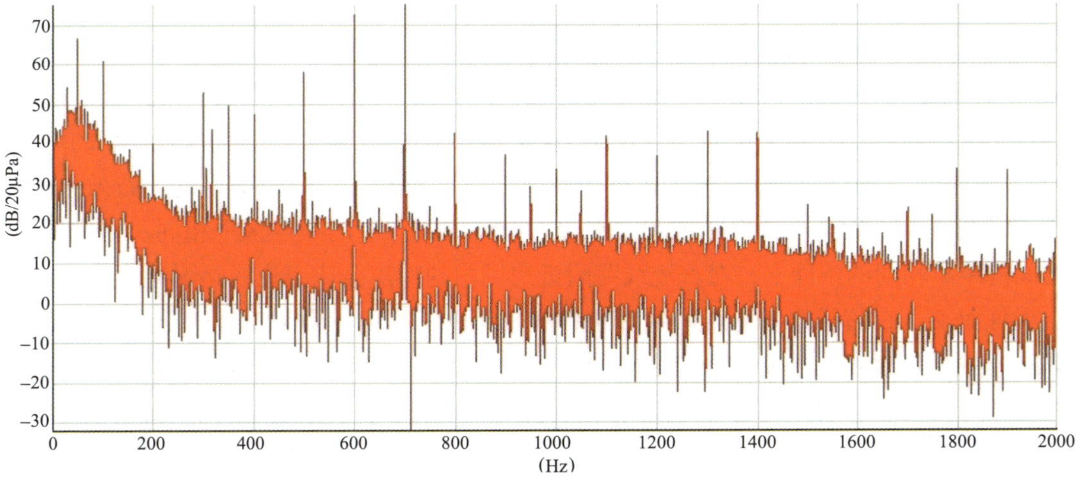


图 3–21 平波电抗器噪声频谱图

大部分 ±500kV 换流站平波电抗器噪声水平为 81 ~ 86dB（A），采用声屏障降噪后，屏外噪声水平为 59 ~ 70dB（A）。

（3）滤波电容器噪声。换流站装有多台大容量的滤波电容器装置，一般分布在站区角上，露天开阔布置，是换流站的主要噪声源之一。滤波电容器噪声产生的机理是，当电容器加上交流电压时，电容器内部电极间将有静电力产生，使电容器内部元件产生振动，元件的振动传给外壳，使箱壁振动，形成噪声，再由外壳向外传播。电容器噪声频谱与施加在电容器两端的电压频谱有关。滤波电容器组噪声能量分布在很宽的频率范围内，在低频段的 50、100、125、200、300Hz 的中心频率上出现峰值，在中高频段上趋于平缓。滤波电容器组测量噪声水平为 65 ~ 78dB（A），滤波电容器噪声频谱图如图 3–22 所示。

### 3.3.2.2 直流输电线路声环境

直流线路的电晕产生的可听噪声与交流输电线路有着明显差别。直流输电线路电晕产

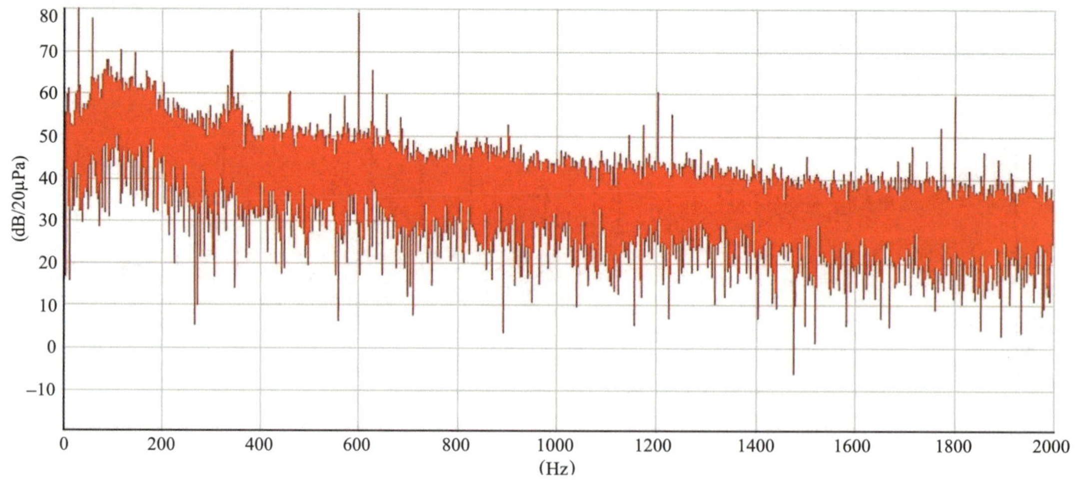


图 3-22 滤波电容器噪声频谱图

生的可听噪声主要来源于正极性流注放电，不包含纯音。主观评价研究结果表明：在相同的噪声水平下，直流与交流线路可听噪声产生的烦恼程度存在差别。在 50dB（A）左右，直流和交流线路可听噪声产生的烦恼程度基本相同；低于此水平，直流线路的噪声引起的烦恼比交流线路的小；高于此水平，直流线路的噪声更令人烦恼，这与直流线路的可听噪声以高频分量为主有关。房屋对高频噪声的屏蔽效果较好，对低频噪声的屏蔽效果较差，由于直流线路可听噪声不含低频纯音，在交、直流线路产生的噪声水平相同，且房屋与线路之间的距离相同的条件下，在直流线路附近房屋内的噪声会比交流线路附近房屋内的小。

天气对交、直流线路的可听噪声影响程度也是不一样的。由于雨天时导线的起晕场强比晴天时的低，对于直流输电线路，导线周围的离子比晴天时的多；在下雨初期，导线表面离子浓度不大时，电晕放电与交流线路的类似，比晴天时的稍强；下雨延续一段时间后，导线起晕场强进一步降低，导线表面离子增加，使得导线不规则的面都被较浓的电荷所包围，减小了电晕放电强度，使得下雨时可听噪声较晴天反而有所减小，雨天时的可听噪声比晴天时的小约 6dB。图 3-23 给出了交直流输电线路可听噪声随天气变化的测量曲线，从中可以明显看到交直流输电线路可听噪声随天气变化的差别。在全年时间，晴天数比雨天数多得多；另外，晴天的背景噪声比雨天的小，电晕噪声的影响比较明显。

### 3.3.3 噪声测量方法

（1）变电站（换流站）内电气设备噪声。变压器、电抗器噪声根据《电力变压器　第 10 部分：声级测定》（GB/T 1094.10）规定的方法测量。

电容器噪声测量方法根据《电力电容器噪声测量方法》（GB/T 28543）相关要求。

风机噪声测量方法根据《风机和罗茨鼓风机噪声测量方法》（GB/T 2888）相关要求。

（2）输电线路噪声。根据《高压架空输电线路可听噪声测量方法》（DL/T 501）相关要求。

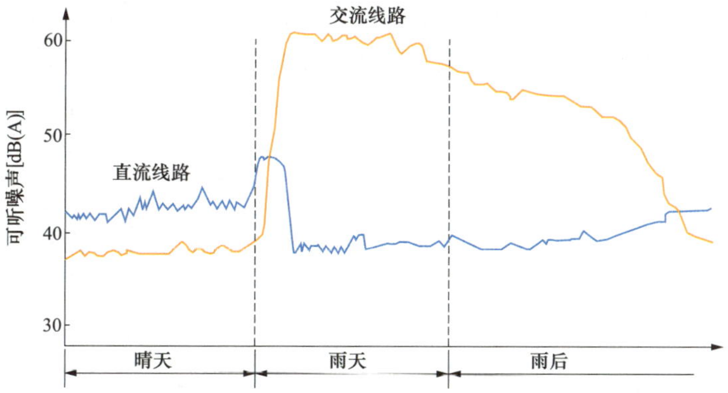


图 3-23　交直流输电线路可听噪声随天气变化的测量曲线

（3）变电站（换流站）作业场所噪声。根据《工作场所物理因素测量　第 8 部分：噪声》（GBZ/T 189.8）相关要求。

（4）变电站（换流站）站界噪声。根据《工业企业厂界环境噪声排放标准》（GB 12348）相关要求。

（5）环境敏感目标噪声。根据《声环境质量标准》（GB 3096）相关要求。

（6）施工噪声。根据《建筑施工场界环境噪声排放标准》（GB 12523）相关要求。

（7）结构噪声。根据《环境噪声监测技术规范　结构传播固定设备室内噪声》（HJ 707）相关要求。

（8）噪声测量值修正。根据《工业企业厂界环境噪声排放标准》（GB 12348）、《建筑施工场界环境噪声排放标准》（GB 12523）、《数值修约规则与极限数值的表示和判定》（GB/T 8170）、《环境噪声监测技术规范　噪声测量值修正》（HJ 706）相关要求。

### 3.3.4　声环境标准

我国的声环境标准主要有《声环境质量标准》（GB 3096）、《工业企业厂界环境噪声排放标准》（GB 12348）、《建筑施工场界环境噪声排放标准》（GB 12523）。

《声环境质量标准》（GB 3096）按区域的使用功能特点和环境质量要求，将声环境功能区分为以下五种类型，见表 3-8。

0 类声环境功能区：指康复疗养区等特别需要安静的区域。

1 类声环境功能区：指以居民住宅、医疗卫生、文化教育、科研设计、行政办公为主要功能，需要保持安静的区域。

2 类声环境功能区：指以商业金融、集市贸易为主要功能，或者居住、商业、工业混杂，需要维护住宅安静的区域。

3 类声环境功能区：指以工业生产、仓储物流为主要功能，需要防止工业噪声对周围环境产生严重影响的区域。

4 类声环境功能区：指交通干线两侧一定距离之内，需要防止交通噪声对周围环境产生产严重影响的区域，包括 4a 类和 4b 类两种类型。4a 类为高速公路、一级公路、二级公路、城市快速路、城市主干路、城市次干路、城市轨道交通（地面段）、内河航道两侧区域；4b 类为铁路干线两侧区域。

表 3-8　　环境噪声限值［等效声级 $L_{eq}$：dB（A）］

| 声环境功能区类别 \ 时段 | | 昼间 | 夜间 |
|---|---|---|---|
| 0 类 | | 50 | 40 |
| 1 类 | | 55 | 45 |
| 2 类 | | 60 | 50 |
| 3 类 | | 65 | 55 |
| 4 类 | 4a 类 | 70 | 55 |
| | 4b 类 | 70 | 60 |

表 3-8 中 4b 类声环境功能区环境噪声限值，适用于 2011 年 1 月 1 日起环境影响评价文件通过审批的新建铁路（含新开廊道的增建铁路）干线建设项目两侧区域。各类声环境功能区夜间突发噪声，其最大声级超过环境噪声限值的幅度不得高于 15dB。

《工业企业厂界噪声排放标准》（GB 12348）规定了工业企业厂界环境噪声的排放限值，见表 3-9。

表 3-9　　工业企业厂界环境噪声排放限值［等效声级 $L_{eq}$：dB（A）］

| 厂界外声环境功能区类别 \ 时段 | 昼间 | 夜间 |
|---|---|---|
| 0 类 | 50 | 40 |
| 1 类 | 55 | 45 |
| 2 类 | 60 | 50 |
| 3 类 | 65 | 55 |
| 4 类 | 70 | 55 |

夜间频发噪声的最大声级超过限值的幅度不得高于 10dB。夜间偶发噪声的最大声级超过限值的幅度不得高于 15dB。

工业企业若位于未划分声环境功能区的区域，当厂界外有噪声敏感建筑物时，由当地县级以上人民政府参照《声环境质量标准》（GB 3096）和《声环境功能区划分技术规范》（GB/T 15190）的规定确定厂界外区域的声环境质量要求，并执行相应的厂界环境噪声排放限值。当厂界与噪声敏感建筑物距离小于 1m 时，厂界环境噪声应在噪声敏感建筑物的室内测量，并将上表中相应的限值减 10dB 作为评价依据。

## 3.4 水环境

水环境是指围绕人群空间及可直接或间接影响人类生活和发展的水体及其正常功能的各种自然因素和有关的社会因素的总体。

水环境主要由地表水环境和地下水环境两部分组成。地表水环境包括河流、湖泊、水库、海洋、池塘、沼泽、冰川等水体及环境要素；地下水环境包括泉水、浅层地下水、深层地下水等水体及环境要素。水环境是构成环境的基本要素之一，是人类社会赖以生存和发展的重要场所，也是受人类影响和破坏最严重的领域。

电网建设、运行过程中，主要涉及水环境的有两个方面：一是根据电网建设项目环境影响评价管理要求，应对水环境进行评价，预防污染受纳水体；二是根据电网环保技术监督要求，应对变电站（换流站）的排水进行监测，控制超标排放。

### 3.4.1 施工期水环境影响

（1）主要污染源。施工废水包括施工生产废水和施工人员生活污水。施工生产废水包括场地平整、机械设备冲洗、混凝土搅拌系统冲洗、施工场地清理和灌注桩基础施工等产生的废水；施工期生活污水为施工人员的生活污水，包括粪便污水、洗涤污水等，主要含有悬浮物（SS）、化学需氧量（COD）、五日生化需氧量（$BOD_5$）等污染物。

（2）水环境影响分析。

1）生活污水环境影响。输变电工程施工人员大多数住在临时搭建的施工营地中，在临时生活区修建简易化粪池，会产生的少量生活污水。

2）施工废水环境影响。施工废水主要为变电站基础和塔基施工中混凝土浇筑、机械设备冲洗产生的废水及表土开挖遇大雨冲刷形成的地表径流浑浊度较高的雨水。施工废水量与施工设备的数量、混凝土工程量有直接关系，施工废水中悬浮物（SS）污染物含量较高，会对周边水体造成影响。

3）施工期废水对环境敏感区的影响。如线路沿线需跨越江河、湖泊、运河、渠道、水库最高水位线以下的滩地和岸坡，施工期间塔基应避开以上水体及汇水区域。输电线路因项目施工期塔基开挖破坏了原有植被，使地表径流的浑浊度增加而产生，对周围水体水质产生一定的影响。

### 3.4.2 运行期水环境影响

运行期变电站废水来源主要有生活污水和含油污水。换流站废水来源除了生活污水、含油污水，还有循环冷却水系统排水。

生活污水：主要源于主控制楼的值守工作人员，主要包括洗衣废水、厨房废水、洗浴废水、粪便、尿液及其冲洗水等。生活污水排放中一般黑水约占 80%，灰水约占 20%，夏季灰水比重会有所提高。生活污水中主要污染物为 COD、$BOD_5$、SS 等。按目前的变电站运行情况，有人值守变电站值守人数一般为 4 ~ 10 人，生活污水排放量峰值为 $4m^3/d$，平均值约为 $2m^3/d$。

含油污水：在变电站的主变压器下设置有集油坑或主变压器附近设有事故油池，主变压器的渗漏及事故油通过钢管排至集油坑或事故油池，形成含油污水。

循环冷却水系统排水：外排水主要由平衡水池排水、自清洗过滤器反洗排水、软化装置再生排水、砂滤器反洗排水等组成。外排水中浊度、氯离子、钙硬度、电导率等指标较高。

## 3.5 生态影响

输变电工程建设中工程占用、施工活动干扰、环境条件改变、时间或空间累积作用等，直接或间接导致物种、种群、生物群落、生境、生态系统以及自然景观、自然遗迹等发生的变化。生态影响包括直接、间接和累积的影响。

### 3.5.1 施工期生态环境影响

#### 3.5.1.1 对植被和植物资源的影响

输变电工程对植被和植物资源的影响主要体现在永久占地导致地表土地功能和植被覆盖类型的改变，临时占地带来的植物种类减少，生物量损失等。

输变电工程永久占地包括变电站（换流站）站址和输电线路塔基。由于塔基实际占用地仅限 4 个支撑脚，只砍伐少量的塔基范围内树木，砍伐量相对较少，故施工建设损害植株数量较少，因而不会促使沿线林木群落发生地带性植被的改变，也不会对沿线生态环境造成系统性的破坏。

输变电工程临时占地包括变电站（换流站）临时施工区，输电线路塔基施工场地、牵张场地、施工临时道路等。临时占地一般选择占用灌草地或林分较差的林地，对于林草植被较密的地段采用放气球架线等技术，不用人工牵引以减少砍伐树木和压占灌草丛，避免引起群落层次的缺失和群落结构的变化。施工结束后可进行农业耕作或绿化，基本不影响其原有的土地用途。输电线路施工时会破坏部分自然植被和树木，可能会对生态环境产生一定的影响，但是一般在施工结束后即可恢复。

#### 3.5.1.2 对野生动物的影响

输变电工程对野生动物的影响主要体现在占地、开挖和施工人员活动增加等干扰因素。这些因素将破坏野生动物的巢穴，缩小野生动物的栖息空间，限制部分野生动物的活动区域、觅食范围等，从而对野生动物的生存产生一定的影响。

在输电线路及接地极线路建设过程中，各种施工活动均将产生不同程度的噪声，可能使附近的野生动物受到惊吓，对其栖息活动也将产生一定的影响。不过由于动物均具有运动性，可由原来的生存环境转移到远离施工区的相似生存环境生活。

#### 3.5.1.3 对农业生产和基本农田的影响

输变电工程施工期对农业生产的影响主要为永久及临时占地使基本农田的减少和对农业生产的影响。临时占地在施工结束后，可进行复耕，因此不会减少当地基本农田的数量。

工程施工期，线路工程对农业生产的影响主要来自塔基占地。塔基基础的开挖，塔基站地处的农作物将被清除，使农作物产量减少，农作物的损失以成熟期最大；塔基挖掘土石的堆放、人员的践踏、施工机具的碾压，亦会伤害部分农作物，同时还会伤及附近植物的根系，影响农作物的正常生长。此外，塔基开挖将扰乱土壤耕作层，除开挖部分受到直接破坏以外，土石方混合回填后，亦改变了土壤层次、紧实度和质地，影响土壤发育，降低土壤耕作性能，造成土壤肥力的降低，影响作物生长。

#### 3.5.1.4 对景观的影响

施工临时占地通过生态补偿和生态恢复等措施，其景观面貌可以基本恢复或改善。永久占地区形成以人工建筑为主的异质化景观嵌入现有的自然景观体系中，但一般原拼块的优势度变化不显著，工程施工和运行对自然体系的景观质量不会产生大的影响。

### 3.5.2 运行期生态环境的影响

#### 3.5.2.1 对植物的影响

输电工程在运行期内，对灌丛、草地植被及植物资源没有影响。工程运行期间，对导线下方高度较高的森林群落需要修砍，由此将对其产生一定影响。根据相关规定，输电线路运行过程中，要对导线下方与树木垂直距离有一定的要求，以满足输电线路正常运行的需要。但工程设计时，铁塔塔位一般选择在山腰、山脊或山顶，这些区域树木高度一般较低，由于山腰、山脊或山顶等有利地形形成的高差原因，在塔位附近，树冠与导线之间的垂直距离大于相关标准要求，不需要定期修剪树冠。山坳中的树木高度较半山、山脊或山顶处虽然更高，但是由于位置低凹，导线与山坳处的乔木树冠之间的垂直距离更大，故不需要砍伐通道。且设计时已考虑了沿线树木的自然生长高度，采取在林区加高杆塔高度的措施，以最大限度地保护线路附近树木与导线的垂直距离超过安全要求。因此可以预测，运行期需砍伐的树木的数量很少，且为局部砍伐，故对森林植物群落组成和结构影响微弱，对植物生态环境的影响程度很小。

对于评价区域内林地较好的路段，虽然塔基施工砍伐了一些乔灌树种，使森林群落的垂直结构发生改变，在林区形成“林窗结构”，使塔基周围的微生物环境如光照、温度、湿度、风等因素发生变化，为喜光植物的生长创造了有利的环境条件，但由于塔基占地面积少，需要砍伐的面积小，因而不会使森林群落的演替发生改变和导致地带性植被的改变。

#### 3.5.2.2 对野生动物的影响

输电线路对兽类、两栖爬行类生动物的生境和活动起着一定的分离和阻碍作用，使得项目区的景观破碎，陆生动物的时空活动范围受到限制，且会因为人类的活动在项目区域由白昼、晨昏活动转为夜间活动为主；小型陆生动物特别是啮齿类因为本身的生物学特性其活动的时空范围有限，而受到的限制作用更大。塔基占地会对一些小型兽类的栖息地造成不可逆的破坏。正面效应为人类的活动也会为小型陆生动物如伴随人类居住生活的啮齿类动物带来更多的食物来源。

输电线路工程的分离和阻隔作用不同于公路和铁路项目，由于其塔基为点状分布，杆塔之间的区域为架空线路，不会对迁移动物的生态和活动产生真正的阻隔。工程运行后，陆生动物仍可以自由活动和穿梭于线路两侧。输电线路运行期人为活动很少，仅为线路安全运行考虑配置有巡线工人，由于巡线工人数量少，且巡线活动有一定的时间间隔，不会因为人类活动频繁而影响陆生动物的栖息和繁衍。

线路建成后，由于建塔和线路噪声的影响，可能会影响动物的栖息环境，尤其是森林动物的栖息环境。在工程采取一定措施后，虽然降低了对野生动物的影响，但是由于一些动物的回避，使得线路附近生态系统中的生物多样性降低，也使部分野生动物的活动范围减少。

### 3.5.3 生态调查和评价方法

按照《输变电建设项目环境保护技术要求》（HJ 1113）相关要求，进入自然保护区的输电线路，应按照《环境影响评价技术导则　生态影响》（HJ 19）的要求开展生态现状调查。

#### 3.5.3.1 生态现状调查方法

生态环境调查常用的方法有资料收集法、现场调查法、专家和公众咨询法、生态监测法及遥感调查法等。

（1）资料收集法。收集现有的可以反映生态现状或生态背景的资料，分为现状资料和历史资料，包括相关文字、图件和影像等。引用资料应进行必要的现场校核。

（2）现场调查法。现场调查应遵循整体与重点相结合的原则，整体上兼顾项目所涉及的各个生态保护目标，突出重点区域和关键时段的调查，并通过实地踏勘，核实收集资料的准确性，以获取实际资料和数据。

（3）专家和公众咨询法。通过咨询有关专家，收集公众、社会团体和相关管理部门对项目的意见，发现现场踏勘中遗漏的相关信息。专家和公众咨询应与资料收集和现场调查同步开展。

（4）生态监测法。当资料收集、现场调查、专家和公众咨询获取的数据无法满足评价工作需要，或项目可能产生潜在的或长期累积影响时，可选用生态监测法。生态监测应根据监测因子的生态学特点和干扰活动的特点确定监测位置和频次，有代表性布点。

（5）遥感调查法。包括卫星遥感、航空遥感等方法。遥感调查应辅以必要的实地调查工作。

#### 3.5.3.2 生态影响评价和预测方法

生态影响评价和预测常用的方法有列表清单法、图形叠置法、生态机理分析法、景观生态学法、指数法与综合指数法、类比分析法、系统分析法、生物多样性评价方法等。

（1）列表清单法。将拟实施的开发建设活动的影响因素与可能受影响的环境因子分别列在同一张表格的行与列内，逐点进行分析，并逐条阐明影响的性质、强度等，由此分析开发建设活动的生态影响。

（2）图形叠置法。图形叠置法是把两个以上的生态信息叠合到一张图上，构成复合图，用以表示生态变化的方向和程度。该方法的特点是直观、形象，简单明了。图形叠置法有两种基本制作手段：指标法和3S叠图法。

指标法：①确定评价范围；②开展生态调查，收集评价范围及周边地区自然环境、动植物等信息；③识别影响并筛选评价因子，包括识别和分析主要生态问题；④建立表征评价因子特性的指标体系，通过定性分析或定量方法对指标赋值或分级，依据指标值进行区域划分；⑤将上述区划信息绘制在生态图上。

3S叠图法：①选用符合要求的工作底图，底图范围应大于评价范围；②在底图上描绘主要生态因子信息，如植被覆盖、动植物分布、河流水系、土地利用、生态敏感区等；③进行影响识别与筛选评价因子；④运用3S技术，分析影响性质、方式和程度；⑤将影响因子图和底图叠加，得到生态影响评价图。

（3）生态机理分析法。生态机理分析法是根据建设项目的特点和受影响物种的生物学特征，依照生态学原理分析、预测建设项目生态影响的方法。生态机理分析法的工作步骤如下：①调查环境背景现状，收集工程组成、建设、运行等有关资料；②调查植物和动物分布，动物栖息地和迁徙、洄游路线；③根据调查结果分别对植物或动物种群、群落和生态系统进行分析，描述其分布特点、结构特征和演化特征；④识别有无珍稀濒危物种、特有种等需要特别保护的物种；⑤预测项目建成后该地区动物、植物生长环境的变化；⑥根据项目建成后的环境变化，对照无开发项目条件下动物、植物或生态系统演替或变化趋势，预测建设项目对个体、种群和群落的影响，并预测生态系统演替方向。

评价过程中可根据实际情况进行相应的生物模拟试验，如环境条件、生物习性模拟试验、生物毒理学试验、实地种植或放养试验等；或进行数学模拟，如种群增长模型的应用。

（4）指数法与综合指数法。指数法是利用同度量因素的相对值来表明因素变化状况的方法。指数法的难点在于需要建立表征生态环境质量的标准体系并进行赋权和准确定量。综合指数法是从确定同度量因素出发，把不能直接对比的事物变成能够同度量的方法。

单因子指数法：选定合适的评价标准，可进行生态因子现状或预测评价。例如，以同类型立地条件的森林植被覆盖率为标准，可评价项目建设区的植被覆盖现状情况；以评价区现状植被盖度为标准，可评价项目建成后植被盖度的变化率。

综合指数法：①分析各生态因子的性质及变化规律；②建立表征各生态因子特性的指标体系；③确定评价标准；④建立评价函数曲线，将生态因子的现状值（开发建设活动前）与预测值（开发建设活动后）转换为统一的无量纲的生态环境质量指标，用1～0表示优劣

（“1”表示最佳的、顶级的、原始或人类干预甚少的生态状况，“0”表示最差的、极度破坏的、几乎无生物性的生态状况），计算开发建设活动前后各因子质量的变化值；⑤根据各因子的相对重要性赋予权重；⑥将各因子的变化值综合，提出综合影响评价值。

（5）类比分析法。根据已有的建设项目的生态影响，分析或预测拟建项目可能产生的影响。选择好类比对象（类比项目）是进行类比分析或预测评价的基础，也是该方法成败的关键。类比对象的选择条件是：工程性质、工艺和规模与拟建项目基本相当，生态因子（地理、地质、气候、生物因素等）相似，项目建成已有一定时间，所产生的影响已基本全部显现。类比对象确定后，需选择和确定类比因子及指标，并对类比对象开展调查与评价，再分析拟建项目与类比对象的差异。根据类比对象与拟建项目的比较，做出类比分析结论。

（6）系统分析法。系统分析法是指把要解决的问题作为一个系统，对系统要素进行综合分析，找出解决问题的可行方案的咨询方法。具体步骤包括：限定问题、确定目标、调查研究、收集数据、提出备选方案和评价标准、备选方案评估和提出最可行方案。

（7）生物多样性评价方法。生物多样性是生物（动物、植物、微生物）与环境形成的生态复合体以及与此相关的各种生态过程的总和，包括生态系统、物种和基因三个层次。

生态系统多样性指生态系统的多样化程度，包括生态系统的类型、结构、组成、功能和生态过程的多样性等。物种多样性指物种水平的多样化程度，包括物种丰富度和物种多度。基因多样性（或遗传多样性）指一个物种的基因组成中遗传特征的多样性，包括种内不同种群之间或同一种群内不同个体的遗传变异性。

物种多样性常用的评价指标包括物种丰富度、香农－威纳多样性指数、Pielou 均匀度指数、Simpson 优势度指数等。

（8）生态系统评价方法。

植被覆盖度：植被覆盖度可用于定量分析评价范围内的植被现状。基于遥感估算植被覆盖度可根据区域特点和数据基础采用不同的方法，如植被指数法、回归模型、机器学习法等。

生物量：生物量是指一定地段面积内某个时期生存着的活有机体的重量。不同生态系统的生物量测定方法不同，可采用实测与估算相结合的方法。

生产力：生产力是生态系统的生物生产能力，反映生产有机质或积累能量的速率。群落（或生态系统）初级生产力是单位面积、单位时间群落（或生态系统）中植物利用太阳能固定的能量或生产的有机质的量。净初级生产力（NPP）是从固定的总能量或产生的有机质总量中减去植物呼吸所消耗的量，直接反映了植被群落在自然环境条件下的生产能力，表征陆地生态系统的质量状况。

生物完整性指数：生物完整性指数（Index of Biotic Integrity，IBI）已被广泛应用于河流、湖泊、沼泽、海岸滩涂、水库等生态系统健康状况评价，指示生物类群也由最初的鱼类扩展到底栖动物、着生藻类、维管植物、两栖动物和鸟类等。

（9）景观生态学评价方法。景观生态学主要研究宏观尺度上景观类型的空间格局和生态过程的相互作用及其动态变化特征。景观格局是指大小和形状不一的景观斑块在空间上的排列，是各种生态过程在不同尺度上综合作用的结果。

景观格局变化对生物多样性产生直接而强烈影响，其主要原因是生境丧失和破碎化。景观变化的分析方法主要有三种：定性描述法、景观生态图叠置法和景观动态的定量化分析法。目前较常用的方法是景观动态的定量化分析法，主要是对收集的景观数据进行解译或数字化处理，建立景观类型图，通过计算景观格局指数或建立动态模型对景观面积变化和景观类型转化等进行分析，揭示景观的空间配置以及格局动态变化趋势。

景观指数是能够反映景观格局特征的定量化指标，分为三个级别，代表三种不同的应用尺度，即斑块级别指数、斑块类型级别指数和景观级别指数，可根据需要选取相应的指标，采用 FRAGSTATS 等景观格局分析软件进行计算分析。

（10）生境评价方法。物种分布模型（Species Distribution Models，SDMs）是基于物种分布信息和对应的环境变量数据对物种潜在分布区进行预测的模型，广泛应用于濒危物种保护、保护区规划、入侵物种控制及气候变化对生物分布区影响预测等领域。目前已发展了多种多样的预测模型，每种模型因其原理、算法不同而各有优势和局限，预测表现也存在差异。其中，基于最大熵理论建立的最大熵模型（Maximum Entropy Model，MaxEnt），可以在分布点相对较少的情况下获得较好的预测结果，是目前使用频率最多的物种分布模型之一。

## 3.6 大气环境

输变电工程对大气的环境影响主要来自施工期扬尘。输变电工程施工期的扬尘主要来自土石方开挖和车辆行驶等，其中主要为施工运输车辆扬尘。

### 3.6.1 施工车辆行驶扬尘

输变电工程施工过程中，车辆行驶产生的扬尘量一般占施工扬尘总量的 70% 以上。在同样的路面条件下，车速越快，扬尘量越大；在同样的车速情况下，路面越脏，扬尘量越大。

### 3.6.2 土石方开挖扬尘

变电站站区及输电线路塔基开挖主要在露天进行，临时堆土及建筑材料需要露天堆放，在气候干燥且有风的情况下，可能会产生扬尘。工程施工过程中须对临时堆土及建筑材料进行遮盖，尤其是在干燥有风的天气情况下，配合进行适当的洒水，能有效减小起尘量，增大尘粒的含水量，降低对附近居民的影响。

变电站施工扬尘影响主要集中在站址区域内，输电线路施工扬尘范围主要集中在塔基附近，并呈现时间短、扬尘量及扬尘范围小的特点。工程施工过程中贯彻文明施工的原则，并采取有效的扬尘防治措施，施工扬尘对环境空气的影响可以得到有效控制，施工扬尘对周围村庄等环境敏感目标影响很小，且能够很快恢复。

## 3.7 固体废物

### 3.7.1 施工期固体废物影响

#### 3.7.1.1 变电站

变电站（换流站）施工产生的固体废物主要为施工产生的弃土弃渣、建筑垃圾及施工人员的生活垃圾。施工产生的固体废物应妥善处置，避免影响环境。

#### 3.7.1.2 输电线路

线路施工产生的固体废物主要为塔基开挖产生的弃土弃渣、建筑垃圾、施工人员的生活垃圾以及拆除线路产生的废旧杆塔、塔材、导线、金具等物料。施工产生的固体废物应规范处置，避免影响环境。

### 3.7.2 运行期固体废物影响

变电站运行期主要固体废物为变电站值守人员产生的生活垃圾、废铅蓄电池和废变压器油等，应妥善处置。输电线路运行期间不产生固体废物，仅在检修时可能更换绝缘子串与导线等，更换的绝缘子串与导线等固体废物应妥善处置。

## 3.8 六氟化硫

### 3.8.1 六氟化硫气体特性

在常温、常压条件下，六氟化硫气体是一种无色、无味、无臭、无毒的不可燃气体，其密度约为空气的 5 倍，纯净的六氟化硫气体对人体没有毒性危害，但在密闭或通风条件差的空间内，六氟化硫气体易聚集导致局部空间缺氧，进而造成人员窒息。作为一种人工合成的物质，六氟化硫气体具有强电负性，且具有优异的绝缘性能和灭弧能力，已广泛用于电气设备中。

六氟化硫气体化学性质极其稳定，在 150℃下，不与水、氧、盐等物质发生反应，在电气设备正常运行条件下，不与设备材料（如铜、钢、铝）发生反应；在高温电弧作用下，易与设备内水分、空气等杂质发生部分分解反应，分解产物的类型、含量与电弧能量、设备材质及设备内杂质等因素有关；迄今研究表明，六氟化硫分解物含量低且多为有毒物质，已确认的分解物主要有金属氟化物、$SOF_2$、$SO_2F_2$、HF、$SO_2$ 等。

### 3.8.2 六氟化硫气体对环境的影响

为确保六氟化硫电气设备的安全运行，充入电气设备中的六氟化硫新气质量必须满足《工业六氟化硫》（GB/T 12022）相关要求，该标准比 IEC 标准更为严格。

《电气设备用六氟化硫技术规范》（IEC 60376：2005）指出：“六氟化硫气体本身是惰

性气体，化学性质不活泼，水溶性很小，对地表及地下水均无害，不会在生态循环中积累；由于分子量较大，对大气臭氧层无破坏作用。但由于在大气中能存留很长时间，且对红外光有吸收，因而有温升的影响潜力”，我国电力行业规定：正常运行的六氟化硫电气设备中六氟化硫气体年泄漏率不大于1%，在六氟化硫电气设备安装场所中六氟化硫气体允许浓度应不大于1000μL/L。

## 3.9 电网环境保护措施

### 3.9.1 输电线路电磁环境控制措施

#### 3.9.1.1 输电线路优化设计

（1）采用紧凑型线路。紧凑型输电线路通过对导线的优化排列，有效缩短相间距离并将三相导线置于同一塔窗内（单回路）或杆塔一侧（双回路）。单回路紧凑型线路如图3-24所示。紧凑型线路不仅可以有效降低地面电场强度和磁感应强度，从而减少线路走廊宽度，同时还能提高自然输送功率和单位走廊输送容量、有效降低线路造价，具有很好的实用价值。相同导线对地高度的普通常规线路与紧凑型线路的工频电场分布如图3-25所示，紧凑型线路的线下电场强度明显小于常规线路的线下电场强度。但需要注意，紧凑型线路由于压缩了相间距，会增大导线电晕放电的程度，因此需通过增加导线分裂数等手段降低其产生的无线电干扰和可听噪声水平。

直流输电线路也可采用调整极导线布置方式的手段，达到降低地面电场强度的效果。图3-26为三沪直流线路采用的F塔，图3-27为F塔与常规水平塔线路下方合成场强的比较。

图3-24　500kV单回路紧凑型线路

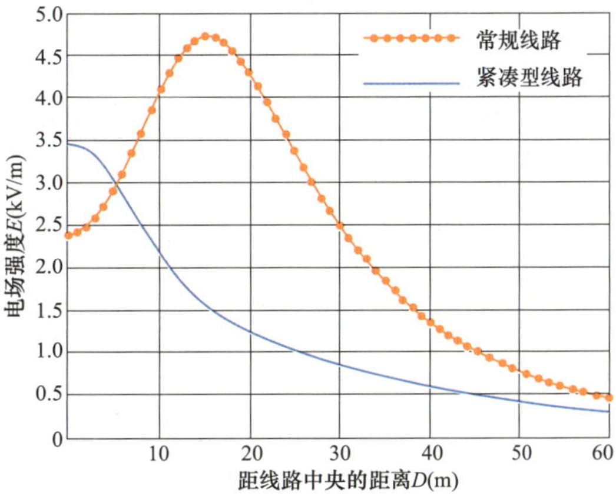


图3-25　紧凑型线路和常规线路线下电场强度的比较

由图可见，水平排列的直流线路具有两个高场强区域，分别位于两侧极导线地面投影附近。而F塔仅有一个高场强区域，在线路极导线地面投影附近。因此，F塔通过使导线垂直排列，大大缩小了高场强区域。

图 3-26 三沪直流线路采用的 F 塔

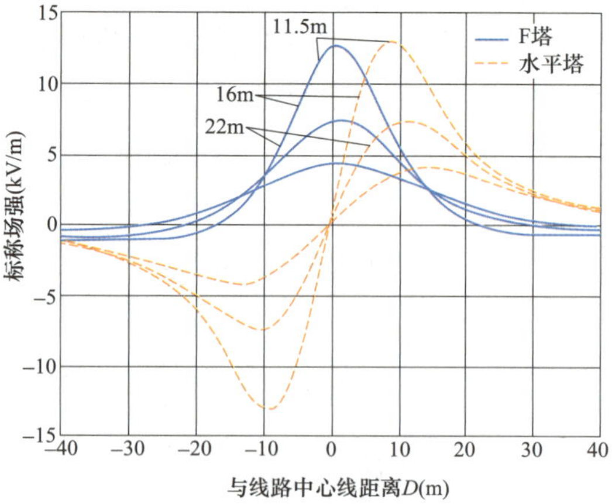


图 3-27 F 塔与常规水平塔线路下方的合成场强分布示意图（线上数字是导线高度）

（2）采用同塔双回线路。将两个单回线路架设在同一基杆塔之上的线路为同塔双回线路。由于这两个单回线路之间的距离较两个常规单回线路之间的距离要小得多，所以占用的走廊宽度较小。同时，如果采用逆相序排列，两回导线在线下产生的电场可以相互抵消，从而降低同塔双回线路下方的电场强度。同塔双回路采用逆相序排列与单回路线路的地面电场分布比较如图 3-28 所示。

直流线路也可采用同塔双回线路，当采用较合理的极导线布置方式时，其线下的电场强度也会小于水平排列单回路线路的线下电场水平。目前，我国已建成同塔双回 ±500kV 华中—华东直流输电线路。

（3）提高杆塔高度。导线结构相同时，输电线路的电场强度主要取决于导线对地高度。因此提高导线高度可有效降低工频电场强度，也可以有效降低磁场强度。图 3-29 所示为提

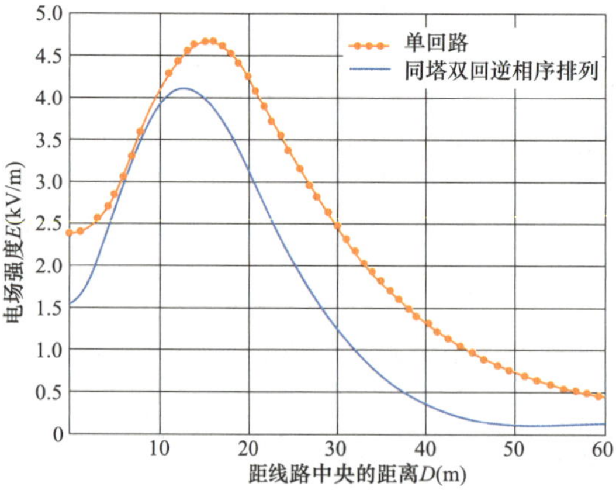


图 3-28 同塔双回路逆相序排列和单回路电场强度的比较

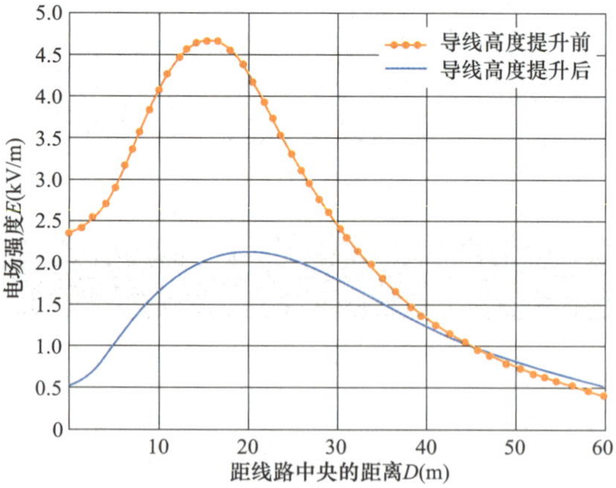


图 3-29 提高杆塔高度对地面电场强度的影响

高导线高度后的工频电场变化情况。由于提高导线高度使得工程造价升高，经济性受到一定影响，故这种方法通常与其他方法综合使用。

（4）相序排列优化。多于两回的线路架设在同一杆塔之上的线路称为同塔多回线路。对于同塔多回输电线路，可采用相序优化来达到降低地面电场强度的目的。例如，优化相序后的同塔四回路线路，其线下地面电场强度一般可降低 25%～45%，降低的程度与塔型有关，通常相与相之间的间距越小，效果越好。以 500kV 为例说明同塔多回线路不同相序对电场强度的降低作用。表 3-10 为导线的可能相序方式，图 3-30 为同塔四回线路结构示意图。

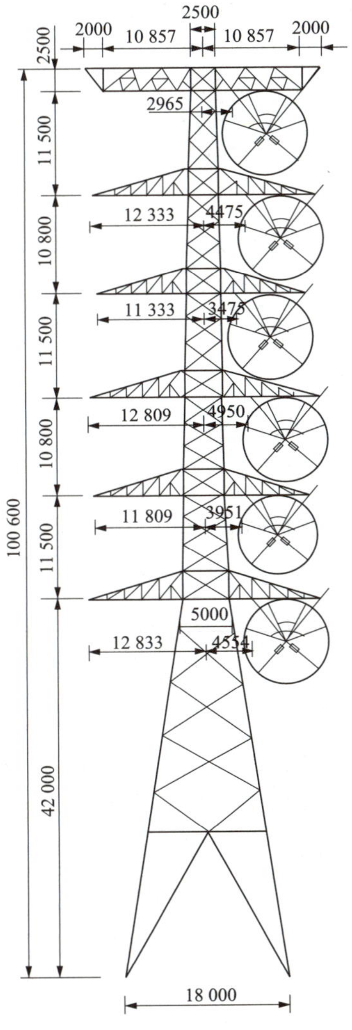


图 3-30　同塔四回线路结构示意图（单位：mm）

表 3–10　　500kV 同塔双回相序排列方式

| 方式 1 | 方式 2 | 方式 3 | 方式 4 | 方式 5 | 方式 6 |
|---|---|---|---|---|---|
| A A | A A | A B | A B | A C | A C |
| B B | B C | B A | B C | B A | B B |
| C C | C B | C C | C A | C B | C A |

不同排列方式下的线路下离地 1.5m 高处空间的工频电场强度计算结果如图 3–31 所示。图中右上角图例数字编号为表 3–10 所示的相序排列方式。由图 3–31 可见，工频电场强度值第 1 种方式（同相序排列）时最大，为 7.3kV/m；第 6 种方式（逆相序排列）时最小，为 4.7kV/m。

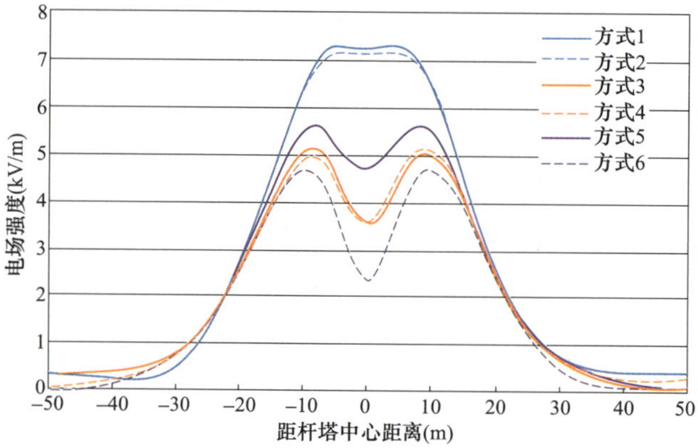


图 3–31　同塔四回不同相序地面工频电场强度分布

### 3.9.1.2　敏感目标防护

（1）架设屏蔽线。屏蔽线措施就是在线路下方局部电场较大区域，架设低压线路或接地的屏蔽线，从而降低该区域电场强度的方法。图 3–32 为一个最简单的接地屏蔽线架设示意图。实际架设方式需根据具体线路参数计算确定，可架设单根、两根或多根屏蔽线。屏蔽线架设方式不同，也可取得不同的效果。图 3–33 为某 750kV 线路架设屏蔽线工程实例，图 3–34 为接地屏蔽线架设前后地面电场强度理论计算值。

屏蔽措施也可在线路附近的住宅等建筑物楼顶平台上采用，在平台上还可以结合美工设计，使得屏蔽措施与房屋相结合，形成适应环境的景观，如图 3–35 所示。

（2）铺设接地金属网。在住宅等建筑物外表面铺设接地金属网可有效降低高压输电线路周围住宅等建筑物内的工频电场强度和感应电压。研究结果表明：若金属网不接地，可减小工频电场强度，但基本不会减小感应电压，反而会在金属网上产生较大的感应电压；接地金属网格的缩小会进一步增强效果，但效果并不明显。

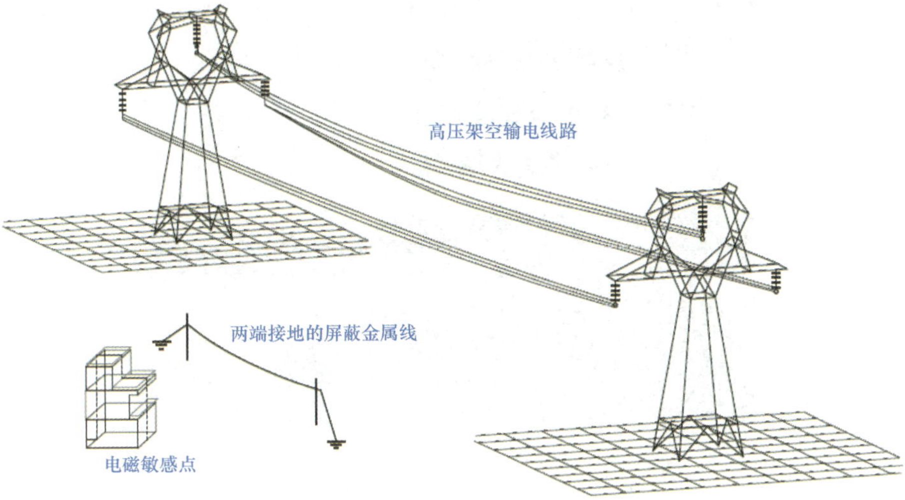


图 3-32　接地屏蔽线架设示意图

图 3-33　750kV 线路架设屏蔽线工程实例

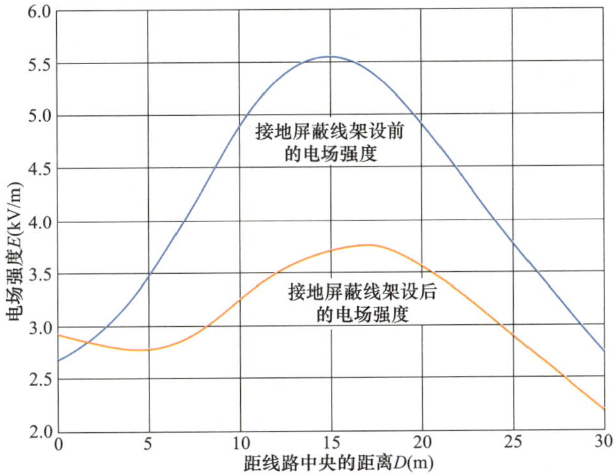


图 3-34　接地屏蔽线架设前后地面电场强度理论计算值

图 3–35　线路附近房屋屏蔽措施的美工效果

（3）涂抹导电涂料。通过在住宅等建筑物外墙上涂刷良好导电性能的导电涂料，使住宅等建筑物的墙壁具备导电性能，同时接地，得以将住宅等建筑物表面聚集的静电电荷导入地下，从而降低感应电位差，达到减少感应电乃至消除感应电的目的。

### 3.9.1.3　利用植物屏蔽效应

线路下方的植物也可降低电场强度。树干和树枝有较强的导电性，计算表明 3 ~ 4m 高的植物可将地面 1.8m 高的电场强度降低至 30% 以下。图 3–36 为树木屏蔽作用实例：曲线 1、1′ 为地面 1.8m 高处的电场强度分布；曲线 2、2′ 为感应电流分布。道路处在线路边相导线下方，线路的中相导线对地投影为横坐标零点，曲线 1、2 为不存在树木的情况；曲线 1′、2′ 为存在树木的情况。由图可见，电场强度和感应电流都有所降低，树木屏蔽作用明显。

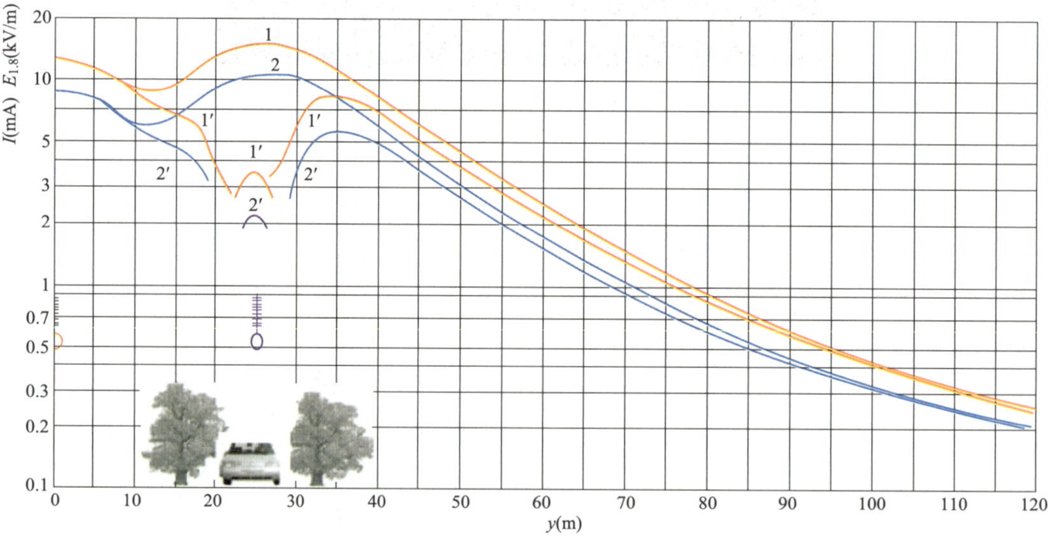


图 3–36　树木屏蔽作用的分析

## 3.9.2 变电站（换流站）噪声控制措施

在经济和技术条件容许，兼顾消防、运维、检修等安全生产的情况下，应优先采取控制声源的降噪措施。对变压器、换流变压器、电抗器、风机等因设备老化、设备故障等原因引起噪声过大的问题，可采取整改或更换相应设备来降低变电站（换流站）噪声。在本体降噪技术成本较高，或仅采取本体降噪技术仍无法满足降噪要求时，可考虑尽可能靠近污染源采取隔声、吸声、消声和隔振等控制传播途径技术。

### 3.9.2.1 户外变电站噪声控制措施

（1）声屏障。声屏障是变电站（换流站）户外噪声源治理最常用的一种措施，其材料有砖墙、钢结构、复合结构多种类型。声屏障的设置方式也灵活多样，可单独设置在噪声源附近，也可结合变电站（换流站）的围墙来设置。在设计时声屏障应尽量靠近噪声源，距离噪声源越近，声屏障的隔声效果越好。

屏障的几何形状主要包括直立型、折板型、弯曲型等，主要依据插入损失（在保持噪声源、地形、地貌、地面和气象条件不变的情况下安装声屏障前后在某特定位置上的声压级之差）和现场的条件来决定，变电站的一般以折板型居多。声屏障的插入损失可根据声源特性、声屏障的材料和几何尺寸、相对位置等进行估算，主要计算包括绕射声衰减量、透射声修正量和反射声修正量。绕射声衰减量主要取决于声源特性、声屏障的几何尺寸和相对位置；透射声修正量主要取决于声屏障材料的隔声性能；反射声修正量主要取决于声屏障和其他反射面材料的吸声性能，以及声屏障的几何尺寸和相对位置。声屏障的插入损失一般可取得 5 ~ 15dB 的降噪效果，图 3–37 和图 3–38 分别为声屏障应用于户外变压器和换流变压器的实例。

图 3–37 户外变压器噪声采取声屏障治理后照片

（2）隔声罩。隔声罩是通过将噪声源完全封闭来隔绝噪声传播的降噪措施。其隔音效果比声屏障要好，降噪量可以达到 15 ~ 25dB（A）。由于变压器、换流变压器等噪声源运行中会产生热量，隔声罩还需设置具有消声效果的通风散热装置。因此隔声罩的隔声量取决于隔声材料和通风散热装置的组合效果。如换流变等设备降噪采用的 Box–in 等降噪措施，就是一种可拆卸和带通风散热消声器的隔声罩。如图 3–39 所示，与声屏障不同，Box–in 是

图 3–38 换流变加装声屏障

把设备放置在一个完全封闭的空间内。图 3–40 所示为某变电站采用隔声罩治理主变压器室的屋顶风机噪声。

隔声罩的具体声学设计包括确定隔声罩的设计目标值、隔声罩需要通风量、隔声罩位置和几何尺寸、通风方式、通风通道的消声设计、隔声罩插入损失估算和隔声罩设计的调整。

图 3–39 换流变加装 Box–in

（3）消声器。变电站（换流站）的通风风机的气流噪声可以通过在风机进（出）风口加装消声器来降低。对于冷却装置噪声占主要成分的变压器，也可在冷却装置的通风口加装消声器，达到降低冷却风机噪声的目的。消声器一般可实现 15 ~ 30dB（A）的降噪效果。图 3–41 为某变电站主变压器室风机出风口消声器，图 3–42 为某变电站电容器室风机消声器。

消声器的设计应根据所需消声量空气动力性能要求以及空气动力设备管道中的防潮、耐高温等特殊使用要求确定；通风风机的噪声以中高频为主，宜采用阻性消声器。可以根据现有定型系列化消声器的性能参数确定消声器的型号。有条件时，也可自行设计符合要求的消声器。

图 3-40　采用隔声罩治理主变压器室屋顶风机噪声

通风风机消声控制，除考虑声源噪声以及消声器和各部件的消声量外，还应计算管道系统各部件产生的气流再生噪声。当气流再生噪声对环境的影响超过噪声限制值时，应降低气流速度或简化消声器结构。

图 3-41　主变压器室风机出风口消声器

图 3-42　电容器室风机消声器

### 3.9.2.2　户内变电站噪声控制措施

（1）隔声门和隔声窗。对于设置有门或窗的变电站（换流站）户内噪声源，为了减少噪声通过门或窗的传播，应尽量减少门或窗的面积，同时应安装隔声门或隔声窗。隔声门或隔声窗一般可取得 20～35 dB（A）的降噪效果。

为了取得良好的隔声效果，噪声源室原则应充分运用自然光采光，如确实需要设计采光窗的，应根据隔声量设计目标值选择单层或多层玻璃固定窗；同时，采光窗的尺寸应尽量小，开窗位置应尽量避开噪声敏感目标；噪声源室原则上不设计全开全关式检修大门，只设计小型检修隔声门，以方便日常检修设备和人员的出入。例如，变压器需拖出大修时，可拆除变压器室一侧墙体，大修完毕变压器就位后，再重新恢复这一侧墙体。如确需设计检修大门时，应避免采用全开全关式大门，以免增加门缝处理以及开关动力选择的难度。推荐采用带检修小门的拼装式固定隔声门，如图 3–43 所示，其中小型检修隔声门用于日常检修进出，拼装式固定隔声门便于变压器的大修进出。隔声门的隔声量应根据隔声量设计目标值来选择，以不低于隔声量设计目标值为最低要求，同时做好门缝周边的密封处理。隔声门的设计位置也应尽量避开噪声敏感目标。

图 3–43　主变压器室带检修小门的拼装式固定隔声门

（2）吸声材料或结构。对噪声治理要求较高的区域，在采取隔声和消声等措施仍达不到噪声标准时，可在噪声源室内装设吸声材料或吸声结构。吸声材料或吸声结构一般可取得 3～8dB 的降噪效果。变电站（换流站）室内常用的吸声材料或吸声结构有微孔吸声砖、矿渣膨胀珍珠岩吸声砖和微穿孔吸声板等。图 3–44 所示为某变电站在主变压器室装设双层微穿孔板吸声结构。

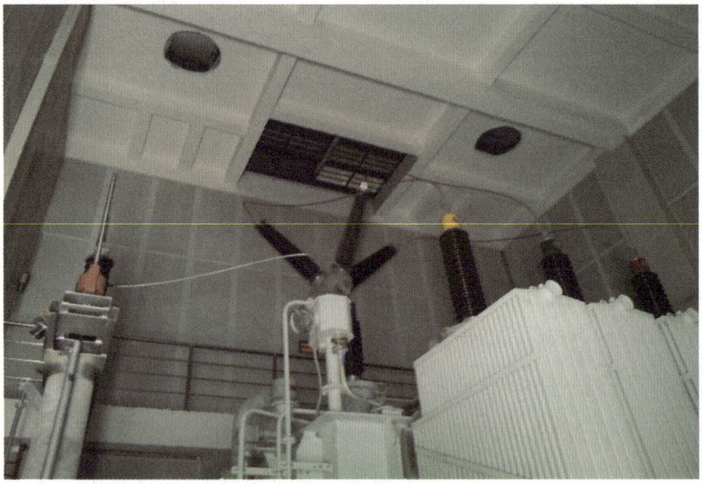

图 3–44　主变压器室装设双层微穿孔板吸声结构

吸声降噪宜用于混响为主的情况。如室内空间不太大，内壁吸声系数很小，混响声较强，采用吸声处理可以获得较理想的效果。

吸声降噪的设计包括确定待处理房间的噪声源特性、待处理房间的吸声系数、吸声降噪目标值、吸声材料及吸声结构类型的选择、吸声材料的厚度、吸声材料的面积、安装方式等。

（3）进出风口消声器。不同于户外噪声源采用的消声器，噪声源室进出风口的处理根据通风方式和降噪目标值的不同而有所区别。

当变压器采用本体与散热器一体布置的方式时，变压器室宜采用机械通风，通风风量大导致进出风口尺寸和风机容量与噪声均较大。为了满足较大的消声量，此时进出风口的消声器尺寸将较大，风机也需同步进行降噪处理。

当变压器采用本体与散热器分开布置的方式时，变压器室的通风量大幅减小，进出风口尺寸和风机容量与噪声水平大幅降低。此时进风口的消声器可采用消声百叶或消声百叶箱的形式，出风口和风机则可视情况进行降噪处理。

主变压器室（电抗器室）进（出）风口的消声器宜采用阻抗复合消声器，既可以降低主变压器产生的中低频噪声，又可以减小通风风机的中高频噪声。一般普通进气消声百叶的消声量为 5 ~ 15dB，普通出风口消声器的消声量为 15 ~ 30dB。

（4）减振装置。距离噪声源较近的噪声敏感目标，不仅受到噪声源空气传播噪声的影响，还会受到结构（振动）传播噪声的影响，因此可采取加装减振装置的措施，该措施对低频结构噪声具有较好的抑制作用，可以降低噪声 1 ~ 5dB（A）。如变压器、电抗器、换流变压器等设备在其底部加装减振装置来降低低频结构噪声。图 3–45 所示为某变电站室内电抗器加装减振器前后的对比。

（a）　　　　（b）

图 3–45　室内电抗器加装减振器前后对比

（a）加装前；（b）加装后

### 3.9.3 水污染控制措施

#### 3.9.3.1 变电站（换流站）水污染控制

变电站（换流站）施工期产生的废水包含施工废水、生活污水。为尽量减少变电站（换流站）施工期废水对水环境的影响，在不影响主设备区施工进度的前提下，应合理组织施工。生活污水应雨污分流。污水经过污水处理设施，避免污染环境。对物料、车辆清洗废水、建筑结构养护废水、基础开挖时浅水层的排水集中经过格栅、采用初级沉淀，在施工场地适当位置设置简易沉砂池对生产废水进行澄清处理，经沉淀后废水部分可回用于拌合等施工工艺，部分可用于洒水抑制扬尘。

变电站（换流站）运行期产生的废水主要是工作人员产生的生活污水、设备检修产生的油污水和循环冷却水。

（1）变电站（换流站）产生的生活污水应经过污水处理措施处理后回用，如绿化、卫生用水等或设置污水处理设施，如基于“生物 + 生态”技术的变电站生活污水零排放系统（图 3–46）、利用太阳能热源的蒸发箱式多能耦合降膜蒸发污水零排放处理设备，如确需外排，外排水质应达到受纳水体的排放标准要求。

（2）油污水主要来自变压器、电抗器等设备的事故工况。检修时，变压器、电抗器等设备中的油应抽到储油罐中暂存，检修完毕后予以回用。当突发事故时变压器和电抗器废油排入事故油池，事故排油交由有资质的单位运走处理，含油污水应经相关处理设施处理满足 GB 8978 及地方排放标准后排放。

（3）换流阀冷却系统排出的循环冷却水处理方式分为两类。对于环评要求将循环冷却水按清下水处理的，可排入雨水管网，并定期开展环境监测；对于环评要求将循环冷却水按污水处理的，可根据环评要求直接排入城镇污水管网或采用“电化学 + 反渗透”等工艺减量化处理后排入城镇污水管网。

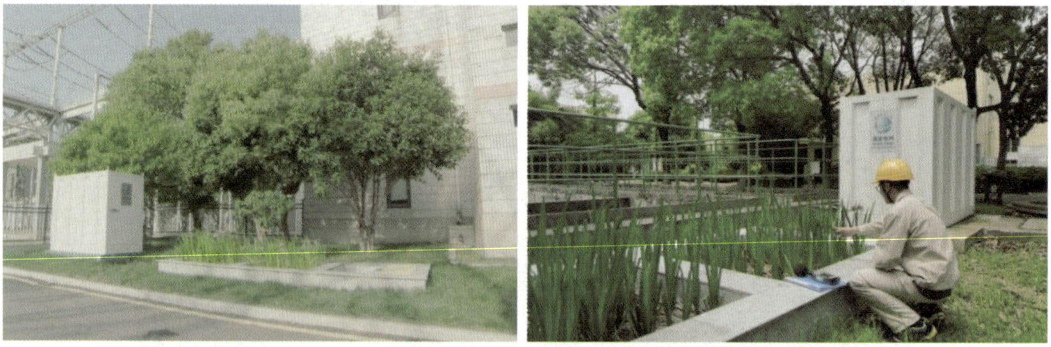

图 3–46 基于“生物 + 生态”技术的变电站生活污水零排放系统

#### 3.9.3.2 输电线路施工期水污染控制

输电线路运行期间无废水产生，因此在运行期对水环境无影响。在输电线路施工建设阶段产生的施工废水和施工生活污水可能会污染输电线路所跨越的河流和输电线路附近水源保护区的水体环境，因此在线路跨越河流施工时应采取以下措施：

（1）应合理选择塔基位置，充分利用两岸高地采取一档跨越，施工便道和牵张场的设置应远离水体。

（2）应设置拦挡措施，禁止向水体排放、倾倒工业废渣、城镇垃圾和其他固体废物，禁止在江河、湖泊、运河、渠道、水库最高水位线以下的滩地和岸坡堆放、存储固体废物和其他污染物。

（3）施工中临时堆土点应远离跨越的水体，对开挖土方要及时回填平整。

（4）严禁在水体附近冲洗含油器械及车辆。

（5）尽可能采用商品混凝土，如在施工现场拌合混凝土，应对砂、石料冲洗废水进行处置和循环使用（施工现场临时污水处理设施如图 3–47 所示），严禁排入河流影响受纳水体的水质。

（6）合理安排工期，抓紧时间完成施工内容，避免雨季施工。

（7）在塔基定位时，结合线路周边地质和地形条件，尽量将塔基远离水体，从而减少塔基开挖对水体周边植被的破坏。

图 3–47　施工现场临时污水处理设施

## 3.9.4　生态保护措施

输变电工程多为点线工程，除变电站（换流站）和线路杆塔永久占地外，工程对生态的影响主要表现为临时施工的占地、对植被的影响等。输变电工程对生态的影响可以通过合理的选线、选址，优化路径，合理布置设备、导线等方式加以控制。

### 3.9.4.1　采用先进技术优化线路路径

海拉瓦和洛斯达技术利用遥感卫星影像提取实际工程的数字化断面，为输电线路电线选材、杆塔规划和工程概算提供基础资料。结合海拉瓦和洛斯达技术及地质、水文等测量和遥感信息，在数字化基础上实现全过程优化。海拉瓦技术在线路设计中的应用如图 3–48 所示。在视图中可对线路走向、杆塔型式、杆塔基础等进行可视化设计，从而减轻现场工作量，并可有效减小对生态环境的影响。

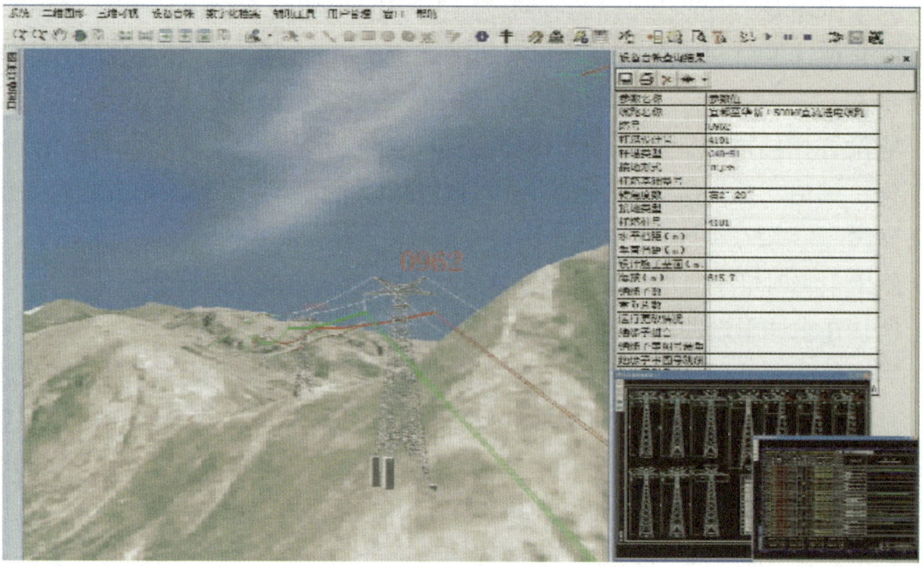

图 3-48 海拉瓦技术在线路设计中的应用

海拉瓦和洛斯达技术与“决策软件”在工程中的结合应用，实现勘测设计一体化，可帮助工程设计人员减少传统的实地测量、定位信息的误差，使勘测、设计人员不必前往自然条件恶劣的地区获取技术信息，大大降低了劳动强度，可节约工程投资 3%～5%，提高设计质量和效率，具有显著的经济和环境效益。

我国在超高压输电线路中应用海拉瓦和洛斯达技术开展线路路径优化工作，取得了明显的经济、社会和环保效益。海拉瓦和洛斯达技术的应用可缩短线路长度 1%～2%，节省投资 3%～5%；减少房屋拆迁和林木砍伐；提高工效、缩短工程建设周期；提高勘测设计质量；为线路运行、维护、管理提供基础信息资料。

#### 3.9.4.2 优化工程设计和施工

因地制宜设计线路杆塔基础型式，可以在保证安全的同时，减少工程量和环境影响。如对于山区地形，为减少土石方量，保护环境、减少植被破坏，可采用铁塔全方位高低腿、不开基面或少开基面、配置加高基础、减少降基和土方量等措施。此外，还可以积极采用多种新型基础型式，不断改进和完善施工方法及施工机具，根据不同地质条件采用原状土基础、岩石锚杆基础、螺旋锚基础和复合式沉井基础等。

目前在输变电工程放线施工中，通常采用直升机放线、动力伞放线、飞艇放线、气球放线等方式，如图 3-49 所示，可有效减少对地面的扰动和对植被的破坏，大大降低施工过程的生态影响。

#### 3.9.4.3 提高线路输电能力

串联补偿技术在远距离、大容量输电系统中有着良好的应用前景，目前已在世界各国电力系统广泛应用。我国投入运行的串联补偿装置工程有山西阳城电厂送出工程、江苏三堡开关站、华北电网大房双回线路的蔚县串补站和华北电网丰镇—万全—川页义双回线路

图 3-49　输电线路优化施工降低生态环境影响

加装串补装置工程等。其中，阳城电厂送出工程通过在东明—三堡线路上安装 40% 串联补偿设备，使该输电断面 500kV 线路回路数由 3 回减为 2 回，不但节约投资约 3.4 亿元，而且取得了显著的环境效益。

#### 3.9.4.4　减小线路走廊宽度

紧凑型线路可有效缩减导线水平相间距离，从而减小线路走廊宽度；同塔多回线路有利于充分利用线路走廊资源，减少对生态环境的影响。同塔多回和紧凑型输电线路如图 3-50 所示。

图 3-50　同塔多回和紧凑型输电线路

### 3.9.5　大气污染控制措施

通过采取下述措施，有效控制扬尘量，将扬尘影响减小至最小程度，并设置污染物在线监测装置及显示屏，确保电网基建工程施工对附近区域环境空气质量不会造成长期影响。

### 3.9.5.1　苫盖、拦挡临时措施

加强对施工现场和物料运输的管理，在施工工地设置硬质围挡，保持道路清洁，管控料堆和渣土堆放，防治扬尘污染。

对易起尘的临时堆土、运输过程中的土石方等采用密闭式防尘布（网）进行苫盖，施工面集中且有条件的地方宜采取洒水降尘等有效措施，减少易造成大气污染的施工作业。

对裸露地面进行覆盖，暂时不能开工的建设用地超过三个月的，应当进行绿化、铺装或者遮盖。及时清运建筑土方和建筑渣土，建筑垃圾等无法及时清运完毕的，应在施工工地内设置临时堆放场采用密闭式防尘网遮盖并确保堆存高度不高于围挡。

### 3.9.5.2　现场清洁措施

施工工地内生活区、办公区、作业区加工场、材料堆场地面、施工出入口道路及场内车行道路进行硬化等防尘处理，并定时保洁，及时清理浮土、积土，裸露场地采取覆盖或绿化措施。

施工现场设置自动冲洗平台，运输车辆在除泥、冲洗干净后方驶出作业场所，不使用空气压缩机等易产生扬尘污染的设备清理车辆、设备和物料的尘埃。施工现场设置洒水降尘设施，装卸物料采取密闭或者喷淋等方式防治扬尘污染，如图 3–51 所示。

图 3–51　施工现场大气环境保护措施

## 3.9.6 固体废物污染控制措施

### 3.9.6.1 一般固体废物防治措施

控制、处理施工过程产生的建筑垃圾、房屋拆迁产生的建筑垃圾、原材料和设备包装物、临时防护工程产生的固体废物。主要措施包括永临结合工程措施、建筑垃圾清运、废料和包装物回收与利用、施工场地垃圾箱，如图 3–52、图 3–53 所示。

图 3–52 永临结合工程措施（左：永临结合雨水排管沟；中：永临结合围墙；右：永临结合施工道路）

图 3–53 分类垃圾箱、垃圾收集转运箱（左：分类垃圾箱；右：垃圾收集转运箱）

### 3.9.6.2 危险废物污染控制措施

电网危险废物和一般固体废物实行分类存放，危险废物配置专用暂存场所，用于废铅蓄电池和废变压器油的规范合规暂存。典型危废暂存场示意图如图 3–54 所示。

危险废物和一般固体废物分类存放，暂存场所保持宽敞、干燥、通风，符合消防安全要求，配置明显的标识和警示牌；废矿物油的暂存场所应相对独立，地面应作防渗处理，采取收集和导流措施防止泄漏，暂存时间不得超过 12 个月；废铅蓄电池和废锂电池禁止露天存放，暂存场所应相对独立，环境温度不得超过 45℃。废铅蓄电池和废锂电池不得直接堆放在地面上，应放在专门的电池架或者与地面有一定距离的具有绝缘功能的承重板上，并保持一定的通风散热间距。地面应作防渗处理，并配有废液收集装置，禁止电池直接叠放，暂存量不得大于 3t，暂存时间最长不得超过 90 天。

## 3.9.7 六氟化硫气体回收及替代措施

对于六氟化硫废气的减排措施，主要有以下 2 种途径：①使待排放的六氟化硫废气经

图 3–54 典型危废暂存场示意图

过无害化处理后回收或转化为其他工业原料；②实现无排放和直接从根源上减少六氟化硫的使用量、排放量。围绕着以上两种思路，对应的六氟化硫废气减排手段包括六氟化硫净化回收和使用六氟化硫的环保绝缘替代气体。

#### 3.9.7.1 六氟化硫回收净化

针对电气绝缘设备中的六氟化硫，有可能在故障下的放电或高温以及开断产生的电弧作用下发生分解，产生多种有毒有害气体产物，六氟化硫气体被分解到一定程度时便成为了废气，其绝缘和灭弧能力被削弱，同时也会对周围环境和操作人员形成危害。

将六氟化硫废气再次使用之前，需要经过净化回收的处理过程，其流程主要是：对待排的六氟化硫废气通过装罐来集中回收，随后进行集中净化，最终实现六氟化硫与杂质气体成分分离。经过净化回收处理后的气体中六氟化硫纯度达标后，即可达成废气再利用的目的。该手段绿色环保，在针对六氟化硫减排方面最为直接有效。六氟化硫回收如图 3–55 所示。

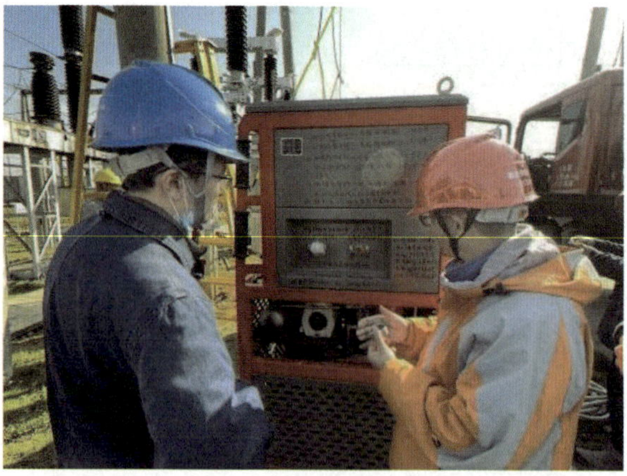

图 3–55 电网设备检修期间六氟化硫回收

### 3.9.7.2 六氟化硫环保替代

我国开展新型环保绝缘气体研究及相关高压绝缘设备研发多年，在积累了大量理论分析和实验数据基础上，陆续完成了无六氟化硫环保气体绝缘高压电气设备的研制开发、生产制造、示范应用和推广落地。其中高校、设备制造企业和电网公司率先实现产学研结合，助推我国环保气体绝缘电气设备高水平发展和全面实现国际领先。安装完成的 110kV C4 环保气体 GIS 完整间隔如图 3–56 所示。

图 3–56 安装完成的 110kV C4 环保气体 GIS 完整间隔

# 第 4 章

# 电网水土保持

水土保持，是指对自然因素和人为活动造成水土流失所采取的预防和治理措施。

电网建设项目水土保持工作是指在电网建设项目可行性研究、设计、施工、验收等阶段，为预防和治理水土流失所开展的相关活动，包括编报水保方案、开展水保后续设计、落实水保设施（措施）、实施水保监理和水保监测、进行水保设施验收以及相关管理工作的活动。

## 4.1 基本概念

### 4.1.1 水土流失防治责任范围

水土流失防治责任范围是指生产建设单位依法应承担水土流失防治义务的区域，包括项目永久征地、临时占地（含租赁土地）以及其他使用与管辖区域。

### 4.1.2 土壤侵蚀强度

土壤侵蚀强度是指地壳土壤在自然营力和人类活动等作用下，单位面积单位时间内被剥蚀并发生位移的土壤侵蚀量。土壤侵蚀强度是定量的表示和衡量某区域土壤侵蚀数量的多少和侵蚀的强烈程度，通常由调查研究和长期定位观测得到，它是水土保持措施布置、设计的重要依据。土壤侵蚀强度可评价单元或地块上发生的土壤侵蚀模数的高低程度，通常根据土壤侵蚀强度分为六级：微度侵蚀、轻度侵蚀、中度侵蚀、强烈侵蚀、极强烈侵蚀和剧烈侵蚀。

### 4.1.3 土壤侵蚀模数

土壤侵蚀模数是指单位时段内（a）单位水平投影面积（$km^2$）上的土壤侵蚀总量（t）。土壤侵蚀模数是土壤侵蚀强度分级的主要指标，在一定尺度范围内通过径流观测小区、卡口站、河流水文观测站对径流泥沙的观测资料计算得到。土壤侵蚀模数可反映某区域单位时间内土壤侵蚀强度的大小。

### 4.1.4 土壤容许流失量

土壤容许流失量是长时期内能保持土壤肥力和维持土地生产力基本稳定的最大土壤流失量，是作为土壤侵蚀强度分级标准中划分非侵蚀区与侵蚀区的判别标准，为制定合理的水土流失控制目标、进行水土保持规划、配置水土保持措施体系等提供理论依据。

### 4.1.5 水土流失面积

水土流失面积包括因生产建设活动导致或诱发的水土流失面积，以及防治责任范围内尚未达到容许土壤流失量的未扰动地表面积。

### 4.1.6 设计水平年

水土保持方案确定的水土保持措施实施完毕并初步发挥效益的年份。

### 4.1.7 水土流失治理达标面积

水土流失治理达标面积是指对水土流失区域采取水土保持措施，使土壤流失量达到容许土壤流失量或以下的面积，以及建立良好排水体系，并不对周边产生冲刷的地面硬化面积和永久建筑物占用地面积。弃土弃渣场地在采取挡护措施并进行土地整治和植被恢复，土壤流失量达到容许流失量后，才能作为水土流失治理达标面积。

### 4.1.8 水土流失防治目标

生产建设项目水土流失防治，不仅要将新增的水土流失进行防治，还需结合区域水土流失重点防治区的划分和治理规划的要求，对项目区原有的水土流失进行治理。项目建设过程中的水土流失防治，首先要将水土流失控制在本底土壤侵蚀模数范围之内，然后将其恢复到土壤容许流失量以下，促进项目区水土资源的可持续利用和生态系统的良性发展。依据水土保持相关技术规范、标准，结合项目区气候气象特点、土壤侵蚀强度分级和地形地貌特征，提出水土流失防治定量目标，具体包括水土流失治理度、土壤流失控制比、渣土防护率、表土保护率、林草植被恢复率、林草覆盖率 6 项指标。

（1）水土流失治理度。项目水土流失防治责任范围内水土流失治理达标面积占水土流失总面积的百分比。

（2）土壤流失控制比。项目水土流失防治责任范围内容许土壤流失量与治理后每平方公里年平均土壤流失量之比。

（3）渣土防护率。项目水土流失防治责任范围内采取措施实际挡护的永久弃渣、临时堆土数量占永久弃渣和临时堆土总量的百分比。

（4）表土保护率。项目水土流失防治责任范围内保护的表土数量占可剥离表土总量的百分比。

（5）林草植被恢复率。项目水土流失防治责任范围内林草类植被面积占可恢复林草植被面积的百分比。

（6）林草覆盖率。项目水土流失防治责任范围内林草类植被面积占总面积的百分比。

## 4.2 水土流失影响因素

### 4.2.1 自然因素

（1）地形。地面坡度越陡，地表径流的流速越快，对土壤的冲刷侵蚀力就越强；坡度越长，汇集地表径流量越多，冲刷力也越强。

（2）风雨的冲蚀。雨水和疾风的冲蚀是造成水土流失的直接原因。雨水冲刷造成表层水土侵蚀是造成水土流失的主要形式，雨水的冲刷在坡地更为严重，大量土壤随洪流淤积到谷地和河流。疾风把土壤微粒吹到空中，并随风漂移至远处。

（3）地面物质组成。相对而言，植被稀少、质地松软、遇水易蚀、抗蚀力弱的土壤，如黄土、粉沙壤土等非常容易产生大量水土流失。

（4）植被状况。达到一定郁闭度的林草植被有保护土壤不被侵蚀的作用。郁闭度越高，保持水土的作用越强。由于植被层可以削弱风雨的冲击力，因此，覆盖植被的区域水土流失明显减少。

### 4.2.2 人为因素

人类对土地不合理的利用破坏了地面植被和稳定的地形，造成严重的水土流失。毁林毁草、陡坡开荒，破坏了地面植被就会加剧水土流失。由于农业生产活动加剧而且有许多地区破坏植被以补充燃料的不足，从而导致土壤更加贫瘠并完全暴露于风雨的侵蚀；开矿、修路等建设活动不注意水土保持破坏了植被和稳定的地形，同时，将废土弃石随意向河沟倾倒，造成大量新的水土流失。另外，滑坡和地震都伴随着水土流失，但地震毕竟较少，所以由于地震引起的水土流失不是很多；相反，滑坡出现的频次更高，波及区域更为广泛，并且滑坡往往是由于修路、建筑和砍伐等人为活动引起的。

输变电工程建设时段分为施工准备期、施工期、植被恢复期。输变电建设过程的水土流失影响主要是施工准备期的土地占用、表土剥离及建设期的土方开挖。施工准备期，由于原地貌土地被扰动，地面的覆盖物（建筑物及植被等）被清除，大面积的土地完全暴露在外，容易导致水土流失；建设期桩基工程、建（构）筑物的建造，以及挖方和填方在时间和空间上的变化，导致土壤裸露或挖方临时堆放，容易导致水土流失。

## 4.3 水土流失特点

（1）侵蚀类型具有一定的复杂性和多样性。输变电工程包括输电线路和变电站两部分，具有跨度大、范围广的特点，其水土流失基本呈有规律的分散式“点+线”型分布。点状侵蚀主要包括变电站及杆塔等基础开挖、回填、施工场地扰动地表及植被。点状侵蚀区域极易成为水蚀、风蚀的水土流失策源点，造成水土流失范围不断扩大。线状侵蚀主要为施工道路的场地平整、挖高垫低等。输电线路路径一般远离居民点，可供利用的现有道路数量少，因此输电线路施工需开辟大量的车行道路、人行道路，特别是在地形复杂的山地、丘陵区域。另外，输电线路尤其是特高压输电线路路径长，线路途径不同的地形地貌区、土壤区、气候带、植被带，不同区域的水土流失特征显著不同，水土流失形式及其影响因素的多样性造成了输变电工程水土流失治理的复杂性。

（2）输变电工程施工周期短，水土流失周期长。输变电工程施工周期短，单位塔基的土石方作业时间一般在一个月以内。土建集中施工导致项目建设区微地形条件、植被、土壤等性状在短时间内急剧变化，短时间内水土流失强度急剧增加。但受制于材料供应、主体工程施工进度的影响，单基杆塔施工场地边坡、施工基面裸露时间贯穿整个施工期，其水土流失周期需延长至植被恢复达标的阶段。

（3）输变电工程水土流失时空分布不均。输变电工程优先进行场地平整、道路开辟等施工准备工作。在此阶段，植被压占、地表扰动破坏，水土流失策源点主要为挖填边坡、施工裸露面，水土流失强度大。其次进行电气设备基础、杆塔基础的开挖、回填、混凝土浇筑，基础开挖土方临时堆放。在此阶段，水土流失策源点主要为临时堆放的松散土方，造成水土流失强度迅速增加，施工扰动范围进一步扩大。后续实施杆塔组立、电气设备安装、线路架设等，此阶段输变电工程已基本无土石方挖填作业，水土流失策源点主要是施工裸露场地，其水土流失强度开始减小。但牵张场地、跨越施工场地布置又使施工扰动范围进一步扩大。由此可见，随着时间的不断推移，输变电工程水土流失呈现动态化的发展态势，时空分布极不均匀。

## 4.4 水土流失防治分区

水土流失防治一级类型区可按地貌类型划分，二级类型区可按工程组成划分，根据工程复杂程度可划分三级类型区。输变电工程水土流失防治分区一般按二级分区进行。

变电站部分：

一级分区：变电站区；

二级分区：站区、进站道路区、站外供排水管线区、施工生产生活区、站外电源引接区、取土场、弃渣场等。

输电线路部分：

一级分区：输电线路区；

二级分区：塔基区（含施工场地临时占地）、牵张场区、施工道路区（含索道）、人抬道路区、跨越施工场区、电缆区等。

直流输电工程，需根据工程建设实际情况，考虑换流站区、受（送）端接地极区、受（送）端接地极线路区。

## 4.5 水土保持措施体系

水土流失防治措施布局应根据防治分区、项目区自然条件和输变电工程特点，布局水土流失防治措施。

### 4.5.1 站区

（1）工程措施。

1）表土剥离：将扰动土地表层熟化土剥离并搬运到固定场地堆放，并采取必要的水土保持措施。

2）表土回覆：待主体工程完工后，将剥离的表土回覆到需恢复植物或复耕的扰动场地表面。

3）场地截排水沟及排水口设施：截水沟宜采用梯形断面，坡度较大时采用矩形断面，与排水沟连接处应采取防冲措施（跌水、消能等），排水沟采用梯形或矩形断面，排水沟末端宜采用消能设施（跌水、消能等），一般采用浆砌石（包括砂浆抹面）、钢混、砖砌等形式。

4）场地护坡：宜采用工程措施结合植物措施的综合护坡方式，工程护坡包括浆砌块石框架、浆砌条石框架、砼框架、透水砖砌框架等形式。

5）沉沙池：沉沙池布设在排水沟末端，一般采用砖砌抹面、浆砌石抹面等形式。

6）土地整治：对于在施工后期需进行复耕或植被绿化的临时占地，需在复耕或植被绿化前进行土地整治。

7）碎石地坪：碎石地坪使用的碎石应该选择经过合理筛分、饱满坚实、无泥土或杂质的石子，地坪的厚度一般应为 15 ~ 20cm，具体厚度要根据地面情况、使用要求以及行车荷载等综合考虑。若使用大型车辆或需要承受较大荷载，需适量增加厚度，碎石铺设时应注意掌握砂石堆积的坡度和厚度，形成一定的弧度，确保坪面平整、无凹凸不平、无大石头和坑洼。

（2）植物措施。植物措施包括植物护坡、栽植乔灌木、铺植草皮、撒播草籽等。确定种植的苗木种类、规格、数量，并附站区植物措施布置图、站区道路绿化布置、乔木、灌木种植方式典型设计图。

（3）临时措施。

1）临时排水沟：宜采用梯形或矩形断面，深度不小于 0.2m，梯形排水沟底宽不宜小于 0.2m，矩形排水沟底宽不宜小于 0.2m，一般为土沟或砖砌形式。

2）临时沉沙池：布设于临时排水沟末端，一般采用砖砌或水泥砂浆抹面等形式。

3）临时拦挡：对剥离的表土或临时堆放土方周边采用袋装土临时拦挡。

4）临时苫盖：施工过程中对裸露地表采用彩条布或防尘网临时遮盖。

### 4.5.2 进站道路区

（1）工程措施。

1）表土剥离：将扰动土地表层熟化土剥离并搬运到固定场地堆放，并采取必要的水土保持措施。

2）表土回覆：剥离的表土待主体工程完工后，将其回覆到需恢复植物或复耕的扰动场地表面。

3）道路护坡：进站道路护坡设计与变电站区的护坡设计，设计时往往要考虑到道路的排水问题，结合导流槽，截水沟一起设计，一般包括网格、铅丝网、喷砼、浆砌石、综合等形式。

4）道路截排水措施：进站道路根据地形及自然条件设计有截排水设施。进站道路路面排水一般采用自由漫流式排水，路旁设置排水沟，使路基范围内的雨水通过排水边沟排出，排水沟沿地形布设，由高至低，排水沟出口标高与地面高差不大于0.1m，一般采用浆砌石（道路坡面排水）、砖砌、钢筋砼等形式。

5）土地整治：路基绿化带采取绿化恢复前进行土地平整。

（2）植物措施。进站道路区植物措施可采用乔灌草相结合的方式，植草采用草皮、撒播草籽、栽植乔灌木行道树等植物措施。

（3）临时措施。

1）临时拦挡：道路外侧采用袋装土临时拦挡。

2）临时苫盖：裸露开挖填方处采用彩条布或防尘网苫盖。

### 4.5.3 站外供排水管线区

（1）工程措施。

1）表土剥离：将扰动土地表层熟化土剥离并搬运到固定场地堆放，并采取必要的水土保持措施。

2）表土回覆：剥离的表土待主体工程完工后，将其回覆到需恢复植物或复耕的扰动场地表面。

3）土地整治：清理施工迹地，进行土地平整工作，为随后的复耕或者恢复植被工作打下良好的基础。

（2）植物措施。站外供排水管线区进行植被恢复，恢复原有植被类型。

（3）临时措施。

1）临时拦挡：开挖管线外侧采用袋装土临时拦挡。

2）临时苫盖：采用彩条布或防尘网对临时堆土和裸露地面进行苫盖。

### 4.5.4 施工生产生活区

施工生产生活区为办公生活区、设备材料临时堆放场地、砂石料场区、钢筋木材制作区、搅拌站、机具材料库房、吸烟饮水室、废品存放区等施工辅助型的临时占地。施工结束后通常需要对施工生产生活区进行土地整治，并恢复原有土地利用类型。处于低洼地的施工生产生活区要注意防止洪水，设计临时排水设施。

（1）工程措施。

1）表土剥离：将扰动土地表层熟化土剥离并搬运到固定场地堆放，并采取必要的水土保持措施。

2）表土回覆：剥离的表土待主体工程完工后，将其回覆到需恢复植物或复耕的扰动场地表面。

3）土地整治：待场地使用完毕，对场地硬化层进行清除，清理施工迹地，进行土地平整工作，为随后的复耕或者恢复植被工作打下良好的基础。

4）硬化层清除：待场地使用完毕，对场地硬化层进行清除，便于后续植被恢复或复耕。

（2）植物措施。施工迹地的绿化，进行植被恢复，恢复原有植被类型。对占用林地的施工生产生活区需恢复林地。

（3）临时措施。

1）临时沉沙池：砖砌抹面、浆砌石抹面。

2）临时排水沟：宜采用梯形或矩形断面，深度不小于 0.2m，梯形排水沟底宽不宜小于 0.2m，矩形排水沟底宽不宜小于 0.2m，一般为采用砖砌形式。

3）临时拦挡：对剥离的表土或临时堆放土方周边采用袋装土临时拦挡。

4）临时苫盖：施工过程中对裸露地表采用彩条布或防尘网临时遮盖。

### 4.5.5 塔基区

（1）工程措施。

1）表土剥离：将扰动土地表层熟化土剥离并搬运到固定场地堆放，并采取必要的水土保持措施。

2）表土回覆：剥离的表土待主体工程完工后，将其回覆到需恢复植物或复耕的扰动场地表面。

3）截排水沟：塔基四周截排水沟应与周边自然沟道顺接并采取防冲措施，截排水沟宜采用水泥砂浆抹面，一般采用浆砌石、砖砌等形式。

4）场地护坡：浆砌片石护坡、浆砌片石骨架内铺草皮护坡、现浇混凝土框架护坡、三维网挂网护坡、挂网喷草护坡。

5）土地整治：对于在施工后期需进行复耕或植被绿化的临时占地，需在复耕或植被绿化前进行土地平整。

（2）植物措施：对塔基区施工迹地进行植被恢复，塔基区施工回填后及时整平土方，土地整治后恢复植被或复耕。

（3）临时措施。

1）临时泥浆沉淀池：灌注桩基础施工产生的泥浆引至塔基附近的泥浆沉淀池。沉淀池为就地挖坑夯实基底和围堰。沉淀池的容积和数量可根据实际土方开挖工程量和现场地质情况确定。

2）临时排水沟：宜采用梯形或矩形断面，深度不小于 0.2m，梯形排水沟底宽不宜小于 0.2m，矩形排水沟底宽不宜小于 0.2m，一般采用土沟或砖砌。

3）临时拦挡：对剥离的表土或临时堆放土方周边采用袋装土临时拦挡。

4）临时苫盖：采用防尘网对临时堆土和裸露地面进行苫盖。

### 4.5.6　牵张场区

（1）工程措施。土地整治：对于在施工后期需进行复耕或植被绿化的临时占地，需在复耕或植被绿化前进行土地整治。

（2）植物措施。施工迹地植被恢复，牵张场地区施工结束后，要进行植被恢复，恢复原有植被类型，对占用林地的牵张场地需恢复林地。

（3）临时措施。临时苫盖：为保护当地生态环境，牵张场地区往往设计有土工布或钢板、木板等进行铺垫，以最大限度地保留当地植被。

### 4.5.7　施工道路区

（1）工程措施。

1）表土剥离：将扰动土地表层熟化土剥离并搬运到固定场地堆放，并采取必要的水土保持措施。

2）表土回覆：待主体工程完工后，将剥离的表土回覆到需恢复植物或复耕的扰动场地表面。

3）土地整治：施工道路区在施工结束后通常需要进行土地整治工作，清理施工迹地，为随后的复耕或者恢复植被工作打下良好的基础。

（2）植物措施。施工道路区施工结束后，要进行植被恢复。

（3）临时措施。

1）临时排水沟：宜采用梯形或矩形断面，深度不小于 0.2m，梯形排水沟底宽不宜小于 0.2m，矩形排水沟底宽不宜小于 0.2m，一般为土沟。

2）临时苫盖：为保护当地生态环境，施工道路区往往设计有土工布或钢板进行铺垫，以最大限度地保留当地植被。

3）临时拦挡：对剥离的表土或临时堆放土方周边采用袋装土临时拦挡。

### 4.5.8　人抬道路区

（1）工程措施。土地整治：人抬道路区在施工结束后通常需要进行土地整治工作，清理施工迹地，为随后的复耕或者恢复植被工作打下良好的基础。

（2）植物措施。人抬道路区施工结束后，要进行植被恢复或复耕。

（3）临时措施。临时苫盖：为保护当地生态环境，人抬道路区往往设计有临时苫盖措施，避免裸露区域遭受雨水冲刷。

### 4.5.9 跨越施工场地区

（1）工程措施。土地整治：对于在施工后期需进行复耕或植被绿化的临时占地，需在复耕或植被绿化前进行土地整治。

（2）植物措施。跨越施工场地区植被恢复或复耕，施工结束后，要进行植被恢复，恢复原有植被类型。

（3）临时措施。临时苫盖：为保护当地生态环境，跨越施工场地区往往设计有临时苫盖措施，避免裸露区域遭受雨水冲刷。

## 4.6 水土保持工程措施

### 4.6.1 表土剥离及回覆

表土剥离及回覆是指将扰动土地表层熟化土剥离并搬运到固定场地堆放，并采取必要的水土保持措施，待主体工程完工后，再将其回覆到需恢复植物或复耕的扰动场地表面的过程。

#### 4.6.1.1 表土剥离区域

输变电工程表土剥离的区域应为全部的建设扰动区域。结合输变电工程的特点和各区域情况应区别对待，尽量减少不必要的扰动和土石方调运、存放，减少水土流失的发生。

（1）变电站区。变电站区由于扰动剧烈、土石方量大，需全部进行表土剥离，并设置临时堆土场进行表土的存放。

（2）输电线路区。输电线路区由于各分区扰动情况有较大差别，应根据实际情况进行剥离。

1）塔基区。塔基区基础开挖扰动剧烈，土石方开挖、调运、堆放频繁，且施工结束后塔基区需要恢复植被，因此需要进行表土剥离，剥离的表土临时堆放于塔基周围的施工区。

2）牵张场区。牵张场区布局分散、扰动较小，可采用枕木或者钢板进行铺设，再进行施工，地面无扰动或扰动较小，因此不需要进行表土剥离。

3）施工道路区、人抬道路区。山丘区施工便道需要进行场地的平整，地表扰动较强，一般需进行表土剥离。但是，涉及西北黄土高原区、青藏高原和内蒙古自治区等生态脆弱的草原、草甸、已恢复植被的沙地区等，由于恢复原地貌较为困难，可不进行剥离。为减少扰动，可在施工便道及人抬道路两侧布设彩条旗进行标示，限定扰动区域。

4）跨越施工区。跨越施工一般采用搭建脚手架，实际扰动有限，因此不进行表土剥离。

#### 4.6.1.2 表土剥离方法

输变电工程变电站区、塔基区场地内表土剥离采用人工砍伐树木，推土机和小型反铲推挖草皮、树根等，人工配合装自卸汽车运输至监理和业主指定地点临时堆存。待工程施工结束后场地的复垦、绿化覆土利用。

对于以人工剥离为主的表土，将剥离土置于开挖区域一侧，待开挖区域回填后作为恢复迹地的覆土使用。

对于以推土机剥离为主表土，表土剥离直接采用推土机推至存储区，对于区域较小部位采用 $1m^3$ 反铲挖掘机配合，具体施工工艺流程为施工准备、测量放样、表土剥离、堆存保护。

#### 4.6.1.3 表土回覆方法

土地整平工作结束后，应调运临时堆放表土对扰动区域进行表土回覆。对于回覆的表土需进行整平。各地区覆土厚度参考值见表 4–1。

表 4–1　各地区覆土厚度参考值

| 分区 | 覆土厚度（cm） | | |
|---|---|---|---|
| | 农地 | 林地 | 草地 |
| 西北黄土高原区 | 40 ~ 60 | ≥ 40 | ≥ 30 |
| 北方土石山区 | 20 ~ 30 | ≥ 40 | ≥ 30 |
| 东北黑土区 | 30 ~ 60 | ≥ 40 | ≥ 30 |
| 南方红壤丘陵区 | 30 ~ 50 | ≥ 40 | ≥ 20 |
| 西南土石山区 | 20 ~ 40 | 20 ~ 40 | ≥ 10 |

#### 4.6.1.4 表土利用注意事项

（1）为提高草皮成活率，植草皮前应先覆土，覆土应控制厚度，一般为 3 ~ 5cm，覆土时应适当压实，增加与边坡粘合力，避免剥落或因含水量增加与草皮一起顺坡向下滑移，如采用框格植草护坡，也应在框格内覆土。

（2）表土回填及整地过程中应确保地面与周边地形相协调，应避免出现中间低四周高，以避免雨天造成洼地积水。

（3）临时占地利用完毕后应先铲除地表泥结石层，然后回填表土进行全面整地，全面整地后地面高度应与周边相一致，以利于复绿、复耕。

（4）当采用喷混植生或打土钉挂网喷草绿化时，不需覆土。

### 4.6.2 导排工程（截、排水沟）

导排工程包括截水沟和排水沟，截水沟是指在坡面上修筑的拦截、疏导坡面径流，具有一定比降的沟槽工程；排水沟是指用于排除地面、沟道或地下多余水量的沟。

截排水沟措施典型设计如图 4-1 所示。

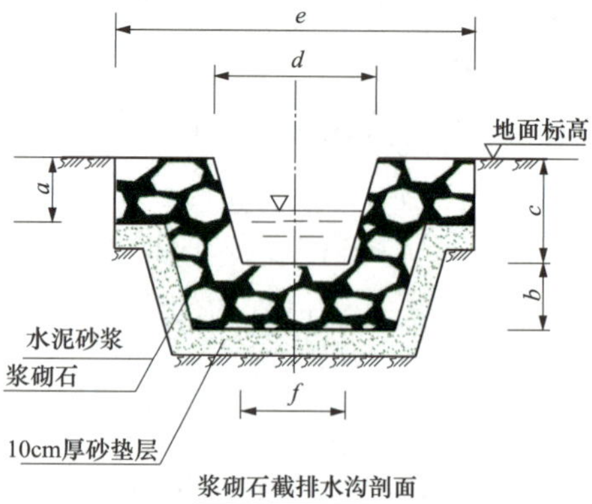


图 4-1 浆砌石截排水沟梯形断面典型设计图

### 4.6.2.1 截排水沟水土保持技术要求

截水沟一般用来拦截并排除上游汇水和地面径流，保证边坡的稳定和主体工程的安全，同时防止地面径流产生的水土流失。

截水沟一般布设在山区、丘陵区的变电站区和输电线路塔基处。变电站区截水沟一般布设在站址区上游来水汇集处，排水沟一般布设在下游排水区域或作为截水沟的顺接工程，具体布设位置根据地形图确定；输电线路塔基处截水沟一般布设在塔基上游来水汇集处，一般距离线路塔基为 2～3m；排水沟一般布设在下游排水区域或作为截水沟的顺接工程，一般距离线路塔基为 2～3m。

排水沟一般布设在坡面截水沟的两端或者较低一端，用以排除截水沟不能容纳的径流。排水沟在坡面上的比降，根据其排水去处的位置而定，当排水出口位置在坡脚时，排水沟大致与坡面等高线正交布设；当排水去处的位置在坡面时，排水沟可基本沿等高线斜交布设。

截排水沟出口处可直接接入已有排水沟（渠）内，没有顺接条件的，需与天然沟道进行顺接，顺接部位布设块石防护或修建消力池。

### 4.6.2.2 截排水沟设计检验条件

（1）截（排）水沟的排水能力不小于设计流量 。

（2）沟渠水流速度不小于防淤流速，且不大于沟渠的冲刷流速，若流速小于产生淤积的流速，则应增大沟渠的纵坡，以提高流速。反之，则应采取加固措施，或设法减小纵坡以降低流速。

输变电工程截（排）水沟设计一般按照 10 年一遇 24h 最大降雨量作为暴雨特征值设计。型式根据实际需要可选用梯形和矩形断面，断面尺寸按照上述公式进行验算求得。截（排）水沟底层需要铺设砂砾垫层，垫层厚度一般为 20～30cm。

### 4.6.3 拦渣工程

输变电工程建设项目在基建施工过程中当造成的大量弃土、弃渣时需要修建拦挡工程专门存放，主要包括挡土墙、拦渣坝等。

#### 4.6.3.1 挡土墙

常用几种挡土墙结构形式见表 4–2。

表 4–2　常用几种挡土墙类型及主要技术条件表

| 挡土墙类型 | 重力式 | | | | | | | | 衡重式 | |
|---|---|---|---|---|---|---|---|---|---|---|
| | 仰斜式 | 折背式 | | 直立式 | | | 俯斜式 | | | |
| 挡土墙名称 | 仰斜式路肩墙 | 折背式路堤墙 | 折背式路堑墙 | 直立式路肩墙 | 直立式路堤墙 | 直立式路堑墙 | 俯斜式路肩墙 | 斜式堤墙 | 衡重式路肩墙 | 衡重式路肩墙（加强） |
| 挡土墙高度 | 2 ~ 10m | 2 ~ 8m | | 2 ~ 8m | | | 2 ~ 8m | | 4 ~ 12m | |
| 填料内摩擦角 | 30°、35°、40° | | | | | | | | | |
| 基底摩擦系数 | 0.3、0.4、0.5 | | | | | | | | | |
| 荷载和基础 | 有关墙背荷载及边坡坡度等设计情况见挡土墙荷载表；基础有无筋扩展基础和备用扩展基础 | | | | | | | | | |
| 墙体材料类型 | $H \leqslant 8$m，采用 M7.5 级水泥砂浆砌筑墙身和基础，严寒及寒冷地区或重要挡土墙用 M10 水泥砂浆砌筑；<br>$H > 8$m，采用 M10 级水泥砂浆砌筑墙身和基础，严寒及寒冷地区或重要挡土墙用 C15 级毛石混凝土 | | | | | | | | | |
| 扩展基础材料 | C25 级混凝土灌筑，严寒及寒冷地区或重要挡土墙用 C30 级混凝土；所有受力钢筋用 HRB335，非受力钢筋用 HPB235 | | | | | | | | | |

**注**　本表内容引自《建筑地基基础设计规范》（GB 50007）、《水工挡土墙设计规范》（SL 379）、《建筑基坑支护技术规程》（JGJ 120）、《建筑边坡工程技术规范》（GB 50330）现行规范。

#### 4.6.3.2 拦渣坝

拦渣坝是在沟道中修建的拦蓄固体废物的建筑工程。目的是避免淤塞河道，减少入河入库泥沙，防止引发山洪、泥石流。

在沟道中堆置弃土、弃石、弃渣时，必须修建拦渣坝，有效地拦蓄弃土弃渣，对控制水土流失具有十分重要的作用。因此，科学合理地修建拦渣坝是生产建设项目有效控制水土流失的重点。

拦渣坝坝型选择主要是根据拦渣的规模和当地的建筑材料来选择。一般有土坝、干砌石坝、浆砌石坝。

（1）土坝。工程上最常用的是均质土坝，即整个坝体都是用同一种透水性较小的土料筑成。

优点：构造简单，便于施工，能适应地基变形。

1）坝顶宽度和坝坡比。坝顶宽由坝高和施工方法确定；坝坡比指坡面的垂直高度和水平宽度的比。

2）马道。坝高超过 20m 时，从下向上每隔 10m 坝高应设置一条马道，宽 1.0～1.5m。

3）土坝要尽量利用天然有利地形；要求溢洪道两岸山坡比较稳定；尽量直线布置。

4）形式主要有两种：明渠式和溢流堰式。

5）在红胶土和岩石上开挖明渠，一般不需要做砌护工程。

（2）浆砌石坝。

1）适用于石料丰富的地区，可以就地取材，抗冲能力大，坝顶可以溢流，不必在两岸另建溢洪道，便于施工。坡度比土坝陡，地基要求高，施工比土坝复杂。

2）由溢流段和非溢流段组成。

3）依靠自身重力维持抗滑稳定，坝顶宽度满足交通需求即可。

4）坝体内设置排水管。

5）在坝的两端，为防止沟壁的崩塌，必须加设边墙。

6）浆砌石坝上的溢洪道要尽可能采取坝顶溢流、堰溢流的方式。

（3）干砌石坝。

1）适宜在沟道较窄，石料丰富的地方修建。

2）断面为梯形。

3）坝体用块石交错堆砌而成，坝面用大平板或条石砌筑。

（4）土石混合坝。

1）坝址附近土料丰富又有一定石料。

2）坝的断面尺寸，坝高 10m 时候，上坡 1∶1.5～1∶1.75；下坡 1∶1.25～1∶2.5，顶宽 2～3m。

3）坝身用土和石渣填筑，坝顶和下游坡面用浆砌石砌筑，上游坡设置黏土隔水斜墙。

## 4.6.4　护坡工程

护坡指的是为了防止边坡受冲刷，在坡面上所做的各种铺砌和栽植的统称。

护坡工程主要有：削坡开级、削坡反压、砌石护坡、混凝土护坡和喷锚护坡工程等。削坡开级工程的主要作用在于防止中小规模的土质滑坡和岩质斜坡崩塌。当斜坡高度较大时，削坡应分级留出平台。削坡反压工程是在滑坡体前面的阻滑部分堆土加载，以增加强抗滑力。为防止崩塌，也可在坡面修筑护坡工程进行加固，这比削坡节省投资，速度快。

### 4.6.4.1　护坡工程设计基本原则

（1）根据非稳定边坡的高度、坡度、岩层构造、岩土力学性质、坡脚环境和行业防护要求等，分别采用不同的措施。

（2）应根据调查研究和分析论证，做到既符合实际，又经济合理。

（3）稳定分析是护坡工程设计的最关键问题，大型护坡工程应保证稳定。

（4）护坡工程应考虑植被恢复和重建。

#### 4.6.4.2 护坡典型设计

（1）削坡开级。

1）削坡。削掉非稳定边坡的部分岩土体，以减缓坡度，削减助滑力，从而保持坡体稳定的一种护坡措施。

2）开级。通过开挖边坡，修筑阶梯或平台，达到相对截短坡长，改变坡型、坡度和坡比，降低荷载重心，维持边坡稳定目的。

3）削坡和开级为两种不同的护坡措施，可以单独使用，也可合并使用，主要用于防止中小规模的土质滑坡和实质崩塌。

石质边坡的削坡开级适用于坡度陡直或坡型呈凸型，荷载不平衡；或存在软弱交互的岩层，且岩层走向沿坡体下倾的非稳定边坡。一般只削坡，不开级，但要留齿槽。

坡脚防护在坡脚处修筑挡土墙予以保护，还应在距坡脚 1m 处，开挖防洪排水沟。

坡面防护采取植物措施防护，平台上和坡面上不同。

（2）工程护坡。

1）对堆置固体废物或山体不稳定的地段，或坡脚易遭受水流冲刷的地方，应采取工程护坡。

2）作用：保护边坡、防止风化、碎石崩落、崩塌和浅层小滑坡。

3）特点：省工、速度快、但投资高。

4）措施：勾缝、抹面、捶面、喷浆、锚固、喷锚、干砌石、浆砌石、抛石、混凝土砌块等。

浆砌石护坡坚固，适用于多种情况，但造价高。浆砌石护坡一般应设置反滤层，但如果坡面是砂、砾、卵石则不用设置；浆砌石材料应为坚固的岩石，有缺陷的不应采用；对横坡较长的浆砌石护坡，应沿着横坡方向每隔 10 ~ 15m 设置伸缩缝，并用沥青或木板填塞。

石笼抛石护坡对较陡、坡脚易受洪水淘刷，流速大于 5m/s 的坡段，应采用石笼护坡。但坡脚有滚石的坡段，不得采用此法。笼子材料根据当地情况选择；石笼从坡脚开始，呈“品”字形错开，并在坡脚打桩；石笼的铺设厚度，不得小于 0.4 ~ 0.6m；石笼护坡的坡度，不应小于 1∶1.5 ~ 1∶1.8。

草袋抛石护坡适宜于坡脚不受洪水淘刷，边坡陡于 1.0∶1.5 的坡段，坡下有滚石的坡段，不得采用此法。

（3）混凝土护坡。在边坡极不稳定，坡脚可能遭受强烈洪水冲淘的较陡坡段，采用混凝土或钢筋混凝土护坡，必要时加锚固定。

不同坡度和高度的坡面，砌块的尺寸要符合规定要求；当坡面涌水较大时，要设置反滤层；有效防水可设置盲沟。

（4）喷浆护坡。在基岩有细小裂隙，无大崩塌的防护坡段，采用喷浆机进行喷浆或喷混凝土护坡，以防止基岩风化剥落。有涌水和冻胀严重的坡面，不得采用此法。喷浆的配合比要符合规范要求，喷浆前要清理基面，有条件的可就地取材，在风化、崩塌严重的地段，可加筋锚固后再喷浆。

（5）综合护坡措施。综合护坡措施是在布置有拦挡工程的坡面或工程措施间隙上种植植物，其不仅具有增加坡面工程的强度，提高边坡稳定性的作用，而且具有绿化美化的功能。

适用：条件较为复杂的不稳定坡段。包括：砌石草皮护坡、格状框条护坡和滑坡地段的护坡措施。

（6）水土保持技术要求。根据现有输变电工程线路走廊的情况，一般线路大多布设在山区、丘陵区，且部分变电站也布设在了低山、丘陵区，这就造成了大量的斜坡需要防护。输变电工程护坡一般布设在需要防护的变电站和线路塔基坡脚处。

凡易风化的或易受雨水冲刷的岩石和土质边坡及严重破碎的岩石边坡应进行护坡防护；软硬岩层相间的路堑边坡，应根据岩层情况采用全部或局部防护；在多雨地区，用砂类土壤筑的路堤，其路肩和边坡坡面易受雨水冲刷流失，应根据具体情况对坡面进行防护。凡适宜于生长植物且坡度不大于 1∶1.5 的边坡，应优先采用植物防护。对不适宜植物生长的边坡，可根据其土石性质、高度及陡度，选择其他合适的工程护坡类型。

浆砌石护坡一般布设在坡面较陡、水蚀较为严重的输变电工程变电站和线路塔基等需要防护的区域；干砌石护坡一般布设在坡面较缓、水流速度较缓的输变电工程变电站和线路塔基等需要防护的区域；混凝土护坡一般布设在边坡坡脚可能遭受强烈洪水冲刷的陡坡段的输变电工程变电站和线路塔基等需要防护的区域。

### 4.6.5 降水蓄渗

降水蓄渗工程是指针对建设屋顶、地面铺装、道路、广场等硬化地面导致区域内径流量增加，所采取的雨水就地收集、入渗、储存、利用等措施。该措施既可有效利用雨水，为水土保持植物措施提供水源，也可以减少地面径流，防治水土流失。降水蓄渗工程一般包括雨水蓄水池、生态砖、透水砖等。

#### 4.6.5.1 蓄水池

（1）蓄水池布设原则。

1）蓄水池一般布设在坡脚或坡面局部低凹处，与排水沟（或排水型截水沟）的终端相连，以容蓄坡面排水。

2）蓄水池的分布与容量，根据坡面径流总量、蓄排关系和修建省工、使用方便等原则，因地制宜具体确定。一个坡面的蓄排工程系统可集中布设一个蓄水池，也可分散布设若干蓄水池。单池容量从数百立方米到数万立方米不等。

3）蓄水池的位置，应根据地形有利、岩性良好（无裂缝暗穴、砂砾层等）、蓄水容量大、工程量小，施工方便等条件具体确定。

（2）水土保持技术要求。雨水蓄水池同时设溢流排水管，正常情况下雨水蓄积利用，当遇到大暴雨，雨水蓄满后可通过溢流管进入雨水排水系统内。蓄水池内设潜水泵，作为绿化生态用水给水泵，水泵出水管接至原设计绿化水管道。雨水蓄水池距周围构筑物距离需大于规范要求。

雨水蓄水池典型设计图如图 4–2 所示。

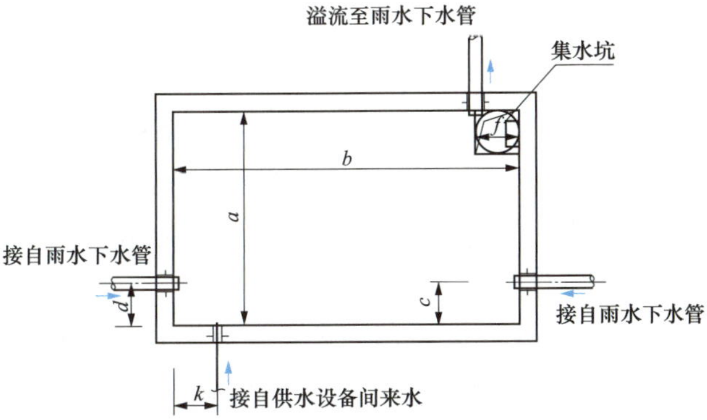


图 4–2　雨水蓄水池平面布置典型设计图

### 4.6.5.2　生态砖、透水砖

（1）生态砖、透水砖设计。生态砖铺设典型设计图见图 4–3。

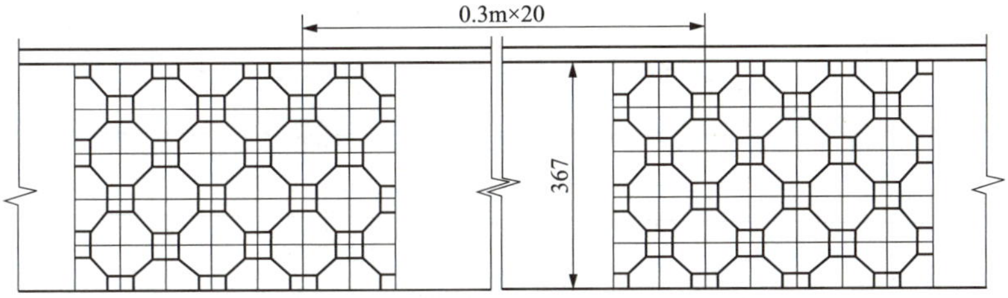


图 4–3　生态砖铺设典型设计图

（2）水土保持技术要求。

1）生态砖。生态砖是在修整好的边坡坡面或平地上拼铺生态砖，连接固定后，在砖内填充种植土进行植被恢复的边坡防护技术。该技术适合不同坡度的高陡边坡防护，具有增强边坡稳定性、绿化美化环境的效果；也可适用于变电站内外道路、停车场、广场等的硬化。

根据设计坡比从下至上码放生态砖，不同坡度要求将上下相邻两块砖体的相应孔眼对齐，采用钢钎连接固定，直至最上层生态砖铺设完成。

在生态砖内填充种植土，土层表面略低于砖体表面。植物选配根据实施工程所在项目区气候、土壤及周边植物等情况确定，可选用适生的乡土草种、灌木等。混凝土植草砖（生态砖）只有 30% 空隙，在夏日阳光下温度高达 50° 以上；混凝土植草砖每块独立，必须浇筑混凝土垫层基础，方可保持平整；混凝土植草砖很容易在温度变化及霜冻时开裂破损，混凝土植草砖 250kg/m$^2$。

2）透水砖。保持地面的透水性、保湿性，防滑、高强度、抗寒、耐风化、降噪、吸音等特点。

透水砖的铺设需保证砖的水平横向、纵向缝，与中轴石材的水平横向、纵向缝相一致，其竖向标高及平整度与中轴石材铺装相协调。

## 4.6.6 土地整治

土地整治是控制水土流失、改善土地生产力、恢复植被的基础工作。在土地整治前应首先确定土地的用途，根据土地的用途采用适宜的土地整治措施。因此，土地整治设计是根据土地利用方向，确定土地整治原则和标准，进行相应的土地整治措施内容、模式设计。

土地整治工程包括三个方面：一是坑凹回填，一般应利用废弃土石回填整平，并覆土加以利用，也可根据实际情况，直接改造利用；二是渣场改造，即对固体废物存放地终止使用以后，进行整治利用；三是整治后的土地根据其土地质量、生产功能和防护要求，确定利用方向，并改造使用。

### 4.6.6.1 典型设计

土地整治方式典型设计图见图 4–4。

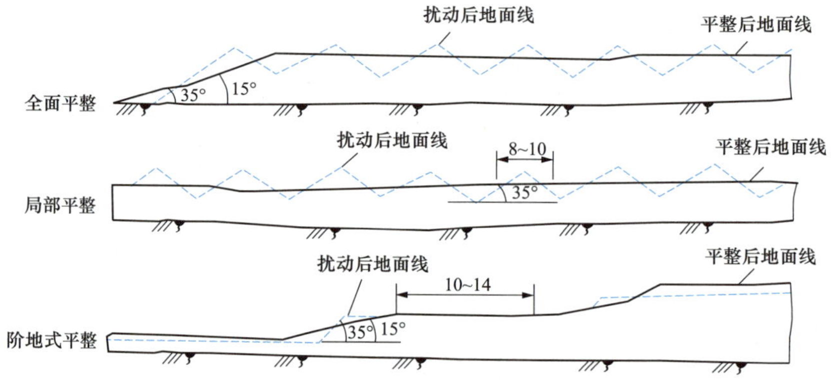


图 4–4 土地整治方式典型设计图（单位：m）

### 4.6.6.2 水土保持要求

（1）土地整治相关要求。土地整治包括临时堆土、弃渣表面的土地整治。基坑开挖时应将表层的熟土和下部的生土分开堆放；土地整治时，应将熟土覆盖在表层，根据原土地类型，尽量恢复其原来的土地功能（农田）或恢复植被（宜草、宜林的非农田，撒播草籽，施工单位在植被恢复时应调研塔位所在地区适用的植被和草籽类型，因地制宜地选用该地区适用的草籽类型进行植被恢复，且草籽播撒应尽量选择雨水较充沛的时间）。

房屋工厂拆迁后，基础及表层混凝土结构应破除处理，平丘和山地破除深度按 0.3m，岩石地基不破除。土地应回填整理，破除深度及回填土需满足耕作（农田，采用熟土回填）或植被恢复。建筑垃圾应清理并根据当地要求堆放至指定地点，须堆放整齐，必要时进行围挡，以保护环境，避免水土流失。

（2）土地整治的方式。

全面整地：适用于占地较大区域农地和景观绿化用地的平整，整地坡度小于 3° 可采用机械整地方式。

局部整地：适用于恢复经济林木、站址区绿化等，一般整地坡度小于 3°～5°，采用人工整地方式。

阶地式整地：适用于分层平台整地，平台上呈倒坡，坡度 1°～2°，采用人工整地方式。

#### 4.6.6.3 输变电工程土地整治

输变电工程施工结束后，应对裸露地表进行土地整治，一般根据土地利用的方向进行整地，即按照恢复草地、林地、耕地等要求进行整地。对于输变电工程还需按照分区，分别对变电站站区、进站道路区、力能引接区、站外供排水管线区、线路塔基区及拆迁场地区分别进行整地。

（1）变电站区土地整治。变电站区除构筑物占地之外的空闲地及从工程安全运行角度考虑进行的防护措施外的裸露面，土地利用方向一般确定为恢复植被。施工结束后需对裸露地表采取全面整地，整地坡度小于 1°。整地结束后进行植被恢复，满足水土流失防治要求同时美化环境。施工结束后，对进站道路两侧待绿化区、力能引接区进行土地整治，为绿化美化做好准备。输变电工程结束后，对站外供排水管线区的临时建筑应及时拆除，并恢复原土地类型。

（2）输电线路区土地整治。输电线路塔基区占地分散，局部扰动较小，但扰动较为剧烈，需进行局部整地。整地一般采取因势利导的方式，尤其采取高低腿的塔基应就坡随坡，尽量减少再次扰动。整地结束后进行植被恢复。输变电工程结束后，对施工道路区、牵张场地及拆迁场地区应恢复原迹地功能。对山坡地施工道路，应清理垃圾、平整、削坡，根据林草种植要求覆土、整地；平原耕地区的施工道路，应清除垃圾、翻松，根据农作物种植要求整地。对拆迁场地区，应清除垃圾、翻松土地，根据林草和作物种植要求覆土、整地。

### 4.6.7 碎石覆盖

碎石覆盖就是用直径 3～5cm 的碎石对裸露地表进行压盖，防止地表在风力、水力等外营力作用下产生风蚀和水蚀等水土流失危害的措施。

#### 4.6.7.1 典型设计

碎石覆盖典型示意图如图 4–5 所示。

#### 4.6.7.2 水土保持要求

对于干旱地区变电站户外配电装置场地宜采用碎石或卵石地坪，位于沙漠区的塔基区，植被恢复困难，采取碎石压盖措施能够防治水土流失。

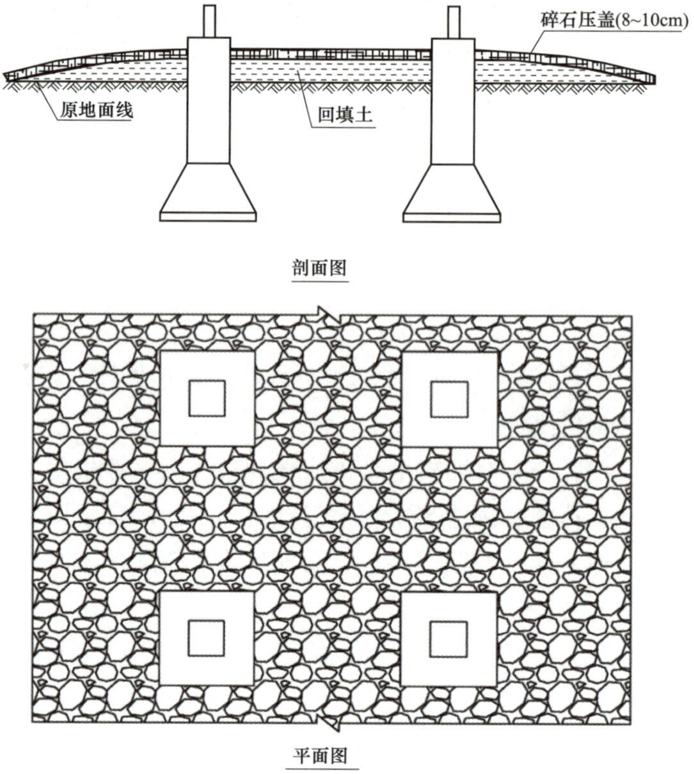


图 4–5　碎石覆盖典型示意图

西北黄土高原区和内蒙古地区是我国能源分布的重要地区，也是我国电力输送的主要起点，这些地区降水稀少、植被恢复困难，尤其是新疆戈壁风沙区更加困难。因此，在这些区域的输变电工程建设中，需要对变电站和线路塔基区等裸露地表进行碎石压盖，以防止水蚀、风蚀等水土流失的产生。

碎石压盖就是用直径 3 ~ 5cm 的碎石，在裸露地表进行覆盖。覆盖前，先对地表进行平整、压实，平整地面坡度小于 1° ~ 2°。再铺设 1 ~ 2cm 的石灰粉（适用于变电站），防止风吹落地的林草种子落地生长；再铺设 8 ~ 10cm 厚的碎石进行压盖。

## 4.6.8　防风固沙

风沙区或易遭受风蚀的地区进行开发建设，因开挖地面、破坏植被，必然加剧风蚀和风沙危害，对此危害不进行防治，项目区的开发建设也会受到影响。因此必须采取防风固沙工程来控制其危害。

### 4.6.8.1　防风固沙设计原则

（1）根据项目总体可行性研究，预测项目破坏地表和植被的面积及引起的风沙危害，预测周边风沙对项目构成的威胁，从保障生产建设安全与防风固沙、改善环境出发，进行多方案比较，提出防风固沙工程的总体方案。

（2）根据项目所在区域气候条件、下伏地貌和下伏物的性质、沙地的机械组成、地下水埋深及矿化程度、风蚀程度（沙化、沙丘类型、沙丘高度、沙丘部位）、植被覆盖及破坏程度等，结合施工工艺，提出防风固沙应采取的措施，并论证其可行性。

（3）对于植物固沙，应分析立地条件，比选采用的树种和草种，种植方法等；对于机械固沙，应比选分析沙障类型、沙障材料、取材地点、材料运输路线，对于化学固沙，应论证分析比选化学胶结物料及来源、胶结方法。

（4）在风沙危害严重的地区，机械固沙和化学固沙结果是为植物固沙创造良好的环境，因此各类措施的先后顺序，如何合理配合，应合理论证。防风固沙工程，特别是机械和化学固沙费用较高，应论证其经济合理性，并提出初步方案。

#### 4.6.8.2 沙障

沙障作为一种防风固沙、涵养水分的治沙方法，在我国西北地区和内蒙古地区的输变电工程广泛应用，是一种长期采用的防沙、治沙方法，对风蚀较为严重的地区采用沙障结合乔灌草相结合的防治措施体系效果更为明显。采取沙障与林草措施相结合的综合防治体系，能够有效防止风蚀的产生，减少输变电工程建设过程中水土流失的产生。

沙障的种类按照所用材料的不同进行划分，包括柴草沙障、秸秆沙障、粘土沙障、树枝沙障、板条沙障和卵石沙障等，最常见的为草方格柴草沙障和卵石沙障。草方格沙障可根据沙障高度分为高立式沙障和矮立式沙障。主要适用于处于流动沙丘和半流动沙丘区域的输变电工程。柴草沙障、秸秆沙障、粘土沙障、树枝沙障、板条沙障与草方格沙障基本相同，只是由于使用的材料不同。卵石沙障与其他沙障的区别在于方格内采用卵石压盖，不进行植被恢复。

#### 4.6.8.3 典型设计

（1）扎制方法。高立式沙障和矮立式草方格沙障的扎制有一定的区别。

1）高立式沙障扎制。在设计好的沙障条带位置上，人工挖沟深 0.2 ~ 0.3m，将扎成小捆的芦苇、柴草或麦秸直立埋入，扶正踩实，填沙 0.1m，芦苇、柴草或麦秸露出地面 0.5 ~ 1m。

2）矮立式草方格沙障的扎制。矮立式草方格沙障选用的麦秸、稻草或芦苇应有一定的韧性，长度不应小于 40cm，将麦秸、稻草和芦苇按设计长度切好，顺设计沙障条带线均匀放置线上，草的方向与带线正交，用脚或铁锹在柴草中部用力踩压，使柴草进入沙内 0.1 ~ 0.15m，两端翘起，高出地面 0.2 ~ 0.3m，用手扶正，基部培沙。

（2）沙障布设典型设计如图 4–6 所示。

#### 4.6.8.4 水土保持要求

施工前有条件的地区可先备好柴草或者麦草浸水，施工时将柴草或者麦草沿位置线摆好，柴草或者麦草与位置线垂直，位于位置线中间，然后用平头铁锹从柴草或者麦草中部插入沙中，麦草地上外露部分高度为 10 ~ 12cm，其余部分埋入沙中。沙埋部分不小于 20cm，草方格形成后用脚将柴草或者麦草根部踩实，并用铁锹将方格中心的沙子向四周外扒。草方格布置时，横向布置要和主风向垂直，方格边长为 0.8 ~ 1.0m。

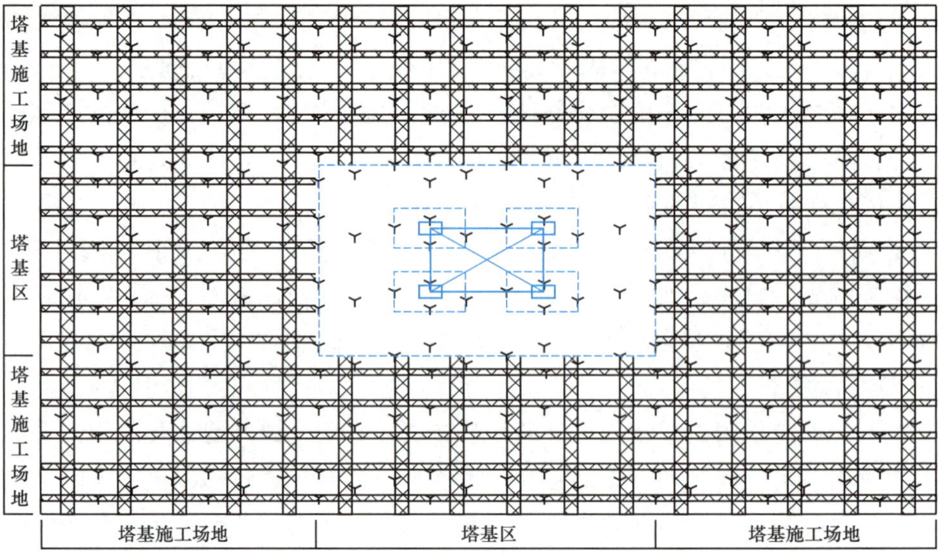


图 4-6　塔基区沙障布设典型设计图

## 4.7　水土保持植物措施

### 4.7.1　立地条件分析

分析项目区气候、地形、土壤、水分、大气污染物等，确定造林地的主要类型。如荒坡，包括草坡、灌草坡、灌木坡；荒地，包括耕地、河滩地、盐碱地、沙地、其他退化劣地；农耕地；工矿区闲置地等。

### 4.7.2　树种草种选择

适地适树、适地适草、因地制宜，依据各树种的生态学和生物学特性，选择当地优良的乡土树种和草种，或多年栽培、适应性较强的树种和草种为主。

### 4.7.3　植物配置与密度

（1）树种组成。纯林、混交林（乔 – 乔、乔 – 灌、乔 – 草、灌 – 草、乔 – 灌 – 草）。

（2）树种结构。混交比例应以有利于主要树种生长为原则；常用的混交方法有株间混交、行间混交、带状混交、块状混交、星状混交等。

（3）种植密度。常用的乔木株行距为 2m × 2m，2m × 3m 或 3m × 3m，大型移植乔木株行距为 4 ~ 6m × 4 ~ 6m；灌木株行距为 1m × 1m，1m × 1.5m 或 2m × 2m。

### 4.7.4　植物栽植技术

（1）苗木规格要求。用于水土保持植物措施的苗木和草种必须是一级苗和一级种，并且要有“一签、三证”，即要有标签、生产经营许可证、合格证和检疫证。乔木质量要求：五病虫害；土球完整，无破裂或松散。

（2）整地方式。主要有全面整地和局部整地。全面整地是翻垦造林地全部土壤，耕翻深度一般为 30cm 左右；局部整地主要有带状整地和块状整地。

（3）栽植技术。所用绿化苗木选择树形好、抗性强、无病害，根系完整的优质壮苗，常绿树种及大中型苗木移植时带土坨。以春季植苗造林为主，随整地随造林，在坑穴底部铺 10～20cm 厩肥。保持根系伸展，深栽实埋，栽后及时灌水，灌后覆土，防止蒸发。

苗木栽种前整理根系，舒展放入施有底肥的坑中，分层填压细土，踏紧压实，浇水适量（雨天不植树）。

（4）植物应定期维护和抚育。

## 4.7.5 栽植乔木灌木

### 4.7.5.1 设计要求

输变电工程造林主要应用在临时用地中占用林地部分的土地的植被恢复，以及变电站区的绿化美化工作。临时用地的林地恢复时应尽量选用原有林地的树种。一般情况下，适用于输变电工程的造林方式主要有植苗造林和分殖造林。

灌木施工方法可参考《园林绿化工程施工及验收规范》（DB11/T 212）及各地区绿化施工规范执行，但应注意建植方式和时间的选择。

乔灌木栽植采用人工种植方式，严格按设计施工图纸要求的树种、规格、数量进行定位栽植。栽植苗木时，根据苗木根系充分舒展放入穴中，深浅适宜，扶正苗干与地面垂直，种植点平面整平竖直，树木在同一条直线上，偏差不大于 10cm。并尽可能照顾到原生长地所处的阴阳面。相邻两株树木高矮偏差不超过 30cm。栽植乔木时同时埋上支撑，支撑要牢固，干径 15cm 及以上乔木均用四角桩支撑，并注意不要使支撑与树干直接接触以免磨伤树皮。

栽植前对灌木的枝干与根系进行必要的修剪。在树坑所施的肥料上覆盖 5～10cm 的泥土，使根系不直接接触肥料。坑中所填客土在洞坑深度三分之二处，中央呈馒头状。然后将灌木放置其上，在树坑四周及其上回填客土。当回填土达到根系一半深度，要将苗木向上稍微提起，随即按每层厚 15cm 回填土并适当压实。

种植乔、灌木造林典型设计如图 4–7 所示。

### 4.7.5.2 水土保持要求

通常选择春季造林，适宜我国大部分地区。春季造林应根据树种的物候期和土壤解冻情况适时安排造林，一般在树木发芽前 7～10 天完成。南方造林，土壤墒情好时应尽早进行；北方造林，土壤解冻到栽植深度时抓紧造林。

乔木选用适宜当地生长的树种，苗木规格可根据项目所处环境，选择幼苗即可，栽植株距、行距多为（2～4）m×（2～4）m，或根据乔木种类确定初植密度。

灌木选用适宜当地环境的树种，苗木规格可选用幼苗，栽植株距、行距可根据项目区的立地条件，在（0.5～1）m×（0.5～1）m 之间。

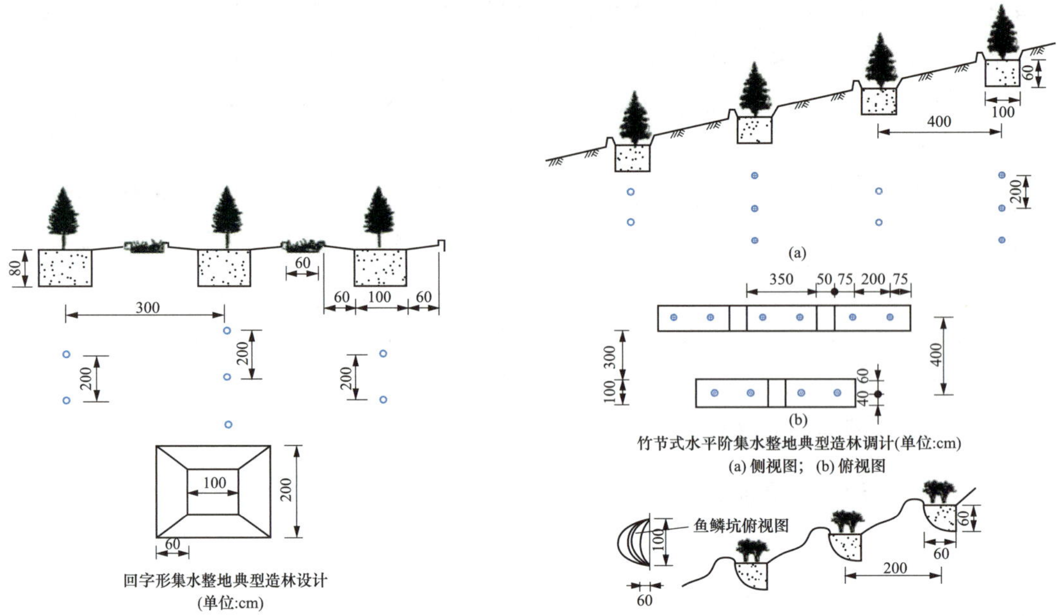


图 4-7　种植乔、灌木造林典型设计图

## 4.7.6　撒播草籽

### 4.7.6.1　设计要求

撒播草籽是输变电工程中最重要、也是最常见的植被恢复措施。撒播草籽适用于输变电工程的各种分区。

播撒草籽典型设计见图 4-8。

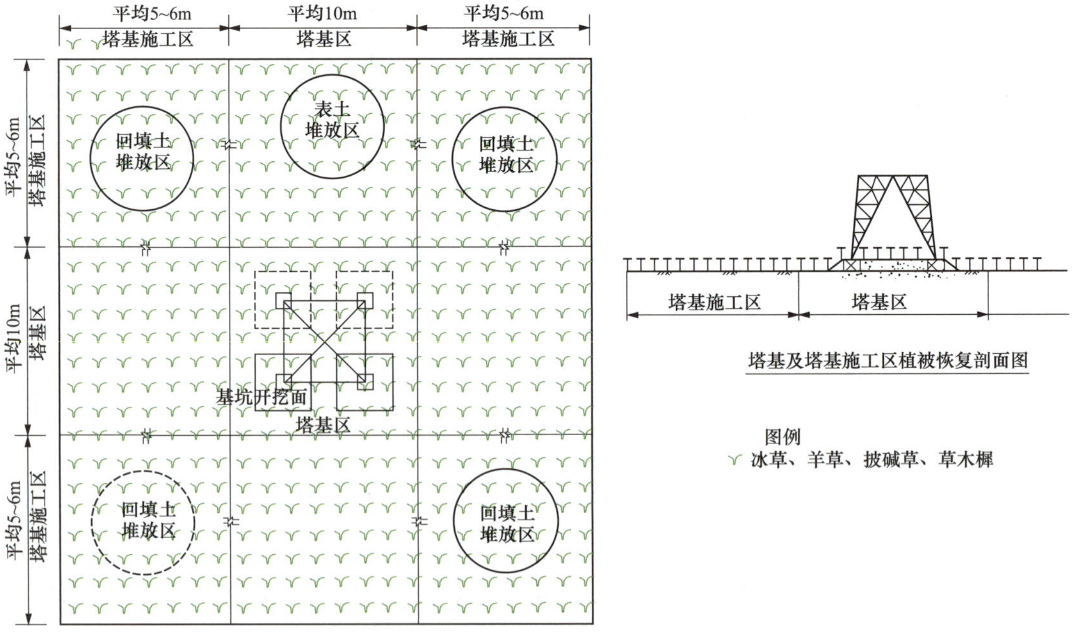


图 4-8　塔基区播撒草籽典型设计图

#### 4.7.6.2 水土保持要求

通常冷季型草坪大粒种子的单播种量为 20～40g/m$^2$，小粒种子 8～20g/m$^2$，优质混播草坪 20～40g/m$^2$；暖季型草坪草的单播种量为日本结缕草 20～30g/m$^2$，狗牙根和假俭草 10～15g/m$^2$，地毯草 10～15g/m$^2$，巴哈雀稗 10～15g/m$^2$。

草籽播种常用的具体方法有撒播、条播、点播、纵横式播种和回纹式播种。草籽播种首先要求种子均匀地覆盖在坪床上，其次是使种子掺合到 1～1.5cm 的土层中去。大面积播种可利用播种机，小面积则常采用手播。此外也可采用水力播种，即借助水力播种机将种子喷至草坪床上，是远距离播种和陡坡绿化的有效手段。

大部分种子有后成熟过程，即种胚休眠，播种前必须进行种子处理，以打破休眠，促进发芽。

施工准备→草种选购→机械喷播→覆盖无纺布→浇水及施肥→管理与养护。

### 4.7.7 铺植草皮

#### 4.7.7.1 设计要求

铺植草皮建植常见于需要快速绿化的项目，其特点是绿化快速，但维护成本较高。铺植前应平整坡面，清除石块、杂草、枯枝等杂物，使坡面符合设计要求。

当草皮铺于地面时，应对草皮布置 1～2cm 的间距，后用 0.5～1.0t 重的滚筒压平，使草皮与土壤紧拉、无空隙，这样易于生根，保证草皮成活。

#### 4.7.7.2 水土保持要求

铺植草皮过程中，应注意小心施工，减少人为原因造成草皮损坏，影响成活率；同时，尽量缩小草皮块之间的缝隙，并利用脱落草皮进行补缝；为提高成活率，应当尽量保证回移草皮与周边原生草皮处于同一平面。

完成草皮铺植后，应及时洒水，以固定草皮并促进根系的生长；采取定期压平、浇水，防止人畜破坏等管护措施。同时，可根据成活情况，在短期内进行补植。

## 4.8 水土保持临时措施

生产建设项目从开工建设到建成投产正常运行，其间往往历时较长，如不及时落实“三同时”制度（建设项目中的水土保持设施应当与主体工程同时设计、同时施工、同时投产使用的制度）和采取有效措施，可能会造成严重的水土流失。临时防护工程是生产建设项目水土保持措施体系中不可缺少的重要组成部分，在整个防治方案中起着非常重要的作用。

根据输变电工程在建设中的项目组成、扰动地表形式、水土流失强度及危害等方面的一致性，可预见在建设和运行过程中都不可避免会破坏、扰动地表植被或形成开挖、地堑等再塑地貌，这些裸露地表在大风和强降雨作用下极易产生水土流失，如不及时采取措施可能造成严重的水土流失危害，因此临时措施是必不可少的。

水土保持临时措施是输变电工程水土保持方案中水土保持措施不可缺少的部分，常见的水土流失临时措施主要有：临时拦挡、临时排水、临时苫盖、临时沉沙池（泥浆沉淀池）等。

### 4.8.1 临时措施基本原则

（1）施工建设过程中，临时堆土（石、渣），必须设置专门堆放场地，集中堆放，并应采取拦挡、覆盖等措施。

（2）对施工开挖、剥离的地表熟土，应安排场地集中堆放，用于工程施工结束后场地的覆土利用。

（3）施工中裸露地，在暴雨、大风时应布设防护措施。

（4）施工建设场地应布设临时护栏、排水、沉沙等设施，防治施工期间的水土流失。

（5）裸露时间超过一个生长季节的，应进行临时种草。

（6）临时施工道路应统一规划，提出典型设计，并采取临时性防护措施。

（7）施工中对下游及周边造成影响的，必须采取相应的防护措施。

### 4.8.2 临时措施设计要求

（1）可行性研究阶段设计要求。在可行研究阶段，初步拟定临时防护工程的类型、布置、断面，并估算工程量。

（2）初步设计阶段设计要求。在初步设计阶段，应结合主体工程设计，确定临时防护工程的类型、布置、结构、断面尺寸等，明确防护工程量、建筑材料来源及运输条件。

### 4.8.3 临时拦挡

常见的临时拦挡措施包括编织袋（草袋）装土、彩钢（竹栅）围栏等。临时挡土（石）工程应符合宜在场地的下边坡修建、平地区应在临时弃渣体周边布设、临时挡土（石）工程的规模应根据渣体的规模、地面坡度、降雨等情况分析、临时挡土（石）工程的防洪标准可根据确定的工程规模，相应的弃渣防治工程的防洪标准确定等原则。

#### 4.8.3.1 编织袋（草袋）拦挡

适用于输变电工程施工期间临时堆土（石、渣、料）、施工边坡坡脚的临时拦挡防护，多用于土方的临时拦挡。编织袋（草袋）填料一般就近取用工程防护的土（石、渣、料）或工程自身开挖的土石料，施工后期拆除编织袋（草袋）。

剥离表土、临时堆土、临时物料堆放、临时弃渣区等周边应采用编织袋（草袋）挡墙拦挡，大风暴雨天气用土工布、防雨布、彩条布、抑尘网覆盖。根据渣体的规模、地面坡度、降雨等情况，确定临时拦挡工程的规模。

临时拦挡措施一般采用编织袋、草袋装土进行挡护，编织袋（草袋）装土布设于堆场周边、施工边坡的下侧，其断面形式和堆高在满足自身稳定的基础上，根据堆体形态及地面坡度确定。一般采取“品”字形紧密排列的堆砌护坡方式，挡护基坑挖土，避免坡下出现不均匀沉陷，铺设厚度一般按 0.4～0.6m，坡度不应陡于 1：1.2～1：1.5，高度宜控制在 2m 以下。编织袋（草袋）填土交错垒叠，袋内填充物不宜过满，一般装至编织袋（草袋）容量的 70%～80% 为宜。同时，对于水蚀严重的区域，在“品”字形编织袋、草袋挡墙的外侧需布设临时排水设施，风蚀区则不考虑。

临时拦挡（编织袋挡墙）措施示意图如图 4–9 所示。

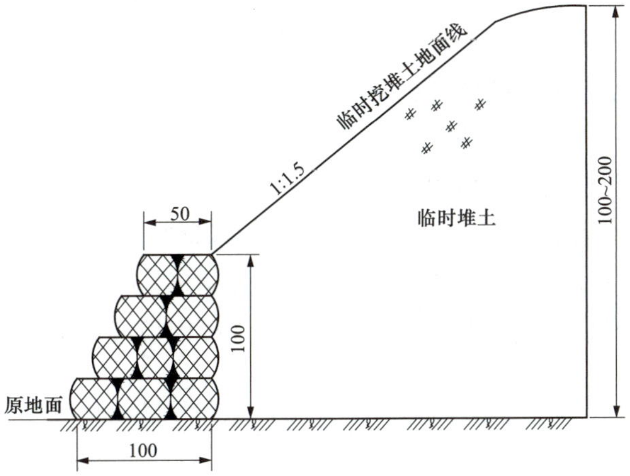


图 4–9　临时拦挡（编织袋挡墙）措施示意图（单位：cm）

### 4.8.3.2　临时土埂拦挡

输水管线、输电线路和其他管线临时开挖的土石方应采用临时土埂拦挡。在施工前先剥离表土，剥离厚度 0.3m，堆放在管线一侧（表土可作为后期绿化用覆土），表土夯实为梯形土堤（土堤规格可根据管线开挖量大小确定），作为开挖土石的临时拦挡。然后再进行管沟（深层土）开挖，开挖土方堆放在管线一侧（可以与表土分层堆放，但不得相混），分段开挖，及时回填。大风暴雨天气用土工布、防雨布、彩条布、抑尘网覆盖。

临时拦挡（土埂）措施示意图如图 4–10 所示。

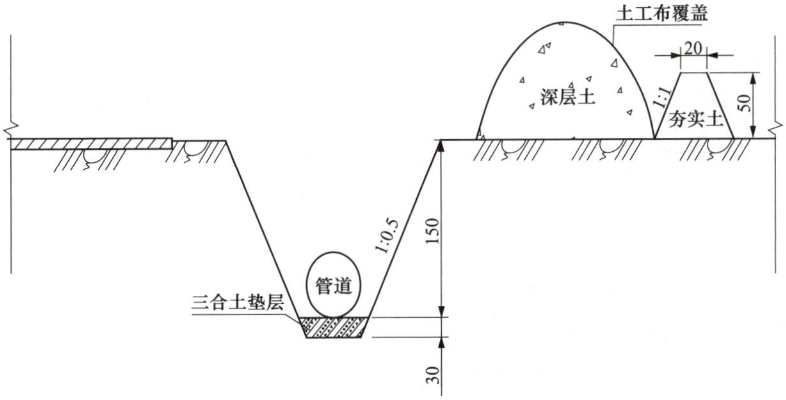


图 4–10　临时拦挡（土埂）措施示意图（单位：cm）

#### 4.8.3.3 彩钢板拦挡

输变电工程途经生态脆弱区的，为了减少对周围地表的扰动，宜采取彩钢（竹栅）围栏等进行临时拦挡。适用于输变电工程施工期间临时堆土（石、渣、料）、施工边坡坡脚、草原牧场等环境敏感区域的临时拦挡防护，具有节约占地、施工方便、可重复利用和减少项目建设对周边景观影响等优点。根据拦挡和施工要求可选择彩钢板、竹栅等形式。

彩钢夹芯板的规格：彩钢板一般厚度为 50 ~ 250mm；长度根据需要确定；宽度为 1150 ~ 1200mm。

在平原区围栏沿施工区或堆场周边布设。为保证其拦挡效果，在堆体的坡脚预留约 1m 距离，围栏高度控制在 1.5 ~ 2m 范围内；在山区、丘陵区，围栏布设于施工边坡下侧，高度根据堆体的坡度及高度确定。围栏底部基础根据堆场周边地质及环境要求，选择混凝土底座、砖砌底座或脚手架钢管作为支撑。混凝土、砖砌底座围栏设计时应先整平场地，后浇筑混凝土或砌砖，粉刷构筑物基础，制作、安装立杆，安装彩钢板，使用结束后拆除。脚手架钢管围栏设计时应先打入脚手架钢管，后将彩钢板或竹栅等用铁丝捆绑在钢管上，使用结束后拆除。

临时拦挡（彩钢板）措施示意图如图 4-11 所示。

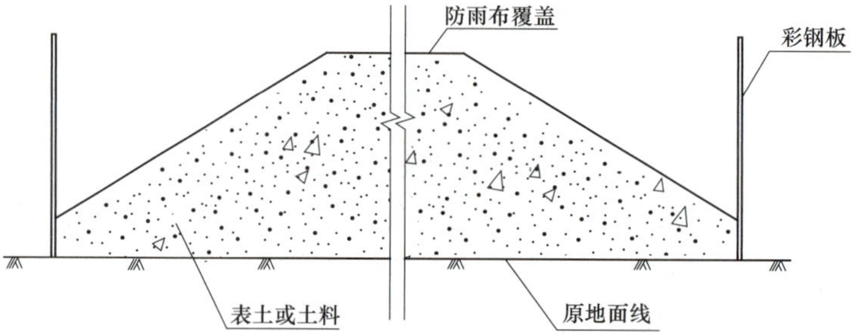


图 4-11 临时拦挡（彩钢板）措施示意图

### 4.8.4 临时排水

临时排水是指为了防止施工期间降水对输变电工程施工区、临时堆土堆料场以及周边区域产生影响和造成水土流失的产生，通过对降水的汇集、排导至已有排水沟或安全的自然沟道以控制水土流失的措施。输变电工程临时排水沟一般为土质排水沟。

#### 4.8.4.1 设计要求

土质排水沟适用于施工简便、造价低、但其抗冲、抗渗、耐久性差、易崩塌，运行中应及时维护。其适用于使用期短、设计流速较小的排水沟。施工期在 1 年以内，原地表为黏土或黏壤土，施工场地周边和临时堆土场周边宜布设临时土质排水沟。临时土质排水沟一般采用倒梯形断面，开挖后对沟底和沟壁进行夯实，夯实厚度 10 ~ 15cm，并用土工膜或塑料薄膜覆盖，以防止水力冲刷。临时土质排水沟示意图如图 4-12 所示。

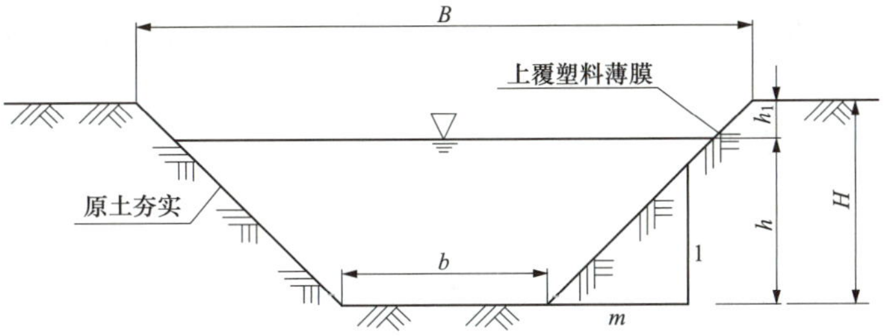


图 4-12　临时土质排水沟示意图

#### 4.8.4.2　水土保持要求

（1）排水沟设计应具有占地少、工程量小、施工和管理方便等特点；与道路等交会处，应设置涵管或盖板以利施工机具通行。

（2）对于平缓地形条件下设置排水沟，其断面尺寸可根据当地经验确定；必要时，在排水沟末端设置沉沙池。

（3）排水沟沟道比降应根据沿线地形、地质条件、上下级沟道水位衔接条件、不冲不淤要求以及承泄区的水位变化等情况确定，并应与沟道沿线地面坡度接近。

（4）挖沟前应先整理排水沟基础，铲除树木、草皮及其他杂物等；填土不得含有树根、杂草及其他腐蚀物。

（5）挖掘沟身时须按设计断面及坡降进行整平，便于施工并保持流水顺畅。

（6）填土部分应充分压实，并预留排水沟设计高度 10% 的沉降率。

### 4.8.5　临时覆盖

临时覆盖措施是指为了防止施工期水土流失及扬尘危害所采取的措施。根据选用苫盖材料的不同，可分为防尘网、密目网、土工布苫盖等。

适用于风蚀严重地区或周边有明确保护要求的输变电工程的扰动裸露地、堆土、弃渣、砂砾料等的临时防护；也用于暴雨集中地区的控制和减少雨水溅蚀冲刷临时堆土（料）和施工边坡。

#### 4.8.5.1　设计要求

临时覆盖应符合下列规定：

（1）对临时堆放的渣土，应用土工布、彩条布、抑尘网等覆盖，避免水土流失。

（2）风沙区部分场地可用草、树皮等临时覆盖。

#### 4.8.5.2　措施类型

在输变电工程施工中，应用最为广泛的临时覆盖措施就是表面覆盖，此处亦仅对表面覆盖措施做进一步陈述。

苫盖材料的面积的确定需要先估算堆土（料）的表面积，然后按照 1.2 ~ 1.5 的倍数确定苫盖材料的面积。

基坑开挖、剥离表土、临时堆土、临时堆料、临时弃渣等裸露面、建筑用砂石料的运输过程中应采用土工布、防雨布、彩条布或抑尘网覆盖，降低雨水对松散土体的冲刷和防止风力侵蚀。

#### 4.8.5.3 防尘网彩条布苫盖

临时苫盖剖面典型设计图如图 4–13 所示。

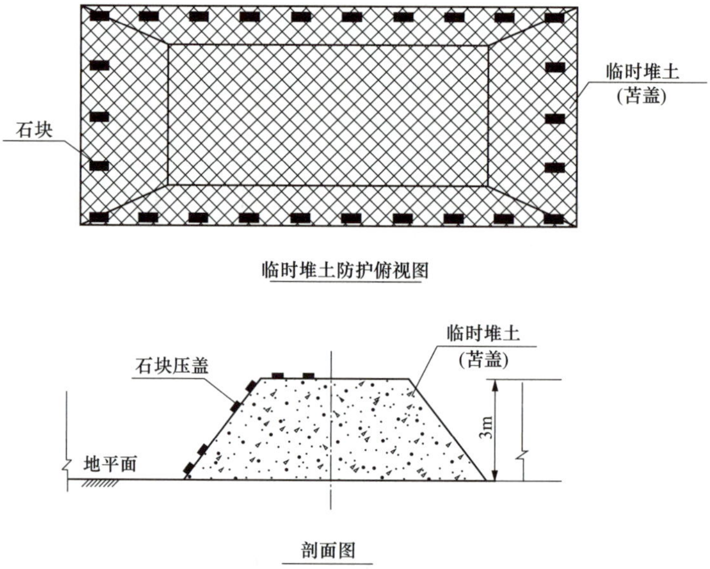


图 4–13 临时苫盖剖面典型设计图

对临时堆放的渣土和当地材料供应情况，选用防尘网、彩条布等苫盖，周边用重物压实，避免刮风引起的扬尘及降雨形成径流。苫盖用料根据堆土面积计算，按照 1.2 ~ 1.5 的倍数进行苫盖。

#### 4.8.5.4 彩条布铺垫

对临时堆放的渣土和当地材料供应情况，选用彩条布等铺垫在底部，减少清理渣土时对原地貌的扰动。铺垫用料根据堆土面积计算，按照 1.2 ~ 3 的倍数进行铺垫。

### 4.8.6 临时沉沙池

沉沙池一般布设在排水沟（或排水型截水沟）的末端。排水沟（或排水型截水沟）排出的水量，先进入沉沙池，泥沙沉淀后，再将清水排入池中。输变电临时沉沙池一般为土质沉沙池。

#### 4.8.6.1 设计原则

沉沙池的具体位置，根据当地地形和工程条件确定，可以紧靠蓄水池，也可以与蓄水池保持一定距离。

#### 4.8.6.2 设计要求

施工期较短，项目区土壤为粘性土时，可采用临时土质沉沙池。临时沉砂池和临时排水沟配合使用，共同防治施工期间的水土流失。沉沙池开挖后对池底和池壁夯实，夯实厚度为 10～15cm，表面用塑料薄膜覆盖，施工结束后对沉沙池进行拆除，并回填夯实。

临时土质沉沙池（梯形断面）示意图如图 4-14 所示。

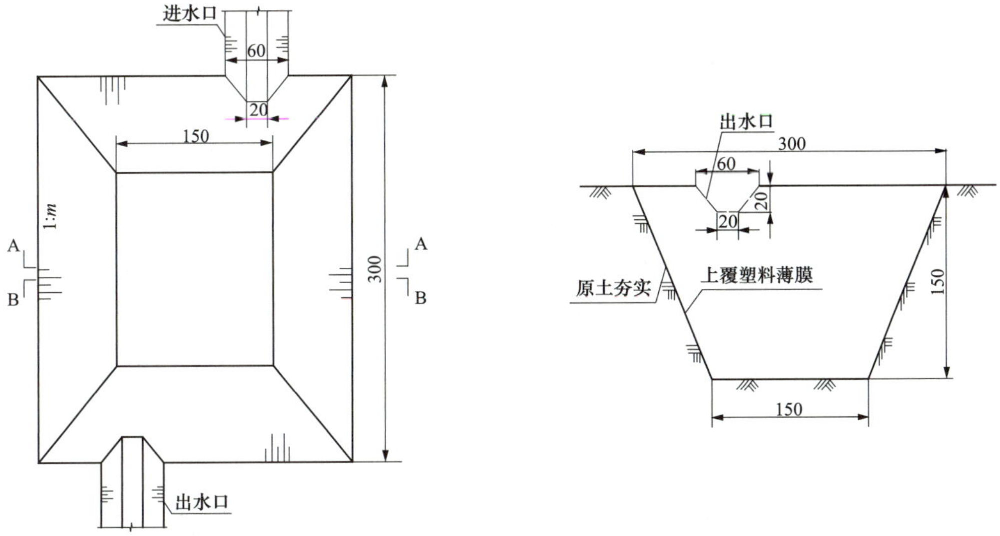


图 4-14　临时土质沉沙池（梯形断面）示意图（单位：cm）

## 4.8.7　泥浆沉淀池

泥浆池及沉淀池典型设计见图 4-15。

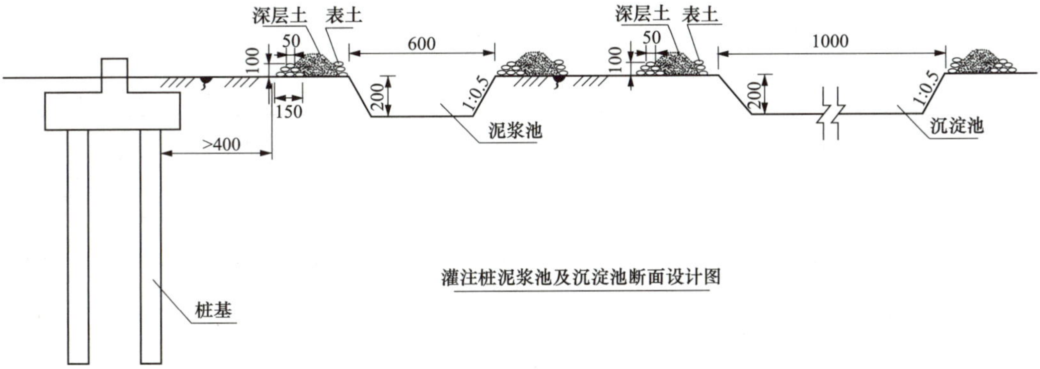


图 4-15　泥浆池及沉淀池典型设计图（单位：cm）

灌注桩基础施工时会产生钻渣浆，因此需采取措施对塔基基础产生的钻渣进行处理。施工过程中，需在灌注桩外侧设置泥浆池存放钻孔施工需要的泥浆；泥浆池外侧还需设置沉淀池对钻渣浆进行沉淀和固化处理。

沉淀池采用半挖半填方式，其尺寸根据钻渣泥浆量确定，池壁开挖坡比控制在 1∶0.5，以保持边坡的稳定。泥浆池及沉淀池挖方土临时堆置于池的四周，堆土内侧、外侧坡脚采用编织袋装土围护。施工结束后，对施工场地区进行坑凹回填，土地整治。

# 管理篇

# 第5章

# 电网环境保护管理体系

电网环境保护管理涉及发展战略、规划设计、建设施工、设备采购、运维检修、技术改造、退役报废、循环利用等各个环节，是一项全方位、全过程、综合性的工作。电网环境保护管理体系是一个组织内全面管理体系的组成部分，包括组织管理体系、技术监督体系、管理支撑体系和制度标准体系等。

## 5.1 电网环境保护管理的主要内容

为加强国家电网有限公司环境保护管理工作，推动公司可持续发展，实现公司发展和环境保护的协调统一，服务生态文明建设，根据《中华人民共和国环境保护法》《中华人民共和国水土保持法》《中华人民共和国环境影响评价法》《建设项目环境保护管理条例》等法律法规，公司组织制定了《国家电网有限公司环境保护管理办法》，明确了电网环境保护管理主要包括以下内容：①电网建设项目环境保护、水土保持管理；②电网环保技术监督；③电网环境治理；④电网固体废物处置；⑤六氟化硫管理；⑥电网环保纠纷处理；⑦突发环境事件应急预案及演练；⑧电网环保工作考评、科研与新技术推广、奖项申报、培训与宣传、数字化等。

“十四五”时期，我国生态文明建设进入了以降碳为重点战略方向的关键阶段，推动减污降碳协同增效，促进经济社会发展全面绿色转型，实现生态环境质量改善由量变到质变，是国家环保工作的重中之重。国家电网有限公司生态环境保护工作面临着主体责任更加突出、政策要求更加严格、管理提升更加迫切等新的形势，需要进一步提高思想认识、增强环保意识，用更高水平的环保管理推动电网发展与环境保护和谐共赢。

为更好地适应行政主管部门日益严格的事中事后监管形势，公司统筹谋划，建立起业务全覆盖、管理全过程、责任全链条、制度全贯通，严格控制环境影响和管理风险的“四全两控”管理体系（如图5-1所示），确保实现“程序合法、监测达标、环境友好、公众满意”的总目标。

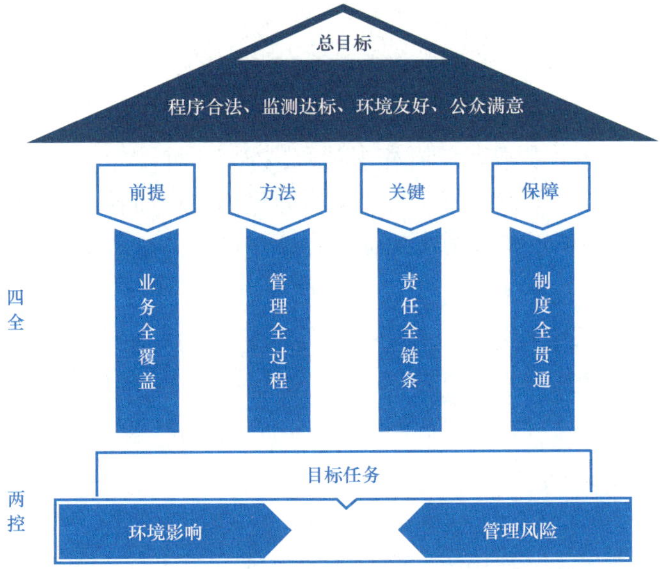


图 5–1　国家电网有限公司“四全两控”管理体系

## 5.2　电网环境保护管理的特点

业务范围方面，电网环境保护业务既涵盖输变电、水电和其他各类建设项目的环境保护、水土保持，也涵盖运行阶段电场、磁场、噪声、废水、固体废物、六氟化硫气体等环境影响因素的管控。

管理范畴方面，电网环境保护管理贯穿电网发展从规划选址、可研设计、建设施工、生产运行到设备退役的全生命周期各个环节，呈现出点多、面广、管理链条长的特点，是一项系统性、全面性的工作。

责任落实方面，通过环境保护责任清单等方式，压紧压实各部门、各单位、各层级主体责任，严格落实“党政同责、一岗双责”“管专业必须管生态环境保护”等要求，建立专业支撑体系，构建权责明晰、协调联动、齐抓共管的环境保护工作格局。

制度建设方面，根据国家相关政策和法律法规，持续完善覆盖国家电网有限公司环境保护全业务、全过程的制度标准体系，确保有章可循、有据可依，同时做到与国家电网有限公司其他相关管理制度、工作流程有效衔接、相辅相成。

## 5.3　电网环境保护工作的定位和目标

国家电网有限公司深入学习贯彻习近平新时代中国特色社会主义思想，完整、准确、全面贯彻创新、协调、绿色、开放、共享的新发展理念，围绕建设具有中国特色国际领先的能源互联网企业战略目标，打造严守法律、体系完善、运转高效、绿色引领的一流环境保护管理，高质量建设资源节约、环境友好的绿色电网，为建设人与自然和谐共生的现代化赋能。

电网环境保护工作的目标是控制环境影响和违规风险，确保“四个不发生”（不发生重大及以上突发环境事件，不发生建设项目未批先建、未验先投、久拖不验、带病验收等环保、水保违法行为，不发生被生态环境和水行政主管部门行政处罚的事件，不发生因工作失误导致生态环境和水行政主管部门对公司采取限批措施的事件）。在规划可研阶段充分考虑生态环境保护要求，避免出现颠覆性因素；在建设阶段落实好环境保护和水土保持措施，严格控制环境扰动，防止水土流失，做好迹地恢复和生态修复；在运行阶段全面控制电磁环境、声环境、水环境、固体废物、六氟化硫等环境影响，发现监测超标情况及时开展环境治理，力求环境超标问题快速“清零”。严防建设项目“未批先建”“未验先投”“带病验收”“久拖不验”等问题，严控运行阶段环境因子超标、固体废物处置不规范等违规风险，守住程序合法、监测达标的底线。

## 5.4 电网环境保护管理体系主要内容

### 5.4.1 环保组织管理体系

2022 年，根据工作需要，国家电网有限公司成立了以主要负责同志任组长，班子成员任副组长，23 个相关部门和机构主要负责人为成员的生态环境保护工作领导小组，生态环境保护工作领导小组设在国网基建部，构建了由领导小组成员部门有关人员组成的国家电网有限公司环境保护工作网络。

2023 年，通过加强管理体系建设，规范并保障费用投入、构建监督考核机制、打造数字化全景平台等一系列手段，充分调动各部门、各单位的积极性，全面建立总部、省公司和公司有关直属单位、地市公司级单位三级环境保护管理组织体系，统筹推进环境保护各项工作。

### 5.4.2 环保技术监督体系

环保技术监督是指在规划可研、工程设计、设备采购、设备制造、设备验收、施工安装、设备调试、竣工验收、运维检修、退役报废等过程中，依据相关环保、水保法律法规和技术标准，采用监测、检测、抽查和资料核查等手段，监督环保、水保设施（措施）的落实情况，确保满足环保、水保技术标准和工作要求。

国网基建部是公司环保技术监督归口管理部门，在公司技术监督领导小组的领导和技术监督办公室的协调下，组织各单位开展环保全过程技术监督工作。各省（自治区、直辖市）电力公司和有关直属产业单位环保归口管理部门负责组织开展本单位的环保技术监督工作，编制年度环保技术监督工作计划并组织实施，召开环保技术监督会议，组织所属单位开展环保技术监督工作，检查环保技术监督过程中发现问题的整改落实情况。

各级电科院和经研院是公司环保技术监督的技术支撑单位，中国电科院、国网经研院指导各省公司电科院、经研院等支撑单位的环保技术监督工作。各省公司电科院、经研院

（或省公司确定的其他支撑单位）是 220kV 及以上电网和省公司所属水电厂各阶段环保技术监督实施主体。地市供电公司是 110kV 及以下电网各阶段环保技术监督实施主体。各省公司建设公司、超高压公司、水力发电（含抽水蓄能）等单位是职责范围内各阶段环保技术监督实施主体。

### 5.4.3 环保管理支撑体系

公司环保管理支撑体系是环保管理体系的重要组成部分，根据公司党组和环保工作领导小组关于“强化系统推进，加强环保管理体系建设”的工作要求，为加快推进公司生态环保支撑工作优化升级，全面提升公司环保支撑能力，国家电网有限公司提出了以经研体系为基础、以“中心统筹、两级协同、四维支撑”为框架的支撑体系。中心统筹是指国网环保咨询中心服务总部统筹开展支撑工作；两级协同是指国网经研院和省经研院两级支撑机构，协同开展支撑服务；四维支撑是指决策支持、监督预警、技术研发、电网宣传四大支撑方向。

### 5.4.4 环保标准制度体系

环保标准制度体系涵盖基本管理制度、专项管理制度、工作规范、技术标准等方面。

基本管理制度是规范电网企业环保基础性管理工作的制度，包括环境保护基础管理、环境保护监督和环境保护工作考评等内容。

专项管理制度是规范电网企业环保专项工作的制度，包括环境保护技术监督、环境影响评价、竣工环保验收、水土保持管理、水保设施验收、六氟化硫回收与循环利用、固体废物无害化处置、突发环境事件应急预案等内容。

工作规范是为统一电网企业环保管理具体工作事项而制定的规范性文件，包括环境保护和水土保持专项检查、变电站（换流站）噪声防治、环评水保方案编报内审、环保水保验收、环保纠纷处置、行政“事中事后”迎检、环境保护责任清单、环保水保专项设计、第三方服务质量评价等内容。

技术标准是为对电网企业标准化领域中需要协调统一的技术事项所制定的标准，包括环保水保设计、环保水保监理、生态脆弱区环境保护、水保设施验收质量评定等内容。

国家电网有限公司制定的管理制度和规范文件见表 5-1。

表 5-1　　国家电网有限公司制定的环境保护和水土保持相关制度、规范和标准

| 序号 | 名称 | 时间(年) |
|---|---|---|
| 基本管理制度 | | |
| 1 | 《国家电网有限公司环境保护管理办法》 | 2019 |
| 2 | 《国家电网有限公司环境保护监督规定》 | 2014 |
| 3 | 《国家电网有限公司环境保护工作考评办法》 | 2020 |

续表

| 序号 | 名称 | 时间(年) |
|---|---|---|
| 专项管理制度 | | |
| 4 | 《国家电网有限公司电网建设项目环境影响评价管理办法》 | 2023 |
| 5 | 《国家电网有限公司电网建设项目竣工环境保护验收管理办法》 | 2023 |
| 6 | 《国家电网有限公司电网建设项目水土保持管理办法》 | 2023 |
| 7 | 《国家电网有限公司电网建设项目水土保持设施验收管理办法》 | 2023 |
| 8 | 《国家电网有限公司六氟化硫气体回收处理和循环再利用监督管理办法》 | 2023 |
| 9 | 《国家电网有限公司电网固体废物环境无害化处置监督管理办法》 | 2023 |
| 10 | 《国家电网有限公司突发环境事件应急预案》 | 2024 |
| 11 | 《国家电网有限公司环境保护技术监督规定》 | 2023 |
| 工作规范 | | |
| 12 | 《电网环境保护责任清单（通用）》 | 2020 |
| 13 | 《国家电网公司电网建设项目环境影响报告书编报工作规范（试行）》 | 2017 |
| 14 | 《电网建设项目环境影响报告书内审要点》 | 2019 |
| 15 | 《电网建设项目水土保持方案报告书内审要点》 | 2019 |
| 16 | 《电网建设项目水土保持方案报告书编报工作规范（试行）》 | 2019 |
| 17 | 《重点输变电工程竣工环境保护验收工作大纲》 | 2018 |
| 18 | 《重点输变电工程水土保持设施验收工作大纲》 | 2018 |
| 19 | 《国网科技部、基建部关于加强跨省非特高压交流电网建设项目环境保护、水土保持重大变动（变更）及验收准备管控的通知》 | 2020 |
| 20 | 《电网建设项目环境保护和水土保持事中事后监督检查迎检工作规范》 | 2020 |
| 21 | 《重点输变电工程环境保护和水土保持专项检查工作大纲》 | 2015 |
| 22 | 《国家电网有限公司输变电环境保护纠纷处理工作规范》 | 2019 |
| 23 | 《国家电网有限公司六氟化硫气体回收处理和循环再利用统计数据核查规定》 | 2020 |
| 24 | 《变电站（换流站）噪声防治技术指导意见》 | 2013 |
| 25 | 《国网科技部、水新部关于印发抽水蓄能电站建设项目环境保护和水土保持检查大纲的通知》 | 2021 |
| 26 | 《国网基建部、发展部、财务部、设备部关于印发进一步规范和加强公司环境保护费用投入指导意见的通知》 | 2023 |
| 27 | 《国家电网有限公司关于生态环境保护工作领导小组等非常设机构成立、调整的通知》 | 2023 |
| 28 | 《国家电网有限公司关于进一步加强电网建设运行环境保护和水土保持过程管控的意见》 | 2021 |

续表

| 序号 | 名称 | 时间(年) |
|---|---|---|
| 标准 | | |
| 29 | 《110kV ~ 750kV 变电站环境保护设计技术规范》(Q/GDW 11974—2019) | 2020 |
| 30 | 《输变电工程环境保护和水土保持专项设计内容深度规定　第 1 部分：初步设计阶段》(Q/GDW 12288.1—2023) | 2023 |
| 31 | 《输变电工程环境保护和水土保持专项设计内容深度规定　第 2 部分：施工图设计阶段》(Q/GDW 12288.2—2023) | 2023 |
| 32 | 《生态脆弱区输变电工程环境保护设计导则》(Q/GDW 11972—2019) | 2020 |
| 33 | 《生态脆弱区输变电工程施工环境保护导则》(Q/GDW 11973—2019) | 2020 |
| 34 | 《输变电工程环境监理规范》(Q/GDW 11444—2015) | 2016 |
| 35 | 《输变电工程水土保持监理规范》(Q/GDW 11970—2019) | 2020 |
| 36 | 《架空输电线路水土保持设施质量检验及评定规程》(Q/GDW 11971—2019) | 2020 |
| 37 | 《输变电工程水土保持技术规程　第 1 部分：水土保持方案》(Q/GDW 11970.1—2023) | 2023 |
| 38 | 《输变电工程水土保持技术规程　第 2 部分：水土保持设计》(Q/GDW 11970.2—2023) | 2023 |
| 39 | 《输变电工程水土保持技术规程　第 3 部分：水土保持施工》(Q/GDW 11970.3—2023) | 2023 |
| 40 | 《输变电工程水土保持技术规程　第 4 部分：水土保持监理》(Q/GDW 11970.4—2023) | 2023 |
| 41 | 《输变电工程水土保持技术规程　第 5 部分：水土保持监测》(Q/GDW 11970.5—2023) | 2023 |
| 42 | 《输变电工程水土保持技术规程　第 6 部分：水土保持监督检查》(Q/GDW 11970.6—2023) | 2023 |
| 43 | 《输变电工程水土保持技术规程　第 7 部分：水土保持设施质量检验及评定》(Q/GDW 11970.7—2023) | 2023 |
| 44 | 《输变电工程水土保持技术规程　第 8 部分：水土保持设施验收》(Q/GDW 11970.8—2023) | 2023 |
| 45 | 《输变电工程水土保持技术规程　第 9 部分：水土保持遥感》(Q/GDW 11970.9—2023) | 2023 |
| 46 | 《电网企业危险废物暂存场所环境保护技术规范　第 1 部分：暂存仓库》(Q/GDW 12289.1—2023) | 2023 |
| 47 | 《电网企业危险废物暂存场所环境保护技术规范　第 2 部分：模块化箱式暂存仓》(Q/GDW 12289.2—2023) | 2023 |
| 48 | 《六氟化硫回收回充及净化处理装置技术规范》(Q/GDW 10470—2022) | 2022 |
| 49 | 《运行电气设备中六氟化硫气体监督与管理规范》(Q/GWD 10471—2021) | 2021 |

## 5.5 电网环境保护大事记

自 2002 年国家电网公司成立以来，公司环保工作从无到有、从有到精，在不断探索实践中迅速发展。

2003 年，国家电网公司在武汉召开了第一次环保工作会议，明确将公司环保工作重点从电厂转移到电网，具有深远意义。

2004 年，公司环保防护处成立，设置在安监部。发布《国家电网有限公司环境保护管理办法（试行）》。

2005 年，环保防护处调整至科技部。印发《国家电网公司环境保护监督规定（试行）》。将环保指标纳入同业对标管理体系。

2006 年，召开第一次环保工作座谈会，在安徽首次举办环保管理人员培训班。

2007 年，参与奥运会空气质量保障。与原国家环境保护总局环境工程评估中心联合出版《输变电设施的电场、磁场及其环境影响》《建绿色电网，创和谐家园——输变电设施电磁环境知识问答》；组织开展电网环境保护宣传年活动。

2008 年，圆满完成北京奥运会空气质量保障工作；考察世界卫生组织和国际非电离辐射防护委员会并建立沟通渠道。三峡—上海 ±500kV 直流输电工程被评为“国家环境友好工程”；印发《国家电网公司环境保护工作考核办法（试行）》。

2009 年，我国第一条 1000kV 晋东南—南阳—荆门特高压交流输变电试验示范工程建成投运并作为首个特高压交流输变电工程通过竣工环境保护、水土保持验收。举办“极低频电磁场及标准”国际研讨会，组织开展年度电网环境保护工作检查。公司系统 110kV 及以上开工电网建设项目环评率首次实现 100%。

2010 年，编写《电网环境保护管理手册》并出版。向家坝—上海 ±800kV 特高压直流输电试验示范工程被评为“全国生产建设项目水土保持示范工程”。

2011 年，环保防护处更名为环保处。首次开展跨省项目（青藏交直流联网工程）环境保护、水土保持专项检查并逐步形成常态机制。同年，被国务院国资委授予“十一五”中央企业节能减排优秀企业。

2012 年，应邀参加首届全国电磁环境管理经验交流会并做大会典型发言。获得环境保护最佳实践奖。

2013 年，全面推动省级六氟化硫气体回收处理中心建设。建立环境影响报告书和验收调查报告内审制度。

2014 年，青藏交直流联网工程建设指挥部获得中华（宝钢）环境奖生态保护大奖，国网山东省电力公司获得第八届中华（宝钢）环境奖企业环保优秀奖。与原环境保护部辐射环境监测技术中心、核与辐射安全中心联合出版《电网环保 ABC》宣传册。

2015 年，电网环境保护国家重点实验室获国家科技部批准建设。

2016 年，出版《输变电典型环保问题沟通手册》。国家电网有限公司系统各省公司六氟化硫回收处理中心全面完成建设并投运。获得节能减排优秀企业奖、中国社会责任绿色环保奖。

2017 年，根据国家环境保护、水土保持工作要求，组织开展输变电建设项目竣工环境保护和水土保持设施企业自主验收。组织开展变电站（换流站）噪声超标治理专项行动，首次开展公司实验室间电磁环境及噪声比对工作，获得中国绿色环保企业奖。

2018 年，全面完成历史遗留的含多氯联苯电气设备封存点环境无害化处置。完成全部在运变电站第一轮噪声监测。公司 110kV 及以上工程环评率连续十年实现 100%。全面完成历史遗留的含多氯联苯电气设备封存点环境无害化处置。公司获得能源绿色成就奖。

2019 年，规范电网固体废物资源化利用和环境无害化处置。国家电网有限公司承建的巴西美丽山特高压输电二期项目获得“巴西社会环境管理最佳实践奖”。

2020 年，出版《电网环境保护宣传手册（2020 年版）》，发布《电网环境保护责任清单》，压紧压实各级环保责任。国家电网有限公司承建的巴西美丽山特高压输电二期项目获得第六届中国工业大奖。

2021 年，首次发布《国家电网有限公司 2021 环境保护报告》，强化电网绿色生态发展正面形象宣传。环保工作纳入对下属机构的党委巡视范畴。张北—雄安 1000kV 特高压交流输变电工程、舟山 500kV 联网输变电工程（第二联网通道）和 500kV 智圣（临沂Ⅲ）输变电工程 3 项工程获评国家水土保持示范工程。

2022 年，公司荣获第十一届中华环境奖（企业环保类），公司成立了主要负责同志任组长的生态环境保护工作领导小组。完成生态环境保护风险排查整治三年行动。环保处调整至基建部。提出“四全两控”的电网环境保护管理要求。青海—河南 ±800kV 特高压直流输电工程、保障北京冬奥绿色电能电力组团工程和苏州南部 500kV 电网加强工程 3 项工程获评国家水土保持示范工程。

2023 年，国网环保咨询中心正式挂牌成立。发布《国家电网有限公司环境保护报告 2021～2022》。安徽绩溪抽水蓄能电站、北京冬奥会张家口赛区配套电力工程项目群、辽宁川州 500kV 输变电工程、江苏大规模海上风电消纳配套 500kV 电网工程 4 项工程获评国家水土保持示范工程。成功举办“六精四化—绿色化”现场会。

# 第 6 章

# 电网建设项目环境保护管理

电网建设项目环境保护管理工作涉及规划、可行性研究、设计、施工、竣工投产等各个阶段，是一项全方位、全过程、综合性的管理工作。电网建设项目环境保护管理应坚持全过程归口、分级负责、依法合规、保护优先、预防为主的原则，对建设项目可能产生的电磁、噪声、生态、水、大气、固体废物等不利环境影响和环境风险进行防治，在满足各项环保标准的基础上持续不断改善环境质量。具体管理工作包括电网建设项目规划阶段管理、电网建设项目可行性研究阶段管理、电网建设项目设计阶段管理、电网建设项目施工阶段管理、电网建设项目竣工投产阶段管理。

## 6.1 规划阶段环境保护管理

### 6.1.1 工作依据

#### 6.1.1.1 法律法规

（1）《中华人民共和国环境保护法》（2015 年 1 月 1 日起修订版施行）。

（2）《中华人民共和国环境影响评价法》（2018 年 12 月 29 日起修订版施行）。

（3）《中华人民共和国噪声污染防治法》（2022 年 6 月 5 日起修改版施行）。

（4）《中华人民共和国固体废物污染环境防治法》（2020 年 9 月 1 日起修正版施行）。

（5）《中华人民共和国大气污染防治法》（2018 年 10 月 26 日起修订版施行）。

（6）《中华人民共和国水污染防治法》（2018 年 1 月 1 日起修正版施行）。

（7）《规划环境影响评价条例》（2009 年 10 月 1 日起施行）。

#### 6.1.1.2 部委规章及规范性文件

（1）《关于规划环境影响评价加强空间管制、总量管控和环境准入的指导意见（试行）》（环办环评〔2016〕14 号）。

（2）《关于加强规划环境影响评价与建设项目环境影响评价联动工作的意见》（环发

〔2015〕178 号）。

（3）《关于开展规划环境影响评价会商的指导意见（试行）》（环发〔2015〕179 号）。

## 6.1.2 工作内容

### 6.1.2.1 规划环境保护篇章要求

规划环境保护篇章应当对规划实施后可能造成的环境影响作出分析、预测和评估，提出预防或者减轻不良环境影响的对策和措施，作为规划草案的组成部分一并报送规划审批机关。

### 6.1.2.2 规划环境影响评价

（1）规划环境影响评价原则。

1）早期介入、过程互动。电网规划环评应在电网规划纲要编制阶段（或电网规划启动阶段）介入，在规划前期研究和方案编制、论证、审定等关键环节和过程中与其充分互动，不断优化规划方案，提高环境合理性。

2）统筹衔接、分类指导。电网规划环评工作应突出不同类型、不同层级规划及其环境影响特点，充分衔接“三线一单”成果，分类指导规划所包含电网建设项目的布局和生态环境准入。

3）客观评价、结论科学。依据现有知识水平和技术条件对电网规划实施可能产生的不良环境影响的范围和程度进行客观分析，评价方法应成熟可靠，数据资料应完整可信，结论建议应具体明确且具有可操作性。

（2）规划资料收集。规划环评工作前期阶段，建设单位负责组织环评单位收集与规划环评相关的各项内容，包括电网规划、国土空间总体规划、国土空间和自然资源保护利用规划、土地利用总体规划、生态保护红线规划、资源利用上线、环境质量底线、生态环境准入清单、生态环境保护规划、生态功能区划、环境功能区划、水土保持规划、可再生能源发展规划、国民经济和社会发展规划、林业发展规划、城市其他基础设施专项规划、电网项目环保投诉、前期电网规划内项目梳理情况等。

（3）报告编制。根据《规划环境影响评价条例》，电网规划作为专项规划可以依据 HJ 130 进行环境影响评价。主要评价内容及重点见表 6–1。

表 6–1　　电网规划环评主要内容及重点

| 序号 | 电网规划环评的主要内容 | |
|---|---|---|
| 1 | 总则 | 概述电网规划环评任务由来，明确评价依据、评价目的与原则、评价范围、评价重点、执行的环境标准、评价流程等 |
| 2 | 规划分析 | 介绍规划不同阶段目标、发展规模、布局、结构、建设时序，以及规划包含的具体建设项目的建设计划等可能对生态环境造成影响的规划内容；给出规划与法规政策、上层位规划、区域“三线一单”管控要求、同层位规划在环境目标、生态保护、资源利用等方面的符合性和协调性分析结论，重点明确规划之间的冲突与矛盾 |

续表

| 序号 | 电网规划环评的主要内容 | |
|---|---|---|
| 3 | 环境现状调查与评价 | 通过调查评价区域资源利用状况、环境质量现状、生态状况及生态功能等，说明评价区域内的环境敏感区、重点生态功能区的分布情况及其保护要求，分析区域水资源、土地资源等各类自然资源现状利用水平和变化趋势，评价区域环境质量达标情况和演变趋势，区域生态系统结构与功能状况和演变趋势，明确区域主要生态环境问题、资源利用和保护问题及成因。对上一轮电网规划进行环境影响回顾性分析，说明区域生态环境问题与上一轮规划实施的关系。明确提出规划实施的资源、生态、环境制约因素 |
| 4 | 环境影响识别与评价指标体系构建 | 识别规划实施可能影响的资源、生态、环境要素及其范围和程度，确定不同规划时段的环境目标。<br>电网规划的环境影响因素主要为：<br>（1）社会环境影响因素：国民经济发展规划，城市化发展要求，土地利用规划，环境保护规划，客户电力需求，居民生活质量，公众支持程度等。<br>（2）自然环境影响因素：环境功能区，环境保护目标，电磁环境，声环境，生态环境，水土流失，水环境，空气环境等。<br>评价重点：电网规划与其他相关规划的协调性分析、相符性分析，变电站（或换流站、开关站、串补站等）选址及输电线路选线的合理性、可行性分析，并提出具体建议；电磁环境、声环境、生态影响等方面的影响分析，并提出预防或减缓不良环境影响的对策及措施 |
| 5 | 环境影响预测与评价 | 系统分析规划实施全过程对可能受影响的所有资源、环境要素的影响类型和途径，针对环境影响识别确定的评价重点内容和各项具体评价指标，按照规划不确定性分析给出的不同发展情景，进行同等深度的影响预测与评价，明确给出规划实施对评价区域资源、环境要素的影响性质、程度和范围，明确规划实施后能否满足环境目标的要求。为提出评价推荐的环境可行的规划方案和优化调整建议提供支撑 |
| 6 | 规划方案综合论证和优化调整建议 | 论证规划的目标、规模、布局、结构等规划要素的合理性以及环境目标的可达性，动态判定不同规划时段、不同发展情景下规划实施有无重大资源、生态、环境制约因素，详细说明制约的程度、范围、方式等，进而提出规划方案的优化调整建议和评价推荐的规划方案。<br>主要内容包括：规划方案综合论证和规划方案的优化调整建议 |
| 7 | 环境影响减缓措施 | 对规划方案中配套建设的环境污染防治、生态保护和提高资源能源利用效率措施进行评估后，针对环境影响评价推荐的规划方案实施后所产生的不良环境影响，提出的政策、管理或者技术等方面的建议。主要包括影响预防、影响最小化及对造成的影响进行全面修复补救等三方面的内容 |
| 8 | 规划方案中重大建设项目环评建议 | 如规划方案中包含具体的建设项目，应给出重大建设项目环境影响评价的重点内容要求和简化建议 |

续表

| 序号 | 电网规划环评的主要内容 | |
|---|---|---|
| 9 | 环境影响跟踪评价计划 | 拟定环境影响跟踪评价方案，对规划的不确定性提出管理要求，对规划实施全过程产生的实际资源、环境、生态影响进行跟踪监测。跟踪评价方案一般包括评价的时段、主要评价内容、资金来源、管理机构设置及其职责定位等 |
| 10 | 公众参与 | 说明公众意见、会商意见回复和采纳情况。<br>公众参与内容一般可为：<br>（1）环境敏感区域确定、评价内容、评价因子是否合理。<br>（2）环境目标是否合理。<br>（3）规划方案环境方面是否可行。<br>（4）最终报告公众参与。<br>公众意见可采取调查问卷、座谈会、论证会、听证会等形式收集，参与的人员可以规划涉及的部门代表和专家为主 |

（4）电网规划环评与项目环评的差异性。电网规划环评重在优化行业的布局、规模、结构，拟定负面清单，指导项目环境准入。项目环评重在落实环境质量目标管理要求，优化环保措施，强化环境风险防控。相关规划环评应将生态空间管控作为重要内容，规划区域涉及生态保护红线的，在规划环评结论和审查意见中应落实生态保护红线的管理要求，提出相应对策措施。

电网规划环评与项目环评主要差异见表 6–2。

表 6–2　　电网规划环评与项目环评主要差异

| 序号 | 内容 | 电网规划环评 | 电网项目环评 |
|---|---|---|---|
| 1 | 层次性 | 中观 | 微观 |
| 2 | 介入时机 | 早期介入，从电网规划开始编制阶段就介入 | 介入较晚，可研方案基本确定或可研审查完成后介入 |
| 3 | 评价时段 | 战略决策的全过程 | 施工期和运行期 |
| 4 | 评价范围 | 行政区域及受影响区域 | 项目建设地及周围，主要为导则、规范中规定的评价范围 |
| 5 | 评价因素 | 环境为主，兼顾社会经济因子：直接与间接影响，累积和长期影响 | 对环境因子的直接影响，侧重于污染源的达标排放 |
| 6 | 评价指标体系 | 评价指标复杂、数目多 | 评价指标简单、数目少 |
| 7 | 评价方法 | 定性与定量方法相结合 | 定量方法为主 |
| 8 | 方案优选 | 可进行多方案优选或提出替代方案 | 一般无多方案选择的余地 |
| 9 | 实现目标 | 可持续发展 | 达标排放 |

（5）规划环评的衔接和反馈。根据《中华人民共和国环境影响评价法》，已经进行了环境影响评价的规划包含具体建设项目的，规划的环境影响评价结论应当作为建设项目环境影响评价的重要依据，建设项目环境影响评价的内容应当根据规划的环境影响评价审查意见予以简化。

电网规划环评与电网规划修编良性互动，从决策源头和决策过程影响电网规划、完善电网规划。

### 6.1.3 工作流程

电网规划环境影响评价在电网规划编制的早期阶段介入，并与电网规划编制、论证及审定等关键环节和过程充分互动，互动内容一般包括：

（1）在电网规划前期阶段，同步开展规划环评工作。建设单位环保归口管理部门负责收集与规划相关的法律法规、环境政策以及上层位规划和规划所在区域战略环评及“三线一单”成果，组织规划环评编制单位对规划区域及可能受影响的区域进行现场踏勘，收集相关基础数据资料，初步调查环境敏感区情况，识别规划实施的主要环境影响，分析提出规划实施的资源、生态、环境制约因素，反馈给规划编制单位。

（2）在电网规划方案编制阶段，由规划环评编制单位完成现状调查与评价，提出环境影响评价指标体系，分析、预测和评价拟定规划方案实施的资源、生态、环境影响，并将评价结果和结论反馈给规划编制单位，作为方案比选和优化的参考和依据。

（3）在电网规划的审定阶段，由建设单位的环保归口管理部门联系生态环境主管部门开展规划环境影响报告审查，进一步论证拟推荐的规划方案的环境合理性，形成必要的优化调整建议，对推荐的规划方案提出不良环境影响减缓措施和环境影响跟踪评价计划；如果拟选定的规划方案在资源、生态、环境方面难以承载，或者可能造成重大不良生态环境影响且无法提出切实可行的预防或减缓对策和措施，或者根据现有的数据资料和专家知识对可能产生的不良生态环境影响的程度、范围等无法做出科学判断，向规划编制机关提出对规划方案做出重大修改的建议并说明理由。

（4）电网规划环境影响报告书审查会后，根据审查小组提出的修改意见和审查意见对报告书进行修改完善。

（5）在规划报送审批前，将环境影响评价文件及其审查意见正式提交给规划编制机关。

## 6.2 可行性研究阶段环境保护管理

### 6.2.1 工作依据

#### 6.2.1.1 法律法规

（1）《中华人民共和国环境保护法》（2015 年 1 月 1 日起修订版施行）。

（2）《中华人民共和国噪声污染防治法》（2022 年 6 月 5 日起修改版施行）。

（3）《中华人民共和国固体废物污染环境防治法》（2020 年 9 月 1 日起修正版施行）。

（4）《中华人民共和国大气污染防治法》（2018 年 10 月 26 日起修订版施行）。

（5）《中华人民共和国水污染防治法》（2018 年 1 月 1 日起修正版施行）。

（6）《中华人民共和国环境影响评价法》（2003 年 9 月 1 日起施行，2018 年 12 月 29 日起修改版施行）。

（7）《中华人民共和国海洋环境保护法》（2023 年 10 月 24 日第十四届全国人民代表大会常务委员会第六次会议第四次修订）。

（8）《建设项目环境保护管理条例》（国务院第 682 号令 2017 年 10 月 1 日起修订施行）。

（9）《关于划定并严守生态保护红线的若干意见》（国务院办公厅 2017 年 2 月 7 日）。

#### 6.2.1.2 部委规章及规范性文件

（1）《建设项目环境影响评价分类管理名录（2021 年版）》，生态环境部令第 16 号，2021 年 1 月 1 日施行。

（2）《环境影响评价公众参与办法》，生态环境部令第 4 号，2019 年 1 月 1 日起施行。

（3）《关于在国土空间规划中统筹划定落实三条控制线的指导意见》，中共中央办公厅国务院办公厅，2019 年 10 月 24 日起施行。

（4）《关于实施“三线一单”生态环境分区管控的指导意见（试行）》，生态环境部环环评〔2021〕108 号，2021 年 11 月 19 日起施行。

（5）《国家危险废物名录（2021 年版）》（2021 年 1 月 1 日起施行）。

#### 6.2.1.3 公司管理规定

（1）《国家电网有限公司环境保护管理办法》（国家电网企管〔2019〕429 号）。

（2）《国家电网有限公司电网建设项目环境影响评价管理办法》（国家电网基建〔2023〕687 号）。

（3）《国家电网公司关于印发〈国家电网公司电网建设项目环境影响报告书编报工作规范（试行）〉的通知》（国家电网科〔2017〕590 号）。

（4）《电网建设项目环境影响报告书内审要点》（科环〔2019〕2 号）。

（5）《国家电网有限公司关于进一步落实电网建设项目环境保护和水土保持过程管控措施的通知》（国家电网基建〔2024〕121 号）。

### 6.2.2 工作内容

#### 6.2.2.1 参与选址选线

参与选址选线的检查时，应核查是否存在环保颠覆性意见，是否尽可能避让了各类环境敏感区对各个方案所涉及的环境敏感区及其环境特点是否做出了全面、充分的说明。必须穿（跨）越自然保护区、风景名胜区饮用水水源保护区等环境敏感区的建设项目，是否已依法取得相关管理部门同意的意见。

#### 6.2.2.2 启动环评工作

环评委托（招标）应在可研阶段进行，环评工作应选择具有相关技术能力、熟悉相关业务的环评单位承担。接到环评委托函（中标通知书）后，及时公告建设项目环评信息，公告方式和内容应满足《环境影响评价公众参与办法》以及当地的有关要求。

#### 6.2.2.3 可研环境保护篇章审查

开展可研环境保护篇章审查，应确保站址和线路路径符合生态保护红线管控要求，避让自然保护区、饮用水源保护区等环境敏感区，依据环境影响评价范围内各环境要素的环境功能区划确定环评执行标准，识别生态敏感区及生态保护红线情况，进行法规、规划相符性分析，编制环境敏感区复核意见单，明确项目建设方案中是否存在遗漏的生态敏感区、是否进入环保相关法律禁入区域、生态保护红线以及所取协议文件是否满足环评审批要求。设计文件包含环保相关内容，明确环保原则和要求从环境保护角度提出设计方案优化和项目可行性的意见。

在项目招标及商务谈判中严格按环境影响报告书（表）提出的环保措施及生态环境主管部门批复文件的要求，选取满足环保要求的输变电设备，严格控制变电站等站点项目的变压器、电抗器等主要声源设备的噪声水平，采用低噪声的设备。

#### 6.2.2.4 环评报告编制

根据 HJ 2.1 和 HJ 24 规定，输变电项目环境影响评价工作一般分为三个阶段，其工作程序及各阶段主要工作内容如图 6–1 所示。

第一阶段。主要工作有研究项目有关文件，开展初步的工程分析和环境现状调查，委托具有技术能力的环评单位承担环评报告编制工作，识别环境影响因素，筛选评价因子，明确评价重点和环境保护目标，确定工作等级、评价范围和评价标准，编制工作方案等。

第二阶段。主要工作有开展建设项目工程分析和环境现状调查监测与评价，进行环境影响预测与评价，分析环境保护措施的经济、技术可行性，论证项目选线或选址的环境可行性，组织开展公众参与等。

第三阶段。主要工作有提出环境保护措施，给出建设项目环境影响评价结论等。

环评单位在环评工作各个阶段中，应对总体及各专题的工作内容、方案和进度有明晰的要求，总负责单位对本单位和协作单位的工作成果进行审查、反馈和汇总，并对评价结果负总责。

专题评价单位应按总负责单位的统一安排和要求进行工作，对有关问题进行分析，提供相应的资料和分析评价成果，接受总负责单位的审核。协作单位应对所承担的专题内容及结果负责。

### 6.2.3 工作流程

（1）参与选址选线阶段，建设单位环保归口管理部门应参与选址选线的检查，核查是否存在环保颠覆性意见，是否尽可能避让了各类环境敏感区对各个方案所涉及的环境敏感区及其环境特点是否做出了全面、充分的说明。

（2）启动环评工作阶段，建设单位归口管理部门应选择具有相关技术能力、熟悉相关业务的环评单位进行环评委托（招标）。接到环评委托函（中标通知书）后，应及时公告建设项目环评信息。

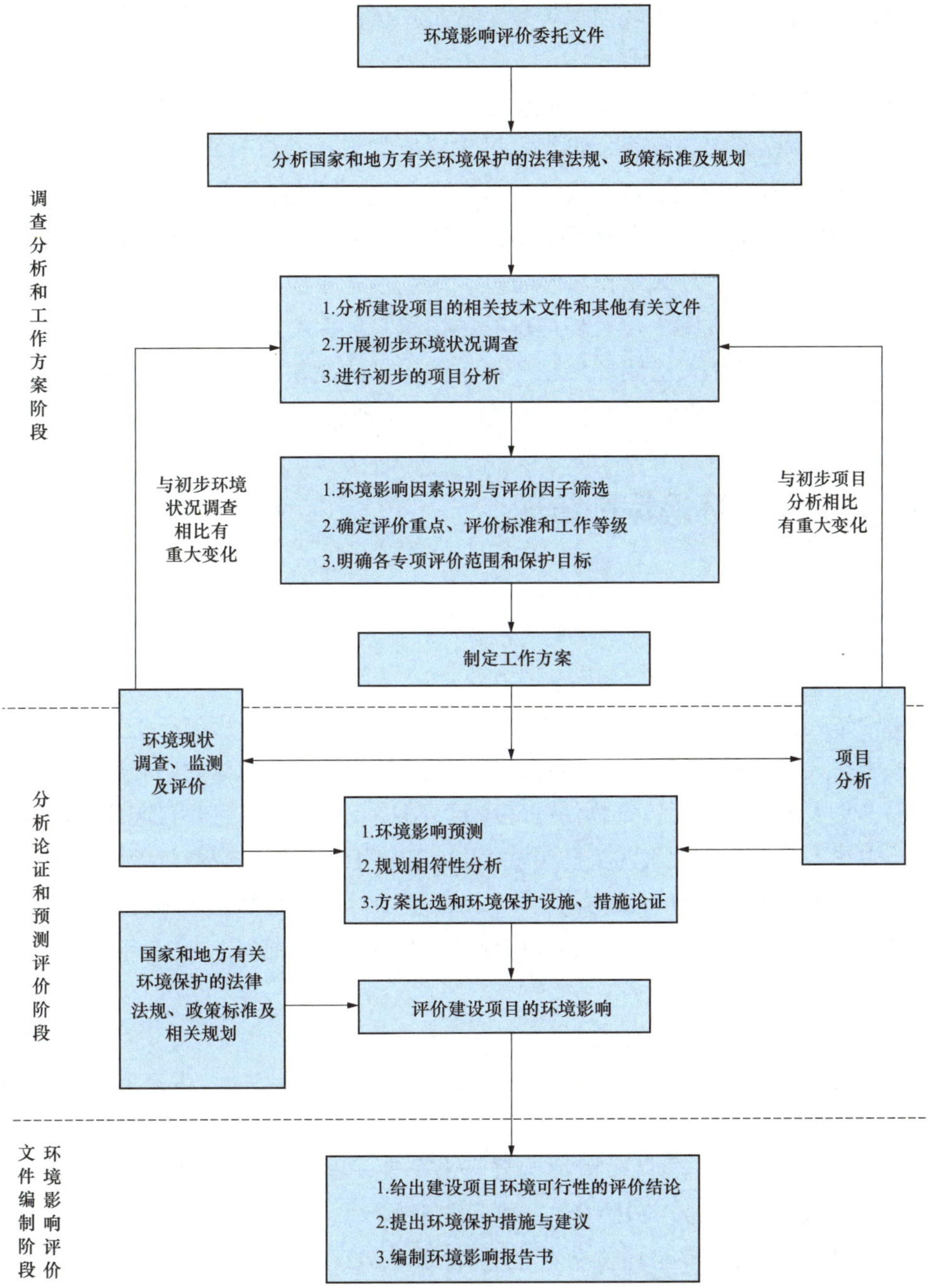


图 6-1　输变电项目环评编制的工作程序及内容

**注**　虽然 HJ 2.1 在环境影响评价工作程序中，将公众参与和环境影响评价文件编制工作分离，但在环评编制工作中建设单位仍应组织开展公众参与。

（3）可研环境保护篇章审查阶段，建设单位归口管理部门应组织开展可研环境保护篇章审查，确保站址和线路路径应符合生态保护红线管控要求，避让国家公园、自然保护区、饮用水源保护区等环境敏感区；电网各级环保职能部门应参与建设项目设计阶段的审查，确保环保设计文件提出的各项环境保护措施满足环保法律法规及标准要求。设计发生重大变更涉及环保的，应履行报批程序。

（4）在环评编制阶段，建设单位应做好环评报告编制质量与进度管控，协调可研、设计单位与环评单位做好衔接配合，组织提供环评所需工程资料与协议文件，当工程涉及穿（跨）越生态环境和水环境敏感区时，还应提供不可避让原因说明与相应主管部门的意见；环评单位应依照环保法律法规和标准规范开展工作，确保环境影响分析预测评估可靠、提出的环保措施切实可行、环评结论科学合理。编制过程中应加强与可研、设计工作的衔接配合，复核可研与设计方案中涉及环境敏感区情况、环保措施情况及环保投资情况，提出复核意见；可研、设计单位应闭环处理环评单位提出的复核意见，确保工程选址选线方案的环保合法性以及环保措施的完备性、环保投资的合理性。

## 6.3 设计阶段环境保护管理

### 6.3.1 工作依据

#### 6.3.1.1 法律法规

（1）《中华人民共和国环境保护法》（2015 年 1 月 1 日起修订版施行）。

（2）《中华人民共和国噪声污染防治法》（2022 年 6 月 5 日起修改版施行）。

（3）《中华人民共和国固体废物污染环境防治法》（2020 年 9 月 1 日起修正版施行）。

（4）《中华人民共和国大气污染防治法》（2018 年 10 月 26 日起修订版施行）。

（5）《中华人民共和国水污染防治法》（2018 年 1 月 1 日起修正版施行）。

《中华人民共和国环境影响评价法》（2003 年 9 月 1 日起施行，2018 年 12 月 29 日起修改版施行）。

#### 6.3.1.2 部委规章及规范性文件

（1）《建设项目环境影响报告书（表）编制监督管理办法》，生态环境部令第 9 号，2019 年 11 月 1 日起施行。

（2）《关于发布〈建设项目环境影响报告书（表）编制监督管理办法〉配套文件的公告》，生态环境部令第 38 号，2019 年 11 月 1 日起施行。

（3）《建设项目环境影响评价分类管理名录（2021 年版）》，生态环境部令第 16 号，2021 年 1 月 1 日施行。

（4）《关于以改善环境质量为核心加强环境影响评价管理的通知》，原环境保护部，环环评〔2016〕150 号，2016 年 10 月 26 日起施行。

#### 6.3.1.3 公司管理规定

（1）《国家电网有限公司关于进一步落实电网建设项目环境保护与水土保持过程管控措施的通知》（国家电网基建〔2024〕121 号）。

（2）《国家电网有限公司电网建设项目环境影响评价管理办法》（国家电网基建〔2023〕

687号)。

(3)《国家电网有限公司关于进一步加强电网建设运行环境保护和水土保持过程管控的意见》(国家电网办〔2021〕407号)。

(4)《国家电网公司电网建设项目环境影响报告书编报工作规范(试行)》(国家电网科〔2017〕590号)。

(5)《电网建设项目环境影响报告书内审要点》(科环〔2019〕2号)。

(6)《国网科技部关于印发〈重点输变电工程设计阶段环境保护技术监督工作方案(试行)〉的通知》(科环〔2016〕71号)。

### 6.3.2 工作内容

电网建设项目初步设计阶段，参与设计文件审查，组织完善环境影响报告书(表)(以下简称“环评报告”)，经内审后报送有审批权限的生态环境主管部门审批并取得批复文件。

#### 6.3.2.1 环境保护篇章管理

电网建设项目设计阶段，应按照环境保护设计规范的要求，在项目初步设计、施工图设计中，编制环境保护篇章，开展环境保护设计，落实环评报告及其批复文件提出的防治环境污染和生态环境保护的措施、设施和投资概算，督促设计单位完善设计方案中环境保护相关内容及协议文件。

参加初步设计和施工图设计评审会，依据环评报告及其批复文件，组织建设管理单位、设计单位、施工单位、环评单位、负责环境监理的单位等单位进行复核，判断是否存在环评重大变动。发生重大变动时，建设管理单位依法重新报批变动环评报告，变动环评报告批复前，发生重大变动部分不得开工建设。

#### 6.3.2.2 环评报告内审

跨省电网建设项目的环评报告，须提交国网经研院内审；省级生态环境行政主管部门审批的除特高压项目以外的电网建设项目环评报告，由建设单位参照公司环评报告内审要求，自行组织内审把关。

总体要求如下：

(1)与法律法规和规划的相符性。审查项目与我国环境保护相关法律法规及所涉地区相关规划(包括城乡环境保护规划等)的相符性。

(2)环境现状调查的客观性、可靠性。根据环境质量标准、环境影响评价技术导则等相关要求，审查环境现状调查的客观性和可靠性。

(3)环境影响预测的科学性、准确性。根据项目特点和所在区域环境特点，结合环境影响评价技术导则等相关要求，审查采用的预测参数、预测模式、预测范围、预测工况及环境条件的科学性和准确性。

(4)环境保护设施、措施的可行性、有效性。按照环境质量达标、污染物排放达标、资源综合利用、生态保护的要求和可靠、可达、经济合理的原则，审查项目实施各阶段所采取的环境保护设施、措施的可行性和有效性。

（5）环境影响评价文件的规范性。根据环境影响评价技术导则等相关要求，审查环境影响评价文件编制的规范性，包括术语、格式、图件、表格等信息。

（6）有下列情况之一的不予通过审查：

1）项目选址选线、布局、规模等不符合环境保护法律法规和相关法定规划的。

2）项目采取的污染防治措施无法确保污染物排放达到国家和地方排放标准，或者未采取必要措施预防和控制生态破坏的。

3）改建、扩建和技术改造项目，未针对项目原有环境污染和生态破坏提出有效防治措施的。

4）环境影响报告书基础资料数据明显不实，内容存在重大缺陷、遗漏，或者环境影响评价结论不明确、不合理的。

#### 6.3.2.3 环评报告报批

（1）建设单位公开环评报告全本及公众参与情况说明。环评报告编制完成后、报送审批前，公开环评报告全本（按照国家有关要求删除涉及国家秘密、商业秘密、个人隐私和社会稳定方面的内容）和公众参与情况说明，公开载体主要选择建设单位官方网站或当地网站。

（2）建设单位报送环评报告、取得环评批复。按照生态环境行政主管部门审批目录，分级报送环评报告，协调配合评估机构技术审评、现场勘查、专家咨询审议等各环节工作。督促环评单位依据审评和审议意见及时修改完善环评报告并报送至评估机构，跟踪环评批复进展情况，并在项目开工前取得环评批复。

（3）环评单位配合环评报告审批、修改完善环评报告。环评报告报送后，配合评估机构技术审评、现场勘查、专家咨询审议等各环节工作，依据审评和审议意见修改完善环评报告，并及时报送至评估机构。

（4）初设单位落实环评报告及环评批复要求。环评报告审批后，在初设方案中对照落实环评报告和环评批复中提出的各项环保措施。

（5）建设项目的环境影响报告书（表）自批准之日起超过五年，方决定该项目开工建设的，其环境影响报告书（表）应当报原审批部门重新审核。

#### 6.3.2.4 重大变动环评

建设项目的环境影响报告书（表）经批准后至项目开工前，建设单位应组织对施工图设计方案与环评方案进行梳理对比，建设项目的性质、规模、地点、采用的生产工艺或者防治污染、防止生态破坏的措施构成重大变动的，需对变动内容重新进行环评并重新报批重大变动部分的环境影响报告书（表）。环评报告自批准之日起超过五年方决定开工建设的，其环评报告应当依法报原审批部门重新审核。

#### 6.3.2.5 环境保护设计

可研阶段，建设单位组织可研单位按照可研深度规定编制可研报告的环境保护篇章，落实环保投资估算。初步设计阶段，建设单位根据环评及批复文件要求，按照初步设计深度规定组织开展环保设计，编制环境保护篇章，落实环保设施（措施）和投资概算。施工图设计阶段，建设单位组织在施工图设计文件中编制环保专项设计卷册。建设单位应组织有关单位对施工图设计文件与环评进行重大变动复核，构成重大变动的需组织重新编报变动环评。

### 6.3.3 工作流程

（1）环评单位收集初设资料。依据环评工作需要，向初设单位明确收资内容与深度要求，跟踪初设工作进展并及时向初设单位收资。初设单位初设方案基本确定后，按照环评单位收资要求及时向环评单位提交初设资料。提资后如初设方案发生变动，应及时通知环评单位并重新提资。

（2）环评单位环境现状调查、监测与评价。接收初设资料后，及时调查区域环境现状和环境保护目标，开展环境质量现状监测与评价。对于涉及的生态敏感区，应与可研方案进行对比，进一步梳理掌握敏感区位置、名称、级别、主管部门、审批情况、分布、规模、保护对象与范围、与项目相对位置关系等信息；对于电磁和声环境敏感目标，应梳理掌握敏感目标名称、功能、分布、数量、建筑物楼层数、高度、与项目相对位置关系等信息，并选择有代表性的点位开展现状监测。

（3）环评单位环境影响预测评价及环保措施论证。依据现状监测与评价结果，结合工程分析进行环境影响预测评价；依据预测评价结果，论证初设方案中提出的环保措施（电磁与噪声控制措施、废水处理措施、生态保护措施等）实现达标排放、满足环境质量要求的可行性，必要时提出补充环保措施。

（4）环评单位提交生态敏感区和环保措施环评复核意见单。依据生态敏感区调查和环保措施论证结果，填写初设方案生态敏感区和环保措施复核意见单并提交初设单位和建设单位，明确初设方案中是否存在遗漏的生态敏感区、是否进入环保相关法律禁入区域、所取协议文件及主要环保措施是否满足环评审批要求。如发现问题，及时提请建设单位督促初设单位修改完善初设方案或补充办理协议文件。

（5）初设单位接收初设方案生态敏感区和环保措施环评复核意见单后，及时闭环处理并反馈环评单位和建设单位，必要时应修改完善初设方案或补充办理协议文件，确保项目环保合法性。

（6）建设单位组织环评报告内审。跨省电网建设项目（包括重大变动）环评报告编制完成后，国网特高压部、相关分部（或公司总部指定的单位）向国网基建部提出内审申请，国网基建部委托国网经研院开展内审。省内电网建设项目环评报告（含重大变动）编制完成后，省公司按照项目管理职责组织内审。参加内审的部门（单位）应包括环保归口管理、前期管理、建设管理、设备管理等部门以及建设管理单位。

（7）项目环评信息二次公告及征求公众意见。环评报告征求意见稿编制完成后，及时开展环评信息二次公告。环评信息二次公告的方式包括网络平台、报纸和现场公告；网络平台主要选择建设单位官方网站或当地网站，报纸应选择项目所在地公众易于接触的报纸，现场公告载体主要选择相关基层组织信息公告栏。公众可以通过信函、传真、电子邮件或者建设单位提供的其他方式，在规定时间内将填写的公众意见表等提交建设单位，反映与建设项目环境影响有关的意见和建议。

（8）建设单位公开环评报告全本及公众参与情况说明。环评报告编制完成后、报送审批前，公开环评报告全本（按照国家有关要求删除涉及国家秘密、商业秘密、个人隐私和社会稳定方面的内容）和公众参与情况说明，公开载体主要选择建设单位官方网站或当地网站。

（9）建设单位（建设管理单位）环评报告报送。电网建设项目环评报告按照生态环境主管部门审批权限实行分级报送。跨省电网建设项目（包括重大变动）环评报告内审通过后，国网基建部统一报送生态环境部进行审批。省内电网建设项目环评报告内审通过后，省公司按照项目管理职责报送有审批权限的生态环境主管部门进行审批。

（10）建设单位（建设管理单位）要与生态环境主管部门保持良好沟通，配合做好环评报告上报、技术评估和批复跟踪协调工作。对于环评批复文件中存在的问题，建设单位要及时向做出审批的生态环境主管部门反映并促请解决；如遇重大事项，应及时向上级建设部门报告。

（11）建设单位在电网建设项目环评报告经批准后至开工前组织对电网建设项目的性质、规模、地点、采用的生产工艺或者防治污染、防止生态破坏的措施等进行复核，如发生重大变动，应回到第（1）条依法重新环评并报批建变动环评报告。

（12）公司总部相关部门、相关分部和建设单位（建设管理单位）应根据公司档案管理规定，组织做好电网建设项目环评相关文件材料的收集、保管和归档等工作。

## 6.4 施工阶段环境保护管理

### 6.4.1 工作依据

#### 6.4.1.1 法律法规

（1）《中华人民共和国环境保护法》（2015 年 1 月 1 日起修订版施行）。

（2）《中华人民共和国噪声污染防治法》（2022 年 6 月 5 日起修改版施行）。

（3）《中华人民共和国固体废物污染环境防治法》（2020 年 9 月 1 日起修正版施行）。

（4）《中华人民共和国大气污染防治法》（2018 年 10 月 26 日起修订版施行）。

（5）《中华人民共和国水污染防治法》（2018 年 1 月 1 日起修正版施行）。

（6）《建设项目环境保护管理条例》（2017 年 10 月 1 日起修订版施行）。

（7）《输变电建设项目重大变动清单（试行）》（原环境保护部办公厅，环办辐射〔2016〕84 号，2016 年 8 月 8 日起施行）。

（8）《国家危险废物名录（2021 年版）》（2021 年 1 月 1 日起施行）。

#### 6.4.1.2 部委规章及规范性文件

关于进一步做好建设项目环境保护“三同时”及自主验收监督检查工作的通知（环办执法〔2020〕11 号）。

#### 6.4.1.3 公司管理规定

（1）《国家电网有限公司关于进一步落实电网建设项目环境保护与水土保持过程管控措施的通知》（国家电网基建〔2024〕121号）。

（2）《国家电网有限公司环境保护管理办法》（国家电网企管〔2019〕429号）。

（3）《国家电网有限公司关于进一步加强电网建设运行环境保护和水土保持过程管控的意见》（国家电网办〔2021〕407号）。

（4）《输变电工程环境监理规范》（国家电网企管〔2016〕521号）。

（5）《重点输变电工程环境保护和水土保持专项检查工作大纲》（科环〔2015〕32号）。

（6）关于印发《全过程技术监督精益化管理实施细则（修订版）》的通知。

（7）《电网建设项目环境保护和水土保持标准化管理手册（业主、监理、施工项目部）》。

### 6.4.2 工作内容

#### 6.4.2.1 开工前置条件审核

开工前应对环保开工前置条件进行审核把关。对于跨省电网建设项目，将环评报告批复文件与“电网建设项目环保开工前置条件审核意见表”（见表6–3）报送国网基建部（或特高压部）、发展部备案；未依法取得环评报告批复文件的，不得开工建设；对于省内项目，应将环评报告批复文件与“电网建设项目环保开工前置条件审核意见表”（见表6–3）报送省公司环保归口管理部门、建设管理部门、电网投资管理部门备案。未依法取得环评报告批复文件的，不得开工建设；对于政府要求的抢险救灾等应急类特殊项目应依法及时取得环评报告批复文件。

表6–3 电网建设项目环保开工前置条件环保审核意见表

| 序号 | 工程名称 | 建管单位（建设管理单位） | 计划开工时间 | 环评（含变动）批复时间 | 环评（含变动）批复文号 | 水保（含变更）批复时间 | 水保（含变更）批复文号 | 是否符合开工前置条件（环保、水保） |
|---|---|---|---|---|---|---|---|---|
| | | | | | | | | |
| | | | | | | | | |
| | | | | | | | | |

填报单位/部门（盖章）：　　填报人：　　审核人：　　填报日期：

在开工前和建设过程中应组织对电网建设项目的性质、规模、地点、采用的生产工艺或者防治污染、防止生态破坏的措施等进行复核，如发生重大变动，应依法重新报批建设项目的变动环评报告。

#### 6.4.2.2 组织环保施工图会检

（1）业主项目部组织环保施工图会检，配合审查设计单位初设文本、施工图中环保水保设计及环评、水保方案及批复要求相关内容。

（2）施工项目部对环保施工图进行预审，形成预检意见，参加业主项目部组织的施工图会检。

（3）监理项目部组织监理人员对环保施工图进行预检，形成预检意见，参加业主项目部组织的施工图会检。

#### 6.4.2.3 编制环保策划文件

（1）业主项目部编制工程环保策划管理专篇，组织监理、施工项目部编制环保监理规划、施工策划文件并进行审批。

（2）监理项目部编制环保监理规划文件。

（3）施工项目部编制环保施工策划文件。

#### 6.4.2.4 环保培训及交底

业主项目部组织监理及施工项目部依据设计文件、施工图中有关环保方面的要求、环评及批复要求对项目部人员进行开工前环保培训及交底；设计单位开展环保专项设计交底；环评报告编制单位开展环评报告及批复文件宣贯；环保验收单位开展现场环保有关工作培训。

#### 6.4.2.5 环境监理

监理单位须按照有关技术规范履行环境监理职责。将环保设施（措施）完成情况纳入工程阶段性验收，强化环保工程量校验，校验结果应与主体工程进度款支付相挂钩。

（1）施工准备阶段监理：包括合同条款审核、设计文件审核、施工组织设计审核、编制环境监理实施细则、组织环境保护培训、参加第一次工地会议、编制环境监理报告等。

（2）施工阶段监理：环境保护达标监理、环境保护措施（设施）监理、生态保护措施监理、环境保护施工协调、编制环境监理报告等。

（3）调试阶段监理：环境保护设施运行情况监理、生态保护措施效果监理、环境风险防范措施监理、环境管理与监测监理、编制环境监理报告等。

#### 6.4.2.6 环境保护措施、设施落实

（1）开展重点输变电工程环境保护专项检查工作，重点检查建设管理、设计、施工、环境监理、工程监理等单位的环保管理情况；设计阶段对环评报告及其批复文件要求的落实情况；施工阶段变电站（换流站）、输电线路的环保设施建设情况及相关保护措施落实情况。

（2）施工中，宜采用绿色低碳环保材料，减少碳排放水平，降低环境污染风险；宜尽量不破坏或少破坏原始地貌和植被，施工结束后，及时撤出临时占用场地，拆除临时设施，恢复地表植被；对于进入生态敏感区的输电线路，宜采用对生态环境破坏较小的施工工艺；宜采用工业和信息化部和生态环境部等部门推广应用的低噪声的施工设备《低噪声施工设备指导名录（第一批）》和遮盖、密封等措施，降低施工噪声、扬尘对周围环境的影响。

#### 6.4.2.7 现场环保管理

严格落实电网建设项目业主、监理、施工项目部环保水保责任清单要求，建立现场业主、监理、施工项目部环保管理体系，配置环保专（兼）职管理人员，规范开展现场环保管理工作。

对工程进行环保全过程管理，重点监督工程施工过程中环保管理制度、环评方案及批复文件、环保设施（措施）等执行情况；通过专项检查、定期检查、日常巡查等方式，对设计、施工、监理等单位人力和设备资源投入情况、设施（措施）落实情况及工程资料同步收集整理情况等进行检查，下发《检查问题通知单》，审核《检查问题整改反馈单》；督促监理项目部做好对工程环保的检查、控制工作；督促施工单位严格按照作业票中环保具体要求执行，督促施工单位及时完成山地溜坡溜渣、扰动面积增加、垃圾遗留、植被恢复不到位等突出问题整改。

### 6.4.3 工作流程

（1）开工准备阶段。建设管理单位负责对环保开工前置条件进行审核把关，未依法取得环评报告批复文件的，不得开工建设。

（2）组织环保施工图会检。业主、施工、监理项目部组织环保施工图会检，配合会检设计单位初设文本、施工图中环保设计及环评方案及批复要求相关内容。

（3）编制环保策划文件。业主编制工程环保策划管理专篇；监理项目部编制环保监理规划文件；施工项目部编制环保施工策划文件。

（4）环保培训及交底。业主项目部组织监理及施工项目部依据设计文件、施工图中有关环保方面的要求、环评方案及批复要求对项目部人员进行开工前环保培训及交底。

（5）环保措施、设施落实。项目建设单位应强化施工安装阶段的环保监督检查和监理工作，确保环保设施同时施工和技术措施的落实。

（6）环境监理。环境监理工作程序包括签订合同、成立环境监理机构、收集资料及编制环境监理规划、工作实施、工作总结、档案整理移交。

## 6.5 竣工环境保护验收管理

### 6.5.1 工作依据

#### 6.5.1.1 法律法规

（1）《中华人民共和国环境保护法》（2015 年 1 月 1 日起修订版施行）。

（2）《中华人民共和国环境影响评价法》（2018 年 12 月 29 日起修改版施行）。

（3）《中华人民共和国噪声污染防治法》（2022 年 6 月 5 日起修改版施行）。

（4）《中华人民共和国固体废物污染环境防治法》（2020 年 9 月 1 日起修正版施行）。

（5）《中华人民共和国大气污染防治法》（2018 年 10 月 26 日起修订版施行）。

（6）《中华人民共和国水污染防治法》（2018 年 1 月 1 日起修正版施行）。

（7）《中华人民共和国土地管理法》（2020 年 1 月 1 日起修改版施行）。

（8）《建设项目环境保护管理条例》（国务院第 682 号令 2017 年 10 月 1 日起修订施行）。

（9）《输变电建设项目重大变动清单（试行）》（原环境保护部办公厅，环办辐射〔2016〕

84 号，2016 年 8 月 8 日起施行）。

（10）《建设项目竣工环境保护验收暂行办法》（国环规环评〔2017〕4 号，2017 年 11 月 20 日起施行）。

（11）《国家危险废物名录（2021 年版）》（2021 年 1 月 1 日起施行）。

#### 6.5.1.2 标准及技术规范

（1）《建设项目竣工环境保护验收技术规范 生态影响类》（HJ/T 394）。

（2）《建设项目竣工环境保护验收技术规范 输变电》（HJ 705）。

（3）《环境影响评价技术导则 输变电》（HJ 24）。

（4）《电磁环境控制限值》（GB 8702）。

（5）《声环境质量标准》（GB 3096）。

（6）《工业企业厂界环境噪声排放标准》（GB 12348）。

（7）《火力发电厂与变电站设计防火标准》（GB 50229）。

（8）《输变电建设项目环境保护技术要求》（HJ 1113）。

（9）《建筑施工场界环境噪声排放标准》（GB 12523）。

（10）《危险废物贮存污染控制标准》（GB 18597）。

#### 6.5.1.3 国家电网有限公司管理规定

（1）《国家电网有限公司电网建设项目竣工环境保护验收管理办法》（国家电网基建〔2023〕687 号）。

（2）《国家电网有限公司环境保护管理办法》（国家电网企管〔2019〕429 号）。

### 6.5.2 工作内容

#### 6.5.2.1 验收条件

（1）电网建设项目环境影响报告书（表）及环保审批手续完备，初步设计等技术资料与环保档案资料齐全，项目已竣工并带负荷运行。

（2）按照环境影响报告书（表）及批复文件要求组织工程设计、工程实施，环保设施满足设计要求，措施得到有效落实。

（3）工程验收组在启动验收环节应对环保设施质量进行验收，验收合格后，填写环保设施竣工验收检查记录表，并在工程启动验收报告中给出环保设施质量验收合格、可与主体工程同时投入运行的结论。

#### 6.5.2.2 验收计划编制

建设单位环保归口管理部门组织编制省内 110kV 及以上电网建设项目环保验收年度计划；国网特高压公司编制跨省特高压交流输变电项目、跨省直流输电项目环保验收年度计划；国网基建部指定的分部或单位编制除特高压外的跨省交流输变电项目环保验收年度计划。

330kV 及以上电网建设项目环保验收年度计划应于每年一季度报送国网基建部备案。

#### 6.5.2.3 验收委托

（1）环保归口管理部门（或委托相关建设管理单位）根据环保验收年度计划，结合项目建设进度，适时向物资管理部门提出环保验收调查招标需求，宜在开工前确定验收调查单位。

（2）环保验收调查工作应选择具有相关业务能力、工作业绩优良的单位承担，其中验收监测工作应由具备相关资质的单位承担。

#### 6.5.2.4 资料收集

为保证竣工环保验收工作的进行，建设单位应提供以下文件和资料：

（1）项目资料：《初步设计总说明书》（包括环保篇章）、项目施工图设计阶段有关资料和工程竣工图阶段项目技经决算书；变电站（换流站、开关站、串补站等）污水处理装置说明及雨水、生活废水排放流向设计图、变电站（换流站、开关站、串补站等）绿化措施布置图、变电站噪声防护设施设计图及相关设计参数、变电站（换流站）事故油池施工设计图、送电线路路径图、送电线路各类杆塔及塔基型式图、杆塔明细表和拆迁分布图等；项目开工和竣工时间；项目建设过程各阶段实施计划与总结；环保措施实施情况及运行期环境管理及监控计划落实情况。

（2）环评资料。项目环评报告及批复文件。

（3）项目审批文件。工程初步设计批复文件、核准批复文件。

各单位应提供文件和资料目录见表 6–4。

表 6–4　各单位应提供文件和资料目录

| 序号 | 单位 | 应提供文件和资料目录 |
|---|---|---|
| 1 | 设计单位 | 《初步设计总说明书》（包括环保篇章）、项目施工图设计阶段有关资料和项目竣工图阶段技经决算书。项目施工图设计阶段有关资料主要包括变电站（换流站、开关站、串补站等）污水处理装置说明及废水排放流向设计图、变电站（换流站、开关站、串补站等）绿化措施布置图、变电站（换流站）事故油池施工设计图、送电线路路径图、送电线路各类杆塔及塔基型式图、杆塔明细表和拆迁分幅图、变电站（换流站）噪声防护设施设计图及相关设计参数等 |
| 2 | 环评单位 | 项目《环境影响评价报告书（表）》及各级批复文件 |
| 3 | 环保验收调查单位 | 项目竣工环保验收调查实施方案、项目竣工环保验收调查报告和项目竣工环保验收调查监测报告 |
| 4 | 建设管理单位 | 项目初步设计审批文件、立项审批文件、项目开工和竣工时间；项目建设过程各阶段实施计划；涉及环境敏感区相关协议；项目施工单位、监理单位及标段划分；环保措施实施情况及运行期环境管理及监控计划落实情况；竣工环境保护验收调查报告委托书、向环保归口管理部门申请项目竣工环境保护验收的文件；项目竣工环境保护验收执行报告；建设项目竣工环境保护验收申请报告；验收监测时段运行的工况参数 |

#### 6.5.2.5 验收调查

根据《建设项目竣工环保验收技术规范 输变电》（HJ 705）规定，对 110kV 及以上电压等级交流输变电建设项目、±100kV 及以上电压等级直流输变电建设项目需开展竣工环保验收调查工作。

（1）原则与方法。验收调查原则：输变电项目应坚持客观真实、系统全面、重点突出的原则开展验收调查，以经审批的环境影响评价文件及其批复文件、工程设计文件、生态环境规划资料、项目施工资料、竣工资料等为基本要求，按照 HJ 1113 的规定对项目建设内容、环境保护设施和环境保护措施进行核查。

验收调查方法：验收调查应采用资料研读、项目回顾、现场调查、环境监测相结合的方法，并充分利用先进的科技手段和方法。

（2）内容与范围。主要包括：调查环保措施落实情况和环保设施运行情况及效果；调查项目的生态环境、电磁环境、声环境等影响，见表 6–5，开展电磁环境和声环境监测；调查环境管理情况；调查环境风险防范及应急措施落实情况；公众参与情况。

表 6–5 调查内容及范围

| 序号 | 调查内容 | 调查范围 |
| --- | --- | --- |
| 1 | 生态环境 | 调查范围原则上与环评时评价范围一致。一般为：<br>变电站、换流站、开关站、串补站、地面引接站站界外 500m 范围内的区域；不涉及生态敏感区的输电线路为边相导线地面投影外两侧各 300m 范围内的带状区域；涉及生态敏感区的输电线路为边相导线地面投影外两侧各 1000m 范围内的带状区域；综合管廊两侧边缘个外延各 300m 内的带状陆地区域；变电站（换流站、开关站、串补站等）和线路施工场地、牵张场、施工临时道路等非永久性占地区域 |
| 2 | 电磁环境 | 调查范围原则上与环评时评价范围一致。一般为：<br>110kV 交流：变电站、换流站、开关站、串补站站界外 30m 范围内区域，架空线路为边导线地面投影外两侧各 30m 范围；<br>220～330kV 交流：变电站、换流站、开关站、串补站站界外 40m 范围内区域，架空线路为边导线外两侧各 40m 范围；<br>500kV 及以上交流：变电站、换流站、开关站、串补站、地面引接站站界外 50m 范围内区域，架空线路为边导线地面投影外两侧各 50m 范围；<br>±100kV 及以上直流：换流站、开关站、串补站站界外 50m 范围内区域，架空线路为极导线地面投影外两侧各 50m 范围；<br>100kV 及以上交、直流地下电缆：电缆管廊两侧边缘各外延 5m（水平距离） |
| 3 | 声环境 | 调查范围原则上与环评时评价范围一致。一般为：<br>变电站站界外 200m 范围内；输电线路与电磁环境调查范围一致，地下电缆不进行声环境调查 |
| 4 | 水环境 | 变电站运行期废水排放的受纳水体；输电线路施工期涉及的河流、湖泊或水库等 |
| 5 | 环境风险 | 变电站变压器油在事故状态下的应急措施 |
| 6 | 风景区等 | 项目对风景区、森林公园等景观方面的影响 |

（3）执行标准。环境质量标准：输变电建设项目竣工环境保护验收期间的环境质量评价执行现行有效的环境质量标准。

污染物排放标准：输变电建设项目竣工环境保护验收污染物排放标准原则上执行环境影响报告书（表）及其审批部门批复决定中规定的标准。在环境影响报告书（表）审批之后发布或修订的标准对建设项目执行该标准有明确时限要求的，按新发布或修订的标准执行。

环境保护设施处理效果和实施运行效果：根据环境影响报告书（表）及其审批部门批复决定，需评价污染防治、处置设施处理效果及生态保护工程、设施实施运行效果的，按照相关标准、规范、环境影响报告书（表）及其审批部门批复决定的相关要求进行现场核实，也可参照建设项目环境保护设计文件中的要求或设计指标进行现场核实。

（4）调查重点。

1）设计及环境影响评价文件中提出的造成环境影响的主要项目内容。

2）核查实际项目内容、方案设计变更情况和造成的环境影响变化情况。

3）环境敏感目标基本情况及变动情况。

4）环境影响评价制度及其他环境保护规章制度执行情况。

5）环境保护设计文件、环境影响评价文件及其审批文件中提出的环境保护设施和环境保护措施落实情况及其效果、环境风险防范与应急措施落实情况。

6）环境质量和环境监测因子达标情况：根据项目环境敏感点的分布情况，按照技术规范要求，对环境敏感点和输电线路断面进行有关环境因子（工频电场强度、工频磁感应强度、合成场强和噪声等指标）的监测工作。

7）项目施工期和投运期实际存在的及公众反映强烈的环境问题。

8）建设项目环境保护投资落实情况。

验收调查单位应根据环境影响评价文件及其审批文件、工程设计文件，对照相关标准，对调查结果进行整理、分析，针对存在的环境问题提出补救措施与建议。

#### 6.5.2.6 问题整改

环保设施应纳入主体项目质量验收范围，工程验收组在启动验收环节填写环保设施竣工验收检查记录表，并在项目启动验收报告中给出明确的环保设施竣工验收结论，作为环保验收组成部分。

对于验收调查过程中发现的问题，建设管理单位应及时组织整改，满足以下条件后，方可申请整体环保验收：

（1）取得环保设施质量验收合格的结论。

（2）涉及重大变动的，已落实变动环评批复文件。

（3）涉及穿（跨）越生态环境和水环境敏感区，保护措施已落实到位，相关手续完备。

（4）环评报告及其批复文件提出的其他环保措施已落实。

（5）变电站（换流站）厂界噪声、外排废水监测达标，变电站（换流站）和输电线路涉及的电磁和声环境敏感目标监测达标。

（6）临时占地等相关迹地恢复已完成。

#### 6.5.2.7 验收报批

（1）验收申请。建设管理单位向相应的环保归口管理部门提交的环保验收申请，申请材料包括：

1）环保验收申请表。

2）工程启动验收报告（附环保设施竣工验收检查记录表）。

3）环保验收调查报告。

4）环评报告及其批复文件。

5）其他需要说明的事项。

6）环保归口管理部门要求提交的其他材料。

跨省电网建设项目建设管理单位提交环保验收申请前，应向国网经研院提交环保验收资料，国网经研院进行预审并出具预审意见单，预审通过后，方可提交环保验收申请。

（2）技术审评。环保归口管理部门收到建设管理单位提交的环保验收申请后，委托经济技术研究院（或指定的其他单位）进行技术审评；验收调查单位根据技术审评意见修改完善后出版项目竣工环保验收调查报告。

（3）验收意见。环保验收调查报告经修改完善后，环保归口管理部门组织现场检查，召开环保验收会。相关管理部门、建设管理单位、设计单位、施工单位、工程监理单位、环评单位、环保验收调查单位等部门（单位）及邀请的专家参加会议。根据会议审议情况，形成环保验收意见。

对于通过环保验收的项目，环保归口管理部门印发环保验收意见。

存在下列情况之一的，不得提出验收合格的意见：

1）涉及重大变动但未落实变动环评批复文件的。

2）涉及穿（跨）越生态环境和水环境敏感区，保护措施未落实到位，相关手续不完备的。

3）变电站（换流站）污水处理、废（事故）油收集、噪声控制等环保设施未按环评及其批复要求建成的。

4）临时占地等相关迹地恢复工作未按要求完成的。

5）环评报告及其批复文件提出的其他环保措施未落实的。

6）变电站（换流站）厂界噪声、外排废水监测超标的，变电站（换流站）和输电线路涉及的电磁和声环境敏感目标监测超标的。

7）验收调查报告的基础资料数据明显不实，内容存在重大缺项、遗漏等不符合相关技术规范的。

8）违反环保法律法规受到处罚，被责令改正，尚未改正完成的，或存在其他不符合环保法律法规等情形的。

对于验收不合格的项目，建设管理单位应在规定期限内整改完毕，并重新申请验收。

（4）事后核查。建设单位应做好运行期的环保设施运维管理工作，并按照《电网建设项目环境保护和水土保持事中事后监督检查迎检工作规范（试行）》的要求，做好迎接各级生态环境主管部门竣工环境保护验收事后核查的准备。

## 6.5.3 工作流程

### 6.5.3.1 计划编制

省公司环保归口管理部门组织编制省内 110kV 及以上电网建设项目环保验收年度计划；国网特高压公司编制跨省特高压交流输变电项目、跨省直流输电项目环保验收年度计划；国网基建部指定的分部或单位编制除特高压外的跨省交流输变电项目环保验收年度计划。

330kV 及以上电网建设项目环保验收年度计划应于每年一季度报送国网基建部备案。

### 6.5.3.2 验收调查

建设管理单位应根据电网建设项目建设进度，及时组织环保验收调查单位启动验收调查工作。

环保验收调查单位应依照环保法律法规和标准规范开展工作，确保调查内容全面、调查结论合理，并对验收调查报告的真实性和准确性负责。对于验收调查过程中发现的问题，应及时向建设管理单位反馈并落实处理结果。

### 6.5.3.3 环境监测

调试期间，建设单位应当委托有能力的监测机构对环境保护设施运行情况和建设项目对环境的影响进行监测。验收监测应当在确保主体工程调试工况稳定、环境保护设施运行正常的情况下进行，并如实记录监测时的实际工况。国家和地方有关污染物排放标准或者行业验收技术规范对工况和生产负荷另有规定的，按其规定执行。

### 6.5.3.4 环保设施质量验收

环保设施质量验收应纳入主体项目质量验收范围。业主项目部负责管辖范围内电网建设项目环保设施质量验收的计划制订和执行，组织设计、施工、监理、环保验收调查等单位成立环保设施质量验收组，开展资料检查和现场检查，并组织整改发现的问题。验收组在工程启动验收报告中给出环保设施质量验收合格、可与主体工程同时投入运行的结论，并注明检查的环保设施数量、合格的数量、合格率和存在的缺陷。

### 6.5.3.5 验收申请

满足前款条件后，建设管理单位向相应的环保归口管理部门提交环保验收申请。跨省电网建设项目建设管理单位向国网基建部提交环保验收申请前，应向国网经研院提交环保验收资料，国网经研院进行预审并出具预审意见单，预审通过后，方可提交环保验收申请。

### 6.5.3.6 验收技术审评

环保归口管理部门收到环保验收申请后，委托相关单位开展验收调查报告技术审评。

### 6.5.3.7 印发验收意见

技术审评通过后，组织现场检查，适时召开验收会。根据会议审议情况，形成环保验收意见。对于验收不合格的项目，建设管理单位应在规定期限内整改完毕，并重新申请验收。对于环保验收合格的项目，环保归口管理部门以正式文件印发验收意见。

环保验收意见包括工程建设基本情况、工程变动情况、环保设施（措施）落实情况、环保设施调试效果、工程建设对环境的影响、环保验收结论和后续要求等内容，环保验收结论应当明确是否验收合格。

#### 6.5.3.8 信息公开

验收合格的，建设管理单位应通过其网站或其他便于公众知晓的方式公开验收报告（验收调查报告、验收意见、其他需要说明的事项），公示期限不得少于 20 个工作日。

公示期间发现确实存在问题的，建设管理单位应组织整改，并向环保归口管理部门提交整改情况说明，审核通过后重新公示并填报相关信息。

验收报告经公示无问题的，公示期满后 5 个工作日内，牵头的建设管理单位应登录全国建设项目竣工环保验收信息平台，填报建设项目基本信息、环保设施验收情况等相关信息。

#### 6.5.3.9 资料归档

建设管理单位应根据公司档案管理规定，组织做好电网建设项目环保验收相关文件材料的收集和归档等工作。

# 第 7 章

# 电网建设项目水土保持管理

电网建设项目水土保持管理是指在电网建设项目可行性研究、设计、施工、验收等阶段，为预防和治理水土流失所开展的相关活动，包括编报水保方案、开展水保后续设计、落实水保设施（措施）、实施水保监理和水保监测、进行水保设施验收以及相关管理工作。

本章重点介绍了电网建设项目可研、设计、施工、验收等阶段水土保持管理的工作依据、工作内容和工作流程等内容，明确了各阶段的工作要求。

## 7.1 可行性研究阶段水土保持管理

### 7.1.1 工作依据

#### 7.1.1.1 法律法规

（1）《中华人民共和国水土保持法》（2010 年修订本）（中华人民共和国主席令第 39 号）。

（2）《中华人民共和国水法》（中华人民共和国主席令第 74 号）。

（3）《中华人民共和国防洪法》（2016 年修正本）（中华人民共和国主席令第 88 号）。

（4）《中华人民共和国防沙治沙法》（中华人民共和国主席令第 55 号）。

（5）《中华人民共和国河道管理条例》（2018 年修订本）（国务院令第 3 号）。

#### 7.1.1.2 部委规章及规范性文件

（1）关于印发《全国水土保持规划国家级水土流失重点预防区和重点治理区复核划分成果》的通知（办水保〔2013〕188 号）。

（2）《水土保持补偿费征收使用管理办法》（财综〔2014〕8 号）。

（3）《关于水土保持补偿费收费标准（试行）的通知》（发改价格〔2014〕886 号）。

（4）水利部等七部门联合印发《全国水土保持规划（2015—2030 年）的通知》（水规计〔2015〕507 号）。

（5）《水利部办公厅关于进一步加强生产建设项目水土保持方案审批信息公开工作的通知》（办水保〔2016〕59 号文）。

（6）《水利部办公厅关于印发水利部行政审批监管平台运行管理暂行办法的通知》（办信息〔2018〕262 号）。

（7）《水利部关于进一步深化“放管服”改革全面加强水土保持监管的意见》（水保〔2019〕160 号）。

（8）《水利部办公厅关于印发生产建设项目水土保持监督管理办法的通知》（办水保〔2019〕172 号）。

（9）《水利部办公厅关于推进水土保持监管信息化应用工作的通知》（办水保〔2019〕198 号）。

（10）《水利部办公厅关于印发生产建设项目水土保持方案审查要点的通知》（办水保〔2023〕177 号）。

（11）《水利部办公厅关于实施生产建设项目水土保持信用监管“两单”制度的通知》（办水保〔2020〕157 号）。

（12）《水利部办公厅关于做好生产建设项目水土保持承诺制管理的通知》（办水保〔2020〕160 号）。

（13）《生产建设项目水土保持方案管理办法》（水利部令第 53 号）。

（14）《水利部办公厅关于进一步加强部批项目水土保持监管工作的通知》（办水保〔2024〕57 号）。

#### 7.1.1.3 公司管理规定

（1）《国家电网有限公司关于进一步落实电网建设项目环境保护与水土保持过程管控措施的通知》（国家电网基建〔2024〕121 号）。

（2）《国家电网有限公司电网建设项目水土保持管理办法》（国家电网基建〔2023〕687 号）。

（3）《国网科技部关于印发〈电网建设项目环境影响报告书内审要点〉和〈电网建设项目水土保持方案报告书内审要点〉的通知》（科环〔2019〕2 号）。

（4）《国家电网有限公司关于印发〈电网建设项目水土保持方案报告书编报工作规范（试行）〉的通知》（国家电网科〔2019〕92 号）。

### 7.1.2 工作内容

#### 7.1.2.1 参与选址选线

电网建设项目可研设计阶段，选址选线应禁止进入崩塌、滑坡危险区和泥石流易发区从事可能造成水土流失的活动；限制或者禁止进入水土流失严重、生态脆弱的地区；应当避让水土流失重点预防区和重点治理区（以下简称“两区”），无法避让的应当提高防治标准，优化施工工艺。梳理识别水土流失“两区”及水土保持敏感区与法规、规划相符性分析，编制水土流失“两区”及水土保持敏感区复核意见单，明确工程建设方案中是否存在遗漏的水保敏感区、是否进入水保相关法律禁入区域、占地及取弃土等相关协议文件是否满足水保审批要求。

#### 7.1.2.2 可研水土保持篇章审查

可研报告应包含水保相关内容，明确项目建设内容和工程占地；明确水土流失防治责任范围、防治分区和应执行的标准；明确工程扰动地表面积、损坏水土保持设施数量、土石方量和新增水土流失量；明确水土流失防治措施体系、各防治分区的防治措施类型及主要工程量和投资估算成果，并根据水保原则和要求从水土保持角度提出设计方案优化和工程可行性的意见。

建设单位的可研管理部门应督促可研单位贯彻落实国家水保法律法规和技术标准要求，按照可研内容深度规定，在可研报告中编制水保篇章，尽可能避免水保重大变动发生，并在工程投资估算中合理计列水保费用。

#### 7.1.2.3 启动水土保持方案编制

水土保持方案（以下简称水保方案）是根据工程所在区域的地形地貌特征和地质条件，对水土保持措施的类型、型式、规模、数量、布局等进行比选，选择技术合理、符合实际的水土保持工程措施和植物措施，并严格按水土保持工程设计标准、规范要求进行设计。

根据《生产建设项目水土保持方案管理办法》，水土保持方案分为报告书和报告表。征占地面积 5 万 $m^2$ 以上或者挖填土石方总量 5 万 $m^3$ 以上的生产建设项目，应当编制水土保持方案报告书。征占地面积 5000$m^2$ 以上、不足 5 万 $m^2$ 或者挖填土石方总量 1000$m^3$ 以上、不足 5 万 $m^3$ 的生产建设项目，应当编制水土保持方案报告表。征占地面积不足 5000$m^2$ 并且挖填土石方总量不足 1000$m^3$ 的生产建设项目，不需要编制水土保持方案，但应当按照水土保持有关技术标准做好水土流失防治工作。

电网建设项目在可行性研究阶段应启动水土保持方案编制工作，水土保持方案编制应委托具有相应能力、熟悉相关业务、工作业绩优良的水土保持咨询单位承担。委托合同中应明确双方权利义务、水土保持方案编制工作的内容、质量、完成时间和付款方式、争议解决方式及违约责任等。承担水土保持方案编制的咨询单位应依照水土保持法律法规规章和技术规程、标准开展工作，确保水土保持方案切实可行。

#### 7.1.2.4 水土保持方案编制

根据《特高压输变电工程水土保持方案内容深度规定》（DL/T 5530）规定，输变电工程水保方案报告书编制可分为前期准备阶段、中期编制阶段及后期报批阶段。

（1）前期准备阶段。主要工作有收集主体工程资料、分析水土流失因素、进行现场踏勘、分析水土保持制约性因素并判定工程的水土保持合规性等。

（2）中期编制阶段。主要工作有对收集的资料进行分析，对主体设计提出水土保持分析与评价意见，对项目进行水土流失防治分区，确定工程占地、土石方量、水土流失防治责任范围、水土流失量、水土保持措施布局及防治标准、水土保持措施设计标准，开展水土保持典型设计，估算水土保持工程量及投资等，并编制水土保持方案报告书。

（3）后期报批阶段。主要工作由建设单位向相应的水行政主管部门提请审批，并应根据水行政主管部门要求完成相关工作。

水保方案报告表可参照水保方案报告书的编制规定执行。

水保方案编制单位在水保方案编制工作各个阶段中，应对总体工作内容、方案和进度有明晰的要求，总负责单位对本单位和协作单位的工作成果进行审查、反馈和汇总，并对评价结果负总责。

协作单位应按总负责单位的统一安排和要求进行工作，对有关问题进行分析，提供相应的资料和分析评价成果，接受总负责单位的审核。协作单位应对所承担的内容及结果负责。

### 7.1.3 工作流程

#### 7.1.3.1 选址选线及可研篇章审查

（1）建设单位归口管理部门应参与选址选线审查，检查是否进入崩塌、滑坡危险区、泥石流易发区；是否进入水土流失严重、生态脆弱的地区；是否避让水土流失重点预防区和重点治理区。落实水土保持空间管控要求，加强水土流失重点预防区和水土流失重点治理区以及水土流失严重、生态脆弱区域内项目选线选址不可避让论证把关。梳理识别水土流失“两区”及水土保持敏感区和法规、规划相符性分析，编制水土流失“两区”及水土保持敏感区复核意见单，明确工程建设方案中是否存在遗漏的水保敏感区、是否进入水保相关法律禁入区域、占地及取弃土等相关协议文件是否满足水保审批要求。

（2）建设单位的可研管理部门应参与可研报告水保篇章审查，督促可研单位贯彻落实国家水保法律法规和技术标准要求，按照可研内容深度规定，在可研报告中编制水保篇章，尽可能避免水保重大变动发生，并在工程投资估算中合理计列水保费用。

（3）水保方案编制单位对水保制约性因素、取弃土方案和水保措施等进行复核，出具复核意见单。

（4）可研单位接收复核意见单后，及时闭环处理并反馈水土方案编制单位和建设单位，必要时应修改完善可研方案或补充办理协议文件，确保项目水保合法性。

#### 7.1.3.2 水土保持方案委托及编制

（1）建设单位应在可研阶段进行水保方案编制单位委托（招标），水保方案编制工作应选择具有相应能力、熟悉相关业务、工作业绩优良的水保咨询单位承担。

（2）根据《特高压输变电工程水土保持方案内容深度规定》（DL/T 5530）规定，输变电工程水保方案报告书编制可分为前期准备阶段、中期编制阶段及后期报批阶段。

1）前期准备阶段。主要工作有收集主体工程资料、分析水土流失因素、进行现场踏勘、分析水土保持制约性因素并判定工程的水土保持合规性等。

2）中期编制阶段。主要工作有对收集的资料进行分析，对主体设计提出水土保持分析与评价意见，对项目进行水土流失防治分区，确定工程占地、土石方量、水土流失防治责任范围、水土流失量、水土保持措施布局及防治标准、水土保持措施设计标准，开展水土保持典型设计，估算水土保持工程量及投资等，并编制水土保持方案报告书。

3）后期报批阶段。主要工作由建设单位向相应的水行政主管部门提请审批，并应根据水行政主管部门要求完成相关工作。

水保方案报告表可参照水保方案报告书的编制规定执行。

水保方案编制单位在水保方案编制工作各个阶段中，应对总体工作内容、方案和进度有明晰的要求，总负责单位对本单位和协作单位的工作成果进行审查、反馈和汇总，并对评价结果负总责。

协作单位应按总负责单位的统一安排和要求进行工作，对有关问题进行分析，提供相应的资料和分析评价成果，接受总负责单位的审核。协作单位应对所承担的内容及结果负责。

## 7.2 设计阶段水土保持管理

### 7.2.1 工作依据

#### 7.2.1.1 法律法规

（1）《中华人民共和国水土保持法》（2010 年修订本）（中华人民共和国主席令第 39 号）。

（2）《中华人民共和国水法》（中华人民共和国主席令第 74 号）。

（3）《中华人民共和国防洪法》（2016 年修订本）（中华人民共和国主席令第 88 号）。

（4）《中华人民共和国防沙治沙法》（中华人民共和国主席令第 55 号）。

（5）《中华人民共和国水土保持法实施条例》（2011 年修订本）（国务院令第 120 号）。

（6）《中华人民共和国河道管理条例》（2018 年修订本）（国务院令第 3 号）。

#### 7.2.1.2 部委规章及规范性文件

（1）关于印发《全国水土保持规划国家级水土流失重点预防区和重点治理区复核划分成果》的通知（办水保〔2013〕188 号）。

（2）《水土保持补偿费征收使用管理办法》（财综〔2014〕8 号）。

（3）《关于水土保持补偿费收费标准（试行）的通知》（发改价格〔2014〕886 号）。

（4）水利部等七部门联合印发《全国水土保持规划（2015—2030 年）的通知》（水规计〔2015〕507 号）。

（5）《水利部办公厅关于进一步加强生产建设项目水土保持方案审批信息公开工作的通知》（办水保〔2016〕59 号文）。

（6）《水利部生产建设项目水土保持方案变更管理规定》（办水保〔2016〕65 号）。

（7）《水利部关于加强事中事后监管规范生产建设项目水土保持设施自主验收的通知》（水保〔2017〕365 号）。

（8）《水利部生产建设项目水土保持方案技术评审细则（试行）》（办水保〔2018〕47 号）。

（9）《生产建设项目水土保持技术文件编写和印制格式规定（试行）》（办水保〔2018〕135 号）。

（10）《水利部办公厅关于印发水利部行政审批监管平台运行管理暂行办法的通知》（办信息〔2018〕262 号）。

（11）《水利部关于进一步深化“放管服”改革全面加强水土保持监管的意见》（水保〔2019〕160 号）。

（12）《水利部办公厅关于印发生产建设项目水土保持监督管理办法的通知》（办水保〔2019〕172 号）。

（13）《水利部办公厅关于推进水土保持监管信息化应用工作的通知》（办水保〔2019〕198 号）。

（14）《水利部办公厅关于实施生产建设项目水土保持信用监管“两单”制度的通知》（办水保〔2020〕157 号）。

（15）《水利部办公厅关于做好生产建设项目水土保持承诺制管理的通知》（办水保〔2020〕160 号）。

（16）《生产建设项目水土保持方案管理办法》（水利部令第 53 号）。

（17）《水利部办公厅关于进一步加强部批项目水土保持监管工作的通知》（办水保〔2024〕57 号）。

（18）《水利部关于加强水土保持空间管控的意见》（水保〔2024〕4 号）。

#### 7.2.1.3 公司管理规定

（1）《国家电网有限公司关于进一步落实电网建设项目环境保护与水土保持过程管控措施的通知》（国家电网基建〔2024〕121 号）。

（2）《国网科技部关于印发〈重点输变电工程设计阶段环境保护技术监督工作方案（试行）〉的通知》（科环〔2016〕71 号）。

（3）《国家电网有限公司电网建设项目水土保持管理办法》（国家电网基建〔2023〕687 号）。

（4）《电网建设项目水土保持方案报告书编报工作规范（试行）》（国家电网科〔2019〕92 号）。

（5）《国网科技部关于印发〈电网建设项目环境影响报告书内审要点〉和〈电网建设项目水土保持方案报告书内审要点〉得通知》（科环〔2019〕2 号）。

（6）《国家电网有限公司关于印发〈电网建设项目水土保持方案报告书编报工作规范（试行）〉的通知》（国家电网科〔2019〕92 号）。

（7）《国家电网公司关于进一步规范电网建设项目环境保护和水土保持管理的通知》（国家电网科〔2017〕866 号）。

### 7.2.2 工作内容

#### 7.2.2.1 水保篇章管理

电网建设项目设计阶段，应按照水土保持设计规范的要求，在项目初步设计、施工图设计中，编制水土保持篇章，开展水土保持设计，落实水土保持方案报告及其批复文件提出的水土保持的措施、设施和投资概算，督促设计单位完善设计方案中水土保持相关内容及协议文件。

参加初步设计和施工图设计评审会，依据水土保持方案报告及其批复文件，组织建设管理单位、设计单位、施工单位、水保方案单位、负责水保监理的单位等单位进行复核，判断是否存在水保重大变更。发生重大变更时，建设管理单位依法重新报批变更水保方案，变更水保方案报告批复前，发生重大变更部分不得开工建设。

#### 7.2.2.2 水保方案的内审

水保方案的内部审核是指在水保方案报告正式出版前，建设单位组织设计、水保等工程相关技术人员对项目水保方案报告进行的一次全面、系统的审查。

国家电网有限公司印发的《关于开展水利部审批的电网建设项目水土保持方案报告书、水土保持设施自验报告和水土保持监测总结报告内审工作的通知》（科环〔2016〕101号）规定了由水利部审批的电网建设项目水保方案报告书内审工作流程，由省（市、区）水利主管部门审批的电网建设项目水保方案报告内审工作可参照执行。

由水利部审批的电网建设项目水保方案报告书内审工作流程如下：

（1）报审条件。

1）支持性文件（涉及重要河流及水利工程协议文件、取/弃协议文件等）基本齐备。

2）水保方案编制单位完成了水保方案的编制及校审。

3）建设单位完成了水保方案的审核。

（2）任务下达。建设单位向国网基建部提请内审，国网基建部向国网经研院下达水保方案内审任务。

（3）会议准备。国网经研院接到内审任务后，安排项目负责人，制定内审计划，筹备内审会议，印发内审会议通知，内审会议原则上在接到工作任务后5个工作日内召开。

（4）会议召开。国网经研院组织召开内审会议，主要内容为：听取水保方案编制单位情况汇报，专家讨论、评审并形成会议纪要（初稿）和内审问题单。参加内审会议人员包括：国网基建部、国网经研院、建设单位、水保方案编制单位、设计单位有关人员和特邀专家。

（5）印发会议纪要。内审会议结束后5个工作日内，国网经研院整理、印发正式会议纪要。

（6）报告修改。水保方案编制单位根据内审会议纪要对水保方案进行修改完善，国网经研院负责对水保方案修改及相关支持性文件落实情况进行跟踪督促。

（7）报告复核及送审。水保方案编制单位将修改完善后的水保方案报送国网经研院复核，建设单位将复核确认后的水保方案报送水利部审批。

根据《国家电网有限公司电网建设项目水土保持管理办法》（国家电网基建〔2023〕687号）第十三条规定，在电网建设项目可行性研究阶段，建设单位应启动水保方案编制工作，在初步设计评审前完成内审，开工前取得水行政主管部门（或水保方案审批机关）的批复文件。

《国家电网有限公司电网建设项目水土保持管理办法》（国家电网基建〔2023〕687号）第十七条规定，电网建设项目水保方案按照水行政主管部门审批权限实行分级报送。

跨省电网建设项目水保方案（含变更、补充）内审通过后，国网基建部统一报送水利部审批。

省内电网建设项目水保方案（含变更、补充）通过内审后，水保方案管理部门按照项目管理权限报送有审批权限的水行政主管部门（或水保方案审批机关）审批。

国家电网有限公司印发的《电网建设项目水土保持方案报告书内审要点》（科环〔2019〕2 号）明确了内审工作要求，针对水土保持方案报告书中项目概况、项目区概况、防治标准及目标值、主体工程水土保持分析评价结论、防治责任范围、水土流失预测结果、水土保持防治分区和措施总体布局、水土保持监测、水土保持投资估算及效益分析、结论与建议等内容提出了内审技术要点。总体要求如下：

1）与法律法规和标准的相符性。审查项目与我国水土保持相关法律法规及技术标准的相符性，包括现行法律法规、国家产业政策和水利部有关规定，《生产建设项目水土保持技术标准》《生产建设项目水土流失防治标准》等重要技术标准。

2）项目区现状调查的客观性、可靠性。根据项目特点和所在区域环境特点，结合水土保持有关技术规范要求，审查项目区现状调查的客观性和可靠性。

3）水土流失预测的科学性、准确性。根据项目特点和所在区域环境特点，结合水土保持有关技术规范要求，审查采用的预测参数、预测模式、预测结果的科学性和准确性。

4）水土保持设施、措施的可行性、有效性。按照全面规划、因地制宜的原则，结合水土保持防治目标要求，审查项目拟采取的水土保持设施、措施的可行性和有效性。

5）水土保持方案的规范性。根据水土保持相关技术规范和办水保〔2018〕135 号有关要求，审查水土保持方案编制的规范性，包括术语、格式、版式、图件、表格、装订等方面。

6）有下列情况之一的不予通过审查：

a. 涉及饮用水水源保护区、自然保护区、世界文化和自然遗产地、风景名胜区、地质公园、森林公园、重要湿地，不满足相关法律法规规定的。

b. 选址选线未避让《中华人民共和国水土保持法》规定应避让区域的，或无法避让《中华人民共和国水土保持法》规定应避让区域，方案没有提出提高防治标准、优化施工工艺、减少地表扰动和植被损坏范围要求的；未避让《生产建设项目水土保持技术标准》规定应避让区域的。

c. 选址选线比选方案从水土保持角度明显优于推荐方案，无明显制约因素的。

d. 主体工程布局明显不利于水土保持的。

e. 工程扰动面积明显超过合理范围的。

f. 弃土没有综合利用方案的；确需废弃、没有落实存放地的，或存放地设置不符合规范要求的。

g. 取土场地未落实，或取土场设置不符合规范要求的。

h. 水土保持设施、措施有重大遗漏或者明显不合理的。

#### 7.2.2.3 水保方案的报批

根据水利部《生产建设项目水土保持方案管理办法》，生产建设单位应当在生产建设项目开工建设前完成水土保持方案编报并取得批准手续。生产建设单位未编制水土保持方案或者水土保持方案未经批准的，生产建设项目不得开工建设。

水土保持方案自批准之日起满 3 年，生产建设项目方开工建设的，其水土保持方案应当报原审批部门重新审核。原审批部门应当自收到生产建设项目水土保持方案之日起 10 个工作日内，将审核意见书面通知生产建设单位。

水土保持方案实行分级审批。国务院或者国务院有关部门审批、核准、备案的生产建设项目，其水土保持方案由水利部审批。县级以上地方人民政府及其有关部门审批、核准、备案的生产建设项目，其水土保持方案由同级人民政府水行政主管部门审批。跨行政区域的生产建设项目，其水土保持方案由共同的上一级人民政府水行政主管部门审批。

生产建设单位申请审批水土保持方案的，应当向有审批权的水行政主管部门提交申请，提供水土保持方案报告书或者水土保持方案报告表一式三份。对水土保持方案报告表，实行承诺制管理。申请人依法履行承诺手续，水行政主管部门在受理后即时办结。

水土保持方案应当符合法律法规和技术标准的要求。存在下列情形之一的，水行政主管部门应当作出不予行政许可的决定：

（1）水土流失防治目标、防治责任范围不合理的。

（2）弃土弃渣未开展综合利用调查或者综合利用方案不可行，取土场、弃渣场位置不明确、选址不合理的。

（3）表土资源保护利用措施不明确，水土保持措施配置不合理、体系不完整、等级标准不明确的。

（4）生产建设项目选址选线涉及水土流失重点预防区、重点治理区，但未按照水土保持标准、规范等要求优化建设方案、提高水土保持措施等级的。

（5）水土保持方案基础资料数据明显不实，内容存在重大缺陷、遗漏的。

（6）存在法律法规和技术标准规定不得通过水土保持方案审批的其他情形的。

#### 7.2.2.4 水保重大变更管理

水土保持方案经批复后，应加强对电网建设项目的地点、规模、水土保持设施（措施）等复核，如发生重大变更，建设管理单位应依据水行政主管部门关于生产建设项目水土保持方案变更管理的相关要求，履行相应变更程序。

根据《生产建设项目水土保持方案管理办法》，水土保持方案经批准后存在下列情形之一的，生产建设单位应当补充或者修改水土保持方案，报原审批部门审批：

（1）工程扰动新涉及水土流失重点预防区或者重点治理区的。

（2）水土流失防治责任范围或者开挖填筑土石方总量增加 30% 以上的。

（3）线型工程山区、丘陵区部分线路横向位移超过 300m 的长度累计达到该部分线路长度 30% 以上的。

（4）表土剥离量或者植物措施总面积减少 30% 以上的。

（5）水土保持重要单位工程措施发生变化，可能导致水土保持功能显著降低或者丧失的。因工程扰动范围减小，相应表土剥离和植物措施数量减少的，不需要补充或者修改水土保持方案。

（6）在水土保持方案确定的弃渣场以外新设弃渣场的，或者因弃渣量增加导致弃渣场等级提高的，生产建设单位应当开展弃渣减量化、资源化论证，并在弃渣前编制水土保持方案补充报告，报原审批部门审批。

建设单位需组织电网建设项目水保方案编制单位深度参与初步设计和施工阶段的水土保持工作，通过初步设计审查和在建期水保方案核查等形式，动态掌握建设项目的变更情况，及时发现电网建设项目重大变更，开展后续重新报批或备案等工作。

#### 7.2.2.5 水保方案文件重新审核与重新报批

《水保法》第二十五条规定，水保方案经批准后，生产建设项目的地点、规模发生重大变化的，应当补充或者修改水保方案并报原审批机关批准。水保方案实施过程中，水土保持措施需要作出重大变更的，应当经原审批机关批准。生产建设项目水保方案的编制和审批办法，由国务院水行政主管部门制定。

输变电工程在开工前或建设过程中发生 7.2.2.4 中提到的重大变更时，应按以下原则重新报批水保方案：

（1）建设单位在项目开工建设前应当对工程最终设计方案与水保方案进行梳理对比，构成重大变更的应当对变更内容进行水土保持评价并重新报批。

（2）项目建设过程中如发生重大变更，应当在实施前对变更内容进行水土保持评价并重新报批。

#### 7.2.2.6 水保设计

可研阶段，建设单位组织可研单位按照可研深度规定编制可研报告的水土保持篇章，落实水保投资估算。初步设计阶段，建设单位根据水保方案及批复文件要求，按照初步设计深度规定组织开展水保设计，编制水土保持篇章，落实水保设施（措施）和投资概算。施工图设计阶段，建设单位组织在施工图设计文件中编制水保专项设计卷册。建设单位应组织有关单位对施工图设计文件与水保方案进行重大变更复核，构成重大变动的需组织重新编报水保变更方案。

### 7.2.3 工作流程

#### 7.2.3.1 水保篇章编制和审查

建设单位应根据水土保持方案有关规范及技术标准，组织开展水土保持设计，编制水土保持篇章，落实水土保持设施（措施）和投资。

建设管理部门应在初步设计和施工图设计阶段加强对水保设计内容的审查，并将水保方案重大变动情况作为设计评审的重要内容。

依据水保方案编制单位对设计方案提出的水保复核意见，督促初设单位修改完善初设方案或补充办理水保协议文件。

#### 7.2.3.2 水保方案内审与报批

电网建设项目水保方案报送审批前，水保方案管理部门应统一组织水保方案内审，环保归口管理、前期管理、建设管理、设备管理等部门以及相关地市级公司等参加内审，对环评报告、水保方案编制规范性和编制质量进行审核把关。

建设单位按照水行政主管部门要求报送水保方案，协调配合评审机构技术评审、现场勘查、专家咨询审议等各环节工作；督促水保方案编制单位依据审议意见及时修改完善水保方案并报送至评审机构，跟踪水保方案批复进展情况，并在项目开工前取得水保方案批复。

建设单位应与水行政主管部门加强沟通联系，做好水土保持方案批复的跟踪协调工作。

#### 7.2.3.3 设计评审及重大变更审核

水保方案批复后至项目开工前，建设单位应组织有关单位对施工图设计文件与水保方案进行梳理对比，构成重大变更的需补充或修改水保方案并重新报批，构成其他变化的纳入水土保持设施验收管理，并符合水行政主管部门的管理要求和相关水保标准、规范要求。

在初步设计评审时，如尚未报批水保方案，建设管理部门应组织设计单位依据内审后的水保方案，对工程内容及水保设施（措施）等进行一致性复核，并根据复核结果组织完善设计方案或修改水保方案，确保相关内容保持一致。在初步设计评审时，如已报批水保方案，建设管理部门应组织设计单位依据报批的水保方案及其批复文件（如有），对工程内容及水保设施（措施）等进行一致性复核，并要求评审单位在评审意见中明确是否涉及水保重大变动。

施工图设计评审时，建设管理部门应组织设计单位依据报批的水保方案及其批复文件（如有），对工程内容及水保设施（措施）等进行一致性复核，并要求评审单位在评审意见中明确是否涉及水保重大变动。涉及水保重大变动的，建设管理部门应组织填写重大变动情况表，于评审意见出具后 5 个工作日内报送本单位环保归口管理部门和电网投资管理部门，并组织调整施工图设计方案或在变动部分实施前履行完相应的水保重大变动报批程序。

当需要依法履行环保水保重大变动报批程序时，环保归口管理部门应向本单位建设管理部门出具书面函件或向建设管理单位下发“环境保护告（预）警通知书”，提示防范违规风险；当发现未及时履行报批程序时，环保归口管理部门应向建设管理单位下发“环境保护整改通知单”，督促相关工作落实。

## 7.3 施工阶段水土保持管理

### 7.3.1 工作依据

#### 7.3.1.1 法律法规

（1）《中华人民共和国水土保持法》（2010 年修订本）（中华人民共和国主席令第 39 号）。

（2）《中华人民共和国水法》（中华人民共和国主席令第 74 号）。

（3）《中华人民共和国防洪法》（2016 年修订本）（中华人民共和国主席令第 88 号）。

（4）《中华人民共和国防沙治沙法》（中华人民共和国主席令第 55 号）。

（5）《中华人民共和国水土保持法实施条例》（2011 年修订本）（国务院令第 120 号）。

（6）《中华人民共和国河道管理条例》（2018 年修订本）（国务院令第 3 号）。

#### 7.3.1.2 部委规章及规范性文件

（1）《水利部生产建设项目水土保持方案变更管理规定》（办水保〔2016〕65 号）。

（2）《生产建设项目水土保持技术文件编写和印制格式规定（试行）》（办水保〔2018〕135 号）。

（3）《水利部办公厅关于印发水利部行政审批监管平台运行管理暂行办法的通知》（办信息〔2018〕262 号）。

（4）《水利部关于进一步深化“放管服”改革全面加强水土保持监管的意见》（水保〔2019〕160 号）。

（5）《水利部办公厅关于印发生产建设项目水土保持监督管理办法的通知》（办水保〔2019〕172 号）。

（6）《水利部办公厅关于进一步加强生产建设项目水土保持监测工作的通知》（办水保〔2020〕161 号）。

（7）《水利部办公厅关于推进水土保持监管信息化应用工作的通知》（办水保〔2019〕198 号）。

（8）《水利部办公厅关于实施生产建设项目水土保持信用监管“两单”制度的通知》（办水保〔2020〕157 号）。

（9）《水利部关于加强水土保持空间管控的意见》（水保〔2024〕4 号）。

#### 7.3.1.3 公司管理规定

（1）《国家电网有限公司关于进一步落实电网建设项目环境保护与水土保持过程管控措施的通知》（国家电网基建〔2024〕121 号）。

（2）《国网科技部关于印发重点输变电工程环境保护和水土保持专项检查工作大纲的通知》（科环〔2015〕32 号）。

（3）《国家电网有限公司电网建设项目水土保持管理办法》（国家电网基建〔2023〕687 号）。

（4）《国家电网公司关于进一步规范电网建设项目环境保护和水土保持管理的通知》（国家电网科〔2017〕866 号）。

（5）《输变电工程水土保持技术规程　第 4 部分：水土保持监理》（国家电网企管〔2023〕561 号）。

（6）《输变电工程水土保持技术规程　第 5 部分：水土保持监测》（国家电网企管〔2023〕561 号）。

（7）《电网建设项目环境保护和水土保持标准化管理手册（业主、监理、施工项目部）》。

## 7.3.2 工作内容

### 7.3.2.1 开工前置条件审核

对于跨省电网建设项目，开工前各建设管理单位负责对开工前置条件（水保）进行审核把关，将水保方案批复文件与“电网建设项目开工前置条件水保审核意见表”（见表 7-1）报送国网基建部、发展部备案；未依法取得水保方案批复文件的，不得开工建设。

表 7-1　　电网建设项目开工前置条件水保审核意见表

| 序号 | 工程名称 | 建管单位（建设管理单位） | 计划开工时间 | 环评（含变动）批复时间 | 环评（含变动）批复文号 | 水保（含变更）批复时间 | 水保（含变更）方案批复文号 | 是否符合开工前置条件（环保、水保） |
|---|---|---|---|---|---|---|---|---|
| | | | | | | | | |
| | | | | | | | | |
| | | | | | | | | |

填报单位/部门（盖章）：　　填报人：　　审核人：　　填报日期：

### 7.3.2.2 组织水保施工图会检

（1）业主项目部组织水保施工图会检，配合审查设计单位初设文本、施工图中水保设计及水保方案及批复要求相关内容。

（2）施工项目部对水保施工图进行预审，形成预检意见，参加业主项目部组织的施工图会检。

（3）监理项目部组织监理人员对水保施工图进行预检，形成预检意见，参加业主项目部组织的施工图会检。

### 7.3.2.3 编制水保策划文件

（1）业主项目部编制工程水保策划管理专篇，组织监理、施工项目部编制水保监理规划、施工策划文件并进行审批。

（2）监理项目部编制水保监理规划文件。

（3）施工项目部编制水保施工策划文件。

### 7.3.2.4 水保培训及交底

业主项目部组织监理及施工项目部依据设计文件、施工图中有关水保方面的要求、水保方案及批复要求对项目部人员进行开工前水保培训及交底；设计单位开展水保专项设计交底；水保方案编制单位开展水保方案及批复文件宣贯；水保验收单位开展现场水保有关工作培训。

### 7.3.2.5 水土保持监测管理

开展生产建设项目水土保持监测，是生产建设单位应当履行的一项法定义务，是生产建设单位及时定量掌握水土流失及防治状况、对项目建设造成的水土流失进行过程控制的重要基础，也是各流域管理机构和地方各级水行政主管部门开展生产建设项目水土保持跟踪检查、验收核查等监管工作的依据和支撑（《水利部办公厅关于进一步加强生产建设项目水土保持监测工作的通知》办水保〔2020〕161 号）。

建设单位（或建设管理单位）应委托具有相应能力、熟悉相关业务、工作业绩优良的水土保持监测单位开展电网建设项目水土保持监测，并按照有关规定，向水行政主管部门报送水土保持监测情况，对监测中发现的问题及时整改落实。

承担水土保持监测的单位应按照水土保持相关技术标准及批复的水土保持方案开展监测工作，编制水土保持监测实施方案、监测报告、监测总结报告等，作为水土保持设施验收的重要依据。监测单位在监测工作开展前要制定监测实施方案；在监测期间要做好监测记录和数据整编，按季度编制监测报告；在水土保持设施验收前应编制监测总结报告。监测实施方案、日常监测记录和数据、监测意见、监测季报和总结报告，应及时提交生产建设单位。监测单位发现可能发生水土流失危害情况的，应随时向生产建设单位报告。

监测单位应当在每季度第一个月向审批水土保持方案的水行政主管部门（或者其他审批机关的同级水行政主管部门）报送上一季度的监测季报。其中，水利部审批水土保持方案的生产建设项目，监测季报向项目涉及的流域管理机构报送。

#### 7.3.2.6 水土保持监理管理

根据《水利部关于进一步深化“放管服”改革全面加强水土保持监管的意见》（水保〔2019〕160 号）规定：凡主体工程开展监理工作的项目，应当按照水土保持监理标准和规范开展水土保持工程施工监理。其中，征占地面积在 20 万 $m^2$ 以上或者挖填土石方总量在 20 万 $m^3$ 以上的项目，应当配备具有水土保持专业监理资格的工程师；征占地面积在 200 万 $m^2$ 以上或者挖填土石方总量在 200 万 $m^3$ 以上的项目，应当由具有水土保持工程施工监理专业资质的单位承担监理任务。

建设单位（或建设管理单位）应委托具有相应能力、熟悉相关业务、工作业绩优良的单位开展电网建设项目水土保持监理。

承担水土保持监理的单位应根据国家工程监理和水土保持监理的有关法规和标准、批复的水土保持方案及工程设计文件、工程施工合同、监理合同等，对水土保持设施（措施）的落实情况进行监督检查，对水土保持设施建设的质量、进度和投资进行控制，并提出水土保持监理意见，编制和提交水土保持监理总结报告，做好监理记录和档案管理，作为水土保持设施验收的依据。

#### 7.3.2.7 水土保持措施、设施落实

在施工阶段，项目建设单位应将水土保持设施建设和水土保持要求纳入施工合同，保证水土保持设施建设进度和资金，落实水土保持方案报告书（表）及有关批复文件要求，按照水保设计文件施工。

工程建设全过程，应控制和减少对原地貌、地表植被、水系的扰动和损毁，保护原地

表植被、表土及结皮层、沙壳与地衣等，减少占用水、土资源，提高利用效率；开挖、填筑、排弃的场地应采取拦挡、护坡、截（排）水等防治措施；弃土（石、渣）应综合利用，不能利用的应集中堆放在专门的存放地；土建施工过程应有临时防护措施；施工迹地应及时进行土地整治，恢复其利用功能。

工程建设的水土保持措施应与主体工程相配合、协调，在不影响主体工程施工的前提下，尽可能利用已有的水、电、交通等施工条件，减少施工辅助设施工程量。水土保持措施实施进度应按照“三同时”的原则与主体工程建设进度相适应，及时防治新增水土流失。施工应坚持“保护优先、先挡后弃、及时跟进”的原则；施工时应合理安排各防治区的施工工序，减少或避免各工序间的相互干扰，与主体工程施工一并进行。

水土保持工程实施后，各项治理措施必须符合规定的质量要求。水保各项治理措施的基本要求是总体布局合理，各项措施位置符合规划要求，规格、尺寸、质量使用材料、施工方法符合施工和设计标准经暴雨考验后基本完好。项目水土流失防治应做到建设范围内的新增水土流失得到有效控制，原有水土流失得到治理，水土保持设施应安全有效，水土资源、林草植被应得到最大限度的保护与恢复，水土流失治理度、土壤流失控制比、渣土防护率、表土保护率、林草植被恢复率、林草覆盖率等六项指标应符合国家标准的规定。

#### 7.3.2.8 重大变更管理

各建设管理单位要切实加强施工阶段水保管理，认真落实水保方案及其批复文件要求，组织水保监理（包括主体工程监理单位承担水保监理职责的，下同）、水保监测等单位加强施工过程水保设施（措施）落实情况的监督管理以及水保重大变动（变更）的管控。当管辖范围内发生涉及水保设计方案变更时，相关建设管理单位应及时组织设计、施工、水保监理、水保监测、环评报告编制、水保方案编制等单位进行水保合法性评估和重大变动（变更）风险评估。

经风险评估若变更内容可能构成水保重大变动（变更），建设管理单位应及时组织设计、施工、水保监理、水保监测和水保方案编制等单位进行水保合法性和水保重大变动情况研判。经研判涉及水保重大变动的，建设管理单位应组织填写重大变动情况表，并在形成研判结论后 5 个工作日内报送本单位建设管理部门和环保归口管理部门。

项目施工阶段变电站（换流站、开关站）站址和（或）线路路径、工程规模、水保措施发生重大变化的，应行文报告负责审批水土保持方案报告书（表）的水保部门，同时抄报建设单位水行政主管部门，同时履行建设项目水保方案手续，未经审批部门的同意不得擅自变更。

#### 7.3.2.9 现场水保管理

严格落实电网建设项目业主、监理、施工项目部水保责任清单要求，建立现场业主、监理、施工项目部水保管理体系，配置水保专（兼）职管理人员，规范开展现场水保管理工作。

对工程进行水保全过程管理，重点监督工程施工过程中水保管理制度、水保方案及批复文件、水保设施（措施）等执行情况；通过专项检查、定期检查、日常巡查等方式，对设计、施工、监理等单位人力和设备资源投入情况、设施（措施）落实情况及工程资料同步收集整理情况等进行检查，下发《检查问题通知单》，审核《检查问题整改反馈单》；督促监理项目部做好对工程水保的检查、控制工作；督促施工单位严格按照作业票中水保具体要求执行，督促施工单位及时完成山地溜坡溜渣、扰动面积增加、垃圾遗留、植被恢复不到位等突出问题整改 。

### 7.3.3 工作流程

对于跨省电网建设项目，开工前各建设管理单位负责对开工前置条件（水保）进行审核把关，未依法取得水保方案批复文件的，不得开工建设。

建设单位应与水行政主管部门加强沟通联系，做好水土保持方案批复的跟踪协调工作。遇有重大事项，应及时向国网基建部报告。

水土保持方案经批准后，建设单位在后续设计、施工和运行中应全面落实水土保持方案及其批复文件要求。

开工前，建设单位应根据相关法律法规政策要求和工作需求，按照公司规定要求完成监理、监测服务招标工作，保证水保监理、水保监测工作及时启动。

建设管理单位应组织施工、水保监理、水保监测等单位（含分包单位）开展水保培训；组织设计单位开展水保设计交底；组织施工单位编制水保施工组织设计文件。

建设管理单位应督促水保监理单位成立专项水保监理组织机构，落实监理人员和设施配备，编制监理规划及实施细则；核实水保设施（措施）落实情况与水保方案及其批复文件和水保设计文件的相符性；对水保设施（措施）施工质量、进度和投资进行控制，对水保分部工程、单位工程及时开展质量检验评定；发现问题及时向施工单位提出监理意见并上报建设管理单位；编制监理阶段报告、监理总结报告等成果资料。水保监理单位工作落实不到位的，建设管理单位应严格按照合同约定处理。

建设管理单位应督促水保监测单位按照相关技术规范成立监测机构，落实监测人员和设施配备，编制监测实施方案；对工程扰动土地情况、取弃土情况、水保措施实施情况、水土流失情况和防治效果等进行监测核算；发现问题及时向施工单位提出监测意见并上报建设管理单位；编制监测季报、监测总结报告（含“绿黄红”三色评价结论）等成果资料。建设管理单位组织水保监测单位按规定向水行政主管部门（含流域机构）报送水保监测季报，并在建设单位官网、业主项目部和施工项目部公开水保监测季报。水保监测单位工作落实不到位的，建设管理单位应严格按照合同约定处理。

## 7.4 验收阶段水土保持管理

建设项目水土保持设施验收（以下简称水保验收）是指项目竣工后，建设单位依据国家有关水土保持法律、法规和水土保持方案报告书（表）及批复文件的要求，按照国务院水行政主管部门规定的标准和程序，对配套建设的水土保持设施进行验收，并向社会公开相关信息的活动。

建设管理单位应根据项目建设进度，及时组织水保监测、水保验收单位启动验收工作。水土保持设施竣工验收期间，水土保持设施必须与主体工程同时投入运行，同时由监理单位对各水保措施进行质量评定。对于验收过程中发现的问题，建设管理单位应及时组织整改，在完成整改后按规定组织水土保持设施验收。分期建设、分期投入运行的建设项目，其相应的水保设施应当分期验收。

投产验收的主要工作内容为：制定水保验收工作计划，确定水土保持验收调查单位，收集竣工水保验收工程资料，开展水保验收现场调查及报告编制，验收报告技术评审，水保验收现场检查及问题整改，验收申请及正式验收，信息公开及备案。

电网建设项目水保验收应当在规定的期限内完成，分期建设或投运的电网建设项目应当分期验收。

建设单位是建设项目水土保持设施验收的责任主体，电网建设项目水保验收管理工作的关键节点为计划编制、验收委托、资料收集、验收调查、报告编制、验收报批、信息公开等。

## 7.4.1 工作依据

### 7.4.1.1 法律法规

（1）《中华人民共和国水土保持法》（2010 年修订本）（中华人民共和国主席令第 39 号）。

（2）《中华人民共和国水法》（中华人民共和国主席令第 74 号）。

（3）《中华人民共和国防洪法》（2016 年修订本）（中华人民共和国主席令第 88 号）。

（4）《中华人民共和国防沙治沙法》（中华人民共和国主席令第 55 号）。

（5）《中华人民共和国水土保持法实施条例》（2011 年修订本）（国务院令第 120 号）。

（6）《中华人民共和国河道管理条例》（2018 年修订本）（国务院令第 3 号）。

### 7.4.1.2 部委规章及规范性文件

（1）《水利部关于进一步深化“放管服”改革全面加强水土保持监管的意见》（水保〔2019〕160 号）。

（2）《水利部办公厅关于印发生产建设项目水土保持监督管理办法的通知》（办水保〔2019〕172 号）。

（3）《生产建设项目水土保持技术文件编写和印制格式规定（试行）》（办水保〔2018〕135 号）。

（4）《水利部关于加强事中事后监管规范生产建设项目水土保持设施自主验收的通知》（水保〔2017〕365 号）。

（5）《水利部办公厅关于印发水利部行政审批监管平台运行管理暂行办法的通知》（办信息〔2018〕262 号）。

（6）《水利部办公厅关于推进水土保持监管信息化应用工作的通知》（办水保〔2019〕198 号）。

（7）《水利部办公厅关于实施生产建设项目水土保持信用监管“两单”制度的通知》（办水保〔2020〕157 号）。

（8）水利部等七部门联合印发《全国水土保持规划（2015—2030 年）的通知》（水规计〔2015〕507 号）。

（9）关于印发《全国水土保持规划国家级水土流失重点预防区和重点治理区复核划分成果》的通知（办水保〔2013〕188 号）。

#### 7.4.1.3 公司管理规定

（1）《国家电网有限公司关于进一步落实电网建设项目环境保护与水土保持过程管控措施的通知》（国家电网基建〔2024〕121 号）。

（2）《国家电网有限公司电网建设项目水土保持管理办法》（国家电网基建〔2023〕687 号）。

（3）《国家电网有限公司电网建设项目水土保持设施验收管理办法》（国家电网基建〔2023〕687 号）。

（4）《国家电网公司关于进一步规范电网建设项目环境保护和水土保持管理的通知》（国家电网科〔2017〕866 号）。

（5）《国家电网有限公司关于印发〈重点输变电工程竣工环境保护验收工作大纲〉（试行）和〈重点输变电工程水土保持设施验收工作大纲〉（试行）的通知》（国家电网科〔2018〕536 号）。

（6）《国网科技部、基建部关于加强跨省非特高压交流电网建设项目环境保护、水土保持重大变动（变更）及验收准备管控工作的通知》（科环〔2020〕27 号）。

### 7.4.2 工作内容

（1）编制水土保持方案的电网建设项目投产使用前，建设单位应按照水行政主管部门规定的标准和程序开展水土保持设施验收，其中包括：委托编制水土保持设施验收报告、组织水土保持设施验收、公开验收信息与报备验收材料等。

（2）跨省（自治区、直辖市）电网建设项目水土保持设施验收报告编制完成后，建设管理单位向国网基建部提交验收申请，国网基建部委托国网经研院开展水土保持设施验收报告、水土保持监测总结报告和水土保持监理总结报告技术审评，组织现场检查，适时召开验收会，形成水土保持设施验收鉴定书。

（3）省内电网建设项目水土保持设施验收报告编制完成后，建设管理单位向省公司环境保护归口管理部门提交验收申请，省公司环境保护归口管理部门委托省公司经研院（或省公司确定的其他单位）开展水土保持设施验收报告、水土保持监测总结报告和水土保持监理总结报告技术审评，组织现场检查，适时召开验收会，形成水土保持设施验收鉴定书。

对于验收过程中发现的问题，建设管理单位应及时组织整改。

（4）对于水土保持设施验收合格的电网建设项目，建设管理单位应通过网站或者其他便于公众知悉的方式向社会公开相关信息，并向水土保持方案审批机关报备。

电网建设项目水土保持设施验收合格后，方可投产使用。

## 7.4.3 工作流程

### 7.4.3.1 验收条件

（1）电网建设项目水土保持方案报告书（表）及水保审批手续完备，初步设计等技术资料与水保档案资料齐全，工程已竣工。

（2）按照水土保持方案报告书（表）及批复文件要求开展了水保设计，水保设施满足设计要求，措施得到有效落实。

（3）工程验收组在启动验收环节应对水保设施质量进行验收，验收合格后，填写水保保设施竣工验收检查记录表，并在工程启动验收报告中给出水保设施质量验收合格、可与主体工程同时投入运行的结论。

### 7.4.3.2 验收计划编制

省公司水保归口管理部门组织编制省内110kV及以上（除特高压外）电网建设项目水保验收年度计划；国家电网公司交、直流建设分公司分别编制特高压交流输变电工程、特高压直流及其他跨省（自治区、直辖市）直流输电工程水保验收年度计划；公司总部指定的单位编制除特高压外的跨省（自治区、直辖市）交流输变电工程水保验收年度计划。

330kV及以上电网建设项目水保验收年度计划应于每年一季度报送国家电网公司基建部审核后下达。

### 7.4.3.3 验收委托

公司系统各级水保归口管理部门根据水保验收年度计划，提出电网建设项目水保设施验收招标需求，参与招标工作。

水保设施验收工作应选择具有相关业务能力、工作业绩优良的单位承担。水保设施验收单位须对水保设施验收报告的真实性和准确性负责。

### 7.4.3.4 资料收集

为保证水保验收工作的进行，建设单位应提供以下文件和资料：

工程资料：包括《初步设计总说明书》（包括水保篇章）、工程施工图设计阶段有关资料和工程竣工图阶段项目技经决算书；工程建设过程各阶段实施计划与总结；工程初步设计批复文件、核准批复文件、水土保持工程质量鉴证、水保措施实施情况及运行期水保管理落实情况。

水保资料：包括项目水保报告及批复文件、重大变更资料（如有）、水保监测及监理资料。

按资料类型分类分为批复、函件等文件类、总结报告类、设计图纸类、施工现场类。

各单位应提供文件和资料目录见表7–2。

表 7-2　水土保持设施自验收技术服务单位资料清单

| 序号 | 资料名称 | 需求单位 | | | 资料来源 |
|---|---|---|---|---|---|
| | | 监测单位 | 监理单位 | 验收单位 | |
| 一 | 批复、函件等文件类 | | | | |
| 1 | 发改部门的核准文件 | √ | √ | √ | 建设单位 |
| 2 | 水土保持方案报告书及批复（如进行了水土保持方案变更，需要相应的报告书及批复文件） | √ | √ | √ | 建设单位 |
| 3 | 可行性研究批复文件 | √ | | √ | 建设单位 |
| 4 | 初步设计批复文件（如进行了水土保持设施补充设计，需要补充设计文件及批复） | √ | √ | √ | 建设单位 |
| 5 | 项目水土保持招投标文件及水土保持技术服务合同 | √ | √ | √ | 建设单位 |
| 6 | 建设单位报送水土保持方案实施情况的文件，水土保持设施运行管护制度文件及有关水土保持工作的会议纪要、通知、通报等文件 | √ | √ | √ | 建设单位 |
| 7 | 各级水行政主管部门的督察意见及建设单位的反馈说明 | √ | √ | √ | 建设单位 |
| 8 | 水土保持补偿费缴费凭证及水土保持设施运行维护资金申请、支付、使用文件 | | | √ | 建设单位 |
| 9 | 如为扩建工程，需要前期工程的水保验收鉴定书和方案批复 | √ | √ | √ | 建设单位 |
| 10 | 如施工临建暂不拆除，需要正式的说明文件 | √ | | √ | 施工单位 |
| 二 | 总结报告类 | | | | |
| 1 | 工程建设大事记 | √ | √ | √ | 建设单位 |
| 2 | 工程设计总结报告 | √ | | √ | 设计单位 |
| 3 | 水保监理总结报告、监测总结报告（含监测实施方案、监测季报年报、监测记录表、监测反馈意见书） | √ | √ | √ | 监理单位 / 监测单位 |
| 4 | 工程施工总结报告 | | √ | | 施工单位 |
| 5 | 水土保持工程质量鉴证 | | | | 水保监理单位 |

续表

| 序号 | 资料名称 | 需求单位 | | | 资料来源 |
|---|---|---|---|---|---|
| | | 监测单位 | 监理单位 | 验收单位 | |
| 三 | 设计图纸类 | | | | |
| 1 | 变电站工程土建总平面图（施工图或竣工图） | √ | | √ | 施工单位 / 设计单位 |
| 2 | 线路路径走向图（施工图或竣工图）及 KML 文件 | √ | | √ | 施工单位 / 设计单位 |
| 3 | 山丘区塔基基础配置表 | √ | | √ | 施工单位 / 设计单位 |
| 4 | 塔基工程永久占地统计表格 | √ | | √ | 施工单位 / 设计单位 |
| 5 | 各标段施工桩号与运行桩号的对照表 | √ | | √ | 施工单位 / 设计单位 |
| 四 | 施工现场类 | | | | |
| 1 | 挡土墙、护坡、绿化等水土保持措施工程量 | √ | √ | √ | 施工单位 |
| 2 | 水土保持分部工程及单位工程验收签证 | | √ | √ | 以监理单位为主，建设单位、监测、施工、验收单位均参与 |
| 3 | 工程临时占地（含变电站及线路工程）协议文件 | √ | | √ | 施工单位 |
| 4 | 工程取弃土综合利用协议文件 | √ | | √ | 施工单位 |
| 5 | 灌注桩基础泥浆外运综合利用协议 | √ | | √ | 施工单位 |
| 6 | 水土保持措施实施过程中的影像照片 | √ | √ | √ | 施工单位 |

#### 7.4.3.5 验收调查

输变电工程水土保持设施自主验收的程序和标准按照《水利部关于加强事中事后监管规范生产建设项目水土保持设施自主验收的通知》（水保〔2017〕365 号）、《国家电网有限公司电网建设项目水土保持设施验收管理办法》（国家电网基建〔2023〕687 号）执行。图 7-1 为输变电工程水土保持设施验收调查工作程序。

（1）初步设计阶段，根据收集到的水土保持方案及批复文件，核查初步设计方案中水土保持措施设计的合理性和完整性，并将存在的问题汇总反馈给建设单位。

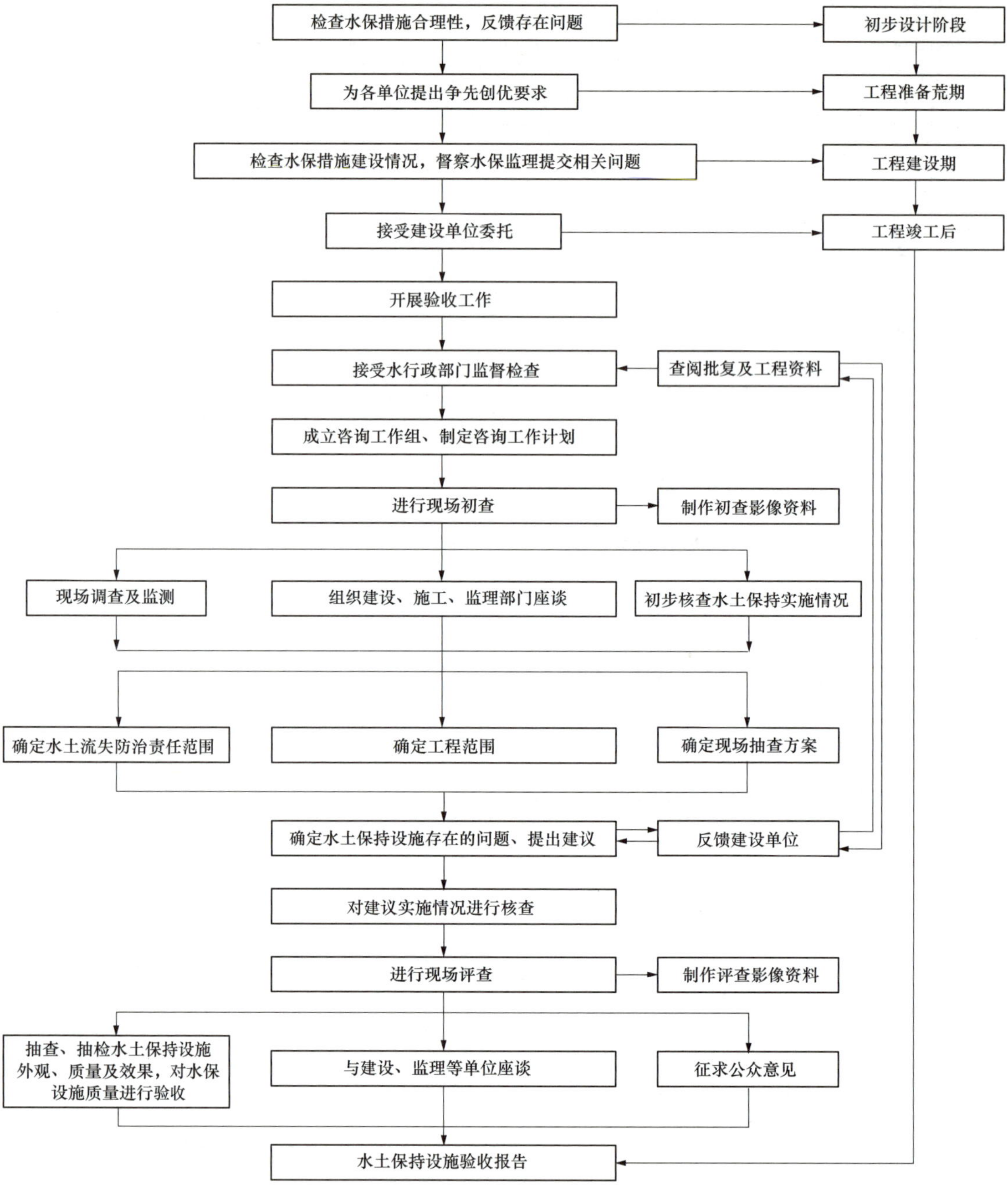


图 7–1　输变电工程水土保持设施验收调查工作程序

（2）工程准备期，协助建设单位对水土保持监理、施工等单位提交的实施方案提供咨询服务，对施工、水土保持监理等各参建单位提出具体创优技术要求。

（3）建设过程中，根据批复的水土保持方案和初步设计等要求，结合工程实际进展检查施工单位的水土保持设施建设落实情况；对工程现场水土保持措施进行抽查，提出阶段性的补充完善意见，并及时现场复核；与水行政主管部门保持有效沟通，配合水行政主管部门现场督查。

（4）工程竣工后，收集水土保持设施验收资料，复核建设单位或其委托监理单位对工程自查初验的成果。工程验收组在启动验收环节应对水保设施质量进行验收，验收合格后，填写水保设施竣工验收检查记录表（见表 7–3），并在工程启动验收报告中给出水保设施质量验收合格、可与主体工程同时投入运行的结论。

表 7–3　　电网建设项目水土保持设施竣工验收检查记录表

项目名称：

| 水保设施 | 检查标准 | 检查记录（合格 / 基本合格 / 不合格） |
| --- | --- | --- |
| 某某变电站 / 换流站 | | |
| 雨水排水管 | 符合水保方案和设计要求 | |
| 集雨池 | 符合水保方案和设计要求 | |
| 某某变电站 / 换流站 | | |
| 截（排）水沟及消能设施 | 符合水保方案和设计要求 | |
| 透水砖铺设 | 符合水保方案和设计要求 | |
| 护坡 | 符合水保方案和设计要求 | |
| 挡墙 | 符合水保方案和设计要求 | |
| 沙障 | 符合水保方案和设计要求 | |
| 弃渣场相关水保设施 | 符合水保方案和设计要求 | |
| …… | | |
| 某线路 | | |
| 截（排）水沟及消能设施 | 符合水保方案和设计要求 | |
| 护坡 | 符合水保方案和设计要求 | |
| 挡渣墙 | 符合水保方案和设计要求 | |
| 沙障 | 符合水保方案和设计要求 | |
| 弃渣场相关水保设施 | 符合水保方案和设计要求 | |
| …… | | |
| 验收组（章）：<br>检查人：<br>日期： | | |

（5）按国家现行的有关规程规范和水土保持设施验收管理办法，开展本工程水土保持设施验收现场调查、资料整理收集，编制完成《水土保持设施验收报告》等工作。

（6）公众意见调查。向公众发放公众意见调查表，调查工程施工期及建成后受影响区域居民的意见和要求，对工程设计、建设过程中的遗留问题和居民的要求进行分析。

（7）问题整改。对于验收过程中发现的问题，建设管理单位应及时进行整改，基建管理部门负责监督执行，直至满足水保设施验收要求。

#### 7.4.3.6 水保设施质量验收

水保设施质量验收应纳入主体项目质量验收范围。业主项目部负责管辖范围内电网建设项目水保设施质量验收的计划制订和执行，组织设计、施工、监理、水保监测、环保水保验收调查等单位成立水保设施质量验收组，开展资料检查和现场检查，并组织整改发现的问题。验收组在工程启动验收报告中给出水保设施质量验收合格、可与主体工程同时投入运行的结论，并注明检查的水保设施数量、合格的数量、合格率和存在的缺陷。

#### 7.4.3.7 验收申请

满足前款条件后，建设管理单位向相应的水保归口管理部门提交水保验收申请。跨省电网建设项目建设管理单位向国网基建部提交水保验收申请前，应向国网经研院提交水保验收资料，国网经研院进行预审并出具预审意见单，预审通过后，方可提交水保验收申请。

#### 7.4.3.8 技术审评

水保归口管理部门收到建设管理单位提交的水保验收申请后，委托经济技术研究院（或指定的其他单位）进行技术审评；验收单位根据技术审评意见修改完善后出版项目水土保持设施验收报告。

#### 7.4.3.9 验收意见

技术审评通过后，组织现场检查，适时召开验收会。根据会议审议情况，形成水保验收意见。对于验收不合格的项目，建设管理单位应在规定期限内整改完毕，并重新申请验收。对于水保验收合格的项目，水保归口管理部门以正式文件印发验收意见。

水保验收意见包括工程建设基本情况、工程变动情况、水保设施（措施）落实情况、工程建设对环境的影响、水保验收结论和后续要求等内容，水保验收结论应当明确是否验收合格。

水保验收报告经修改完善后，水保归口管理部门组织现场检查，召开水保验收会。相关管理部门、建设管理单位、设计单位、施工单位、水保监理单位、水保监测单位、水保验收单位等部门（单位）及邀请的专家参加会议。根据会议审议情况，形成水土保持设施验收鉴定书。

存在下列情况之一的，不得提出验收合格的意见。

（1）未依法依规履行水土保持方案及重大变更的编报审批程序的。

（2）未依法依规开展水土保持监测、监理、后续设计的。

（3）废弃土石渣未堆放在经批准的水土保持方案确定的专门存放地的。

（4）水土流失防治等级、标准和水土保持措施体系未按经批准的水土保持方案要求落实的。

（5）水土流失防治指标未达到的水土保持方案批复要求的。

（6）水土保持工程质量未经评定或评定不合格的。

（7）未按规定开展重要防护对象稳定性评估或评估结论为不稳定的。

（8）水土保持设施验收报告、水土保持监测总结报告等材料弄虚作假或存在重大技术问题的。

（9）未依法依规缴纳水土保持补偿费的。

（10）存在其他不符合相关法律法规规定情形的。

对于验收不合格的项目，建设管理单位应在规定期限内整改完毕，并重新申请验收。

#### 7.4.3.10 信息公开

生产建设单位应当在水土保持设施验收合格后，通过其官方网站或者其他便于公众知悉的方式向社会公开水土保持设施验收鉴定书、水土保持设施验收报告和水土保持监测总结报告。对于公众反映的主要问题和意见，生产建设单位应当及时给予处理或者回应。公示期限不得少于20个工作日。

#### 7.4.3.11 信息报送

公司实行水保验收信息报送制度。根据电网建设项目水保验收工作进展，建设管理单位应及时在电网水保管理信息系统中填报项目名称、验收单位、项目竣工时间、验收申请时间、技术审评时间、验收会时间、验收信息公示时间等信息，上传验收报告、验收意见等资料，并按照公司电网建设项目档案管理规定做好归档工作。

#### 7.4.3.12 事后核查

建设单位应做好运行期的水保设施运维管理工作，并按照《电网建设项目环境保护和水土保持事中事后监督检查迎检工作规范（试行）》的要求，做好迎接各级水行政主管部门竣工水土保持设施验收事后核查的准备。

# 第 8 章

# 电网环保技术监督

电网环保技术监督是电网环保管理的重要组成部分。电网环保技术监督应坚持依法依规、统一标准、统一流程和分级管理的原则，按全过程、闭环管理方式独立开展工作。

## 8.1 工作依据

### 8.1.1 法律法规

（1）《中华人民共和国环境保护法》（2015 年 1 月 1 日起修订版施行）。

（2）《中华人民共和国环境影响评价法》（2003 年 9 月 1 日起施行，2018 年 12 月 29 日起修正版施行）。

（3）《中华人民共和国环境噪声污染防治法》（1997 年 3 月 1 日起施行，2022 年 6 月 5 日起修改版施行）。

（4）《中华人民共和国水污染防治法》（2018 年 1 月 1 日起修正版施行）。

（5）《中华人民共和国固体废物污染环境防治法》（2005 年 4 月 1 日起施行，2020 年 9 月 1 日起修订版施行）。

（6）《中华人民共和国电力法》（1996 年 4 月 1 日起施行，2018 年 12 月 29 日起修改版施行）。

（7）《中华人民共和国大气污染防治法》（2018 年 10 月 26 日起修订版施行）。

### 8.1.2 部委规章及规范性文件

（1）《建设项目环境保护管理条例》（国务院第 682 号令 2017 年 10 月 1 日起修订施行）。

（2）《建设项目环境保护影响评价分类管理名录》（2021 版）（生态环境部第 16 号令，2021 年 1 月 1 日起施行）。

（3）《建设项目竣工环境保护验收暂行办法》（国环规环评〔2017〕4 号，2017 年 11 月

20 日发布实施）。

（4）《环境监测管理办法》（原国家环境保护总局令第 39 号，2007 年 9 月 1 日起施行）。

（5）《规划环境影响评价条例》（国务院令 559 号，2009 年 10 月 1 日起实施）。

### 8.1.3 标准及技术规范

（1）《建设项目环境影响评价技术导则　总纲》（HJ 2.1）。

（2）《规划环境影响评价技术导则　总纲》（HJ 130）。

（3）《环境影响评价技术导则　输变电》（HJ 24）。

（4）《环境影响评价技术导则　声环境》（HJ 2.4）。

（5）《交流输变电工程电磁环境监测方法（试行）》（HJ 681）。

（6）《输变电建设项目环境保护技术要求》（HJ 1113）。

（7）《电磁环境控制限值》（GB 8702）。

（8）《工业企业厂界环境噪声排放标准》（GB 12348）。

（9）《声环境质量标准》（GB 3096）。

（10）《危险废物贮存污染控制标准》（GB 18597）。

（11）《直流输电工程合成电场限值及其监测方法》（GB 39220）。

（12）《直流换流站与线路合成场强、离子流密度测试方法》（DL/T 1089）。

（13）《污水综合排放标准》（GB 8978）。

（14）《水质　pH 值的测定　电极法》（HJ 1147）。

（15）《水质　悬浮物的测定　重量法》（GB 11901）。

（16）《水质　化学需氧量的测定　重铬酸盐法》（HJ 828）。

（17）《水质　五日生化需氧量（$BOD_5$）的测定　稀释与接种法》（HJ 505）。

（18）《水质　石油类和动植物油类的测定　红外分光光度法》（HJ 637）。

（19）《水质　氨氮的测定　蒸馏－中和滴定法》（HJ 537）。

（20）《水质　磷酸盐的测定　离子色谱法》（HJ 669）。

### 8.1.4 公司管理规定

（1）《国家电网公司环境保护监督规定》[ 国网（科 /2）226 ]。

（2）《国家电网公司技术监督管理规定》[ 国网（运检 /2）106 ]。

（3）《国家电网有限公司环境保护管理办法》（国家电网企管〔2019〕429 号）。

（4）《全过程技术监督精益化管理实施细则（修订版）》[ 国网设备部《关于印发〈全过程技术监督精益化管理实施细则（修订版）〉的通知》（2020 年 1 月 22 日）]。

（5）《国家电网有限公司电网建设项目环境影响评价管理办法》（国家电网基建〔2023〕687 号）。

（6）《国网科技部关于印发〈重点输变电工程设计阶段环境保护技术监督工作方案（试行）〉的通知》（科环〔2016〕71 号）。

（7）《国家电网有限公司电网固体废物环境无害化处置监督管理办法》（国家电网企管〔2019〕557 号）。

（8）《国家电网有限公司电网建设项目竣工环境保护验收管理办法》（国家电网基建〔2023〕687 号）。

（9）《国家电网有限公司六氟化硫气体回收处理和循环再利用监督管理办法》（国家电网企管〔2023〕649 号）。

## 8.2 工作范围及内容

电网环保技术监督重点监督电网规划以及电网建设项目可行性研究和设计文件中环保、水保篇章编制情况，投资落实情况，环保、水保手续履行及批复情况，施工期环保、水保措施落实情况、水保监测及监理情况，竣工环保、水保验收情况，运行期环境监测和环境影响因子超标治理情况、固体废物无害化处置和六氟化硫气体回收处理情况等。

### 8.2.1 规划可研阶段

确保在规划、可研文件中包含有环保、水保方面的预防措施、治理措施、经费列支等相关内容。

（1）重点检查是否严格执行环保、水保法律法规和标准，尽可能避让各类环境敏感区。

（2）参与建设项目可研审查。重点检查可研报告中是否编制环保、水保篇章，环保、水保篇章是否符合可研内容深度规定要求。环保、水保投资是否列入工程投资估算，针对需要开展生态专题评估的，生态专题评估投资是否列入工程投资估算。检查建设项目选址、选线是否存在环保制约性因素，是否尽可能避让各类环境敏感区和水土流失重点防治区，必须穿（跨）越国家公园、自然保护区、风景名胜区、世界文化和自然遗产地、海洋特别保护区、饮用水水源保护区、自然公园、生态保护红线等区域的建设项目，是否已依法取得相关管理部门同意的意见。

### 8.2.2 工程设计阶段

工程设计阶段的主要任务是保证电网建设项目环保、水保预防治理措施在工程设计阶段得以落实。

#### 8.2.2.1 初步设计阶段

（1）监督是否完成环评报告和水土保持方案的编制、内审，并向有审批权的生态环境和水行政主管部门报批。查看环评报告和水土保持方案的编制质量是否符合要求。

（2）参与初步设计审查。查看初步设计文件，检查是否设有环保、水保专篇或专章，环保、水保专篇或专章内容是否符合初步设计内容规定要求。检查建设项目站址、路径是否尽可能避让各类环境敏感区和水土流失重点防治区，必须穿（跨）越环境敏感区的，是否已依法取得相关管理部门同意的意见，针对需要开展生态专题评估的，是否完成相关生态专题评估。根据相关设计规范和技术标准，是否明确将环评报告、水土保持方案中提出的环保、水保措施落实到工程初步设计文件和设计图纸中，环保、水保投资是否列入工程概算。检查是否与主体工程同步开展环保和水保初步设计，并按程序与主体工程设计同步审查。检查弃渣场等重要防护对象是否已开展点对点勘察与设计，是否按照相关要求取得弃渣场审批许可。是否取得取土或弃土相应协议和证明。

（3）对于变电站（换流站、开关站、串补站）初步设计资料，重点检查是否通过优化平面布置或采取有效的降噪措施，以确保变电站厂界噪声达标，变电站周围有声环境保护目标的，应保证声环境保护目标噪声达标。是否根据站内生活污水产生情况设置生活污水处理装置；生活污水具备纳管条件的，是否经处理后纳入城市污水管网；不具备纳管条件的，检查生活污水经处理后回收利用、定期清理或外排情况，外排时是否满足相应排放标准要求。是否设置足够容量的事故油池及其配套的油水分离装置、拦截、防雨、防渗等设施和措施。变电站站址周围是否设计必要的挡渣墙、截（排）水沟和护坡等水土保持措施。

（4）对于输电线路初步设计资料，重点检查线路设计是否尽可能避让各类（电磁类、噪声类、生态类）环境敏感目标以及水土流失重点预防区和重点治理区。线路涉及电磁环境敏感目标时是否采取避让或增加导线对地高度等措施，线路进入生态敏感区时是否制定相应的环境保护方案，线路涉及水土流失重点预防区和重点治理区时是否提高水土流失防治标准，是否优化施工工艺，减少地表扰动和植被损坏范围。检查铁塔基础设计是否满足环评报告或水土保持方案要求，降低基础施工的土石方开挖量，减少对生态环境的影响，防止水土流失。

#### 8.2.2.2 施工图设计阶段

（1）检查施工图设计交底情况，查看施工图设计单位收集的环评报告、水土保持方案及批复文件和其他相关资料是否齐全完整。

（2）参与施工图设计审查。查看施工图设计文件，查阅是否设有环保、水保专篇或专章，环保、水保专篇或专章是否符合施工图设计内容深度规定要求。是否与主体工程同步开展环保、水保施工图设计，并按程序与主体工程设计同步审查。是否将环评报告、水土保持方案中提出的环保、水保设施（措施）落实到施工图设计文件和设计图纸中。

（3）查看变电站（换流站、开关站、串补站）施工图设计资料。重点检查是否落实噪声控制、电磁控制、污水处理、固体废物处置等措施。是否落实各项水土保持工程措施、植物措施和临时措施。

（4）查看线路施工图设计资料。检查是否尽可能避让各类（电磁类、噪声类、生态类）环境敏感目标以及水土流失重点预防区和重点治理区。线路经过电磁环境敏感目标时是否采取避让或增加导线对地高度等措施，线路进入生态敏感区时是否制定相应的保护方案，线路涉及水土流失重点预防区和重点治理区时是否提高水土流失防治标准。施工图设计是否落实各项水土保持工程措施、植物措施和临时措施。

#### 8.2.2.3 环评文件、水土保持方案重大变动复核阶段

环评文件经批准后，建设项目的性质、规模、地点、采用的生产工艺或者防治污染、防止生态破坏的环保措施发生重大变动的，检查是否依法履行环保重大变动相关报批程序。水土保持方案经批准后，建设项目地点、规模发生重大变化，或水土保持措施发生重大变更的，检查是否依法履行水土保持重大变更相关报批程序。

### 8.2.3 设备采购阶段

（1）检查声源设备及降噪设施采购资料。查阅主要声源设备以及降噪设施招标文件（技术规范书）中有关噪声技术参数是否满足环评、设计文件要求。

（2）检查生活污水处理装置采购资料。查阅生活污水处理装置的招标文件（技术规范书）中的技术参数是否满足环评、设计文件要求。

### 8.2.4 设备制造阶段

（1）检查声源设备及降噪设施制造资料。查看主要声源设备、降噪设施性能是否满足订货合同（技术协议）要求，是否按订货合同（技术协议）要求使用降噪材料和降噪工艺。

（2）检查生活污水处理装置制造资料。查看生活污水处理装置性能是否满足订货合同（技术协议）要求，变电站经处理后的生活污水是否满足排放或回用要求。

### 8.2.5 设备验收阶段

（1）检查声源设备及降噪设施验收资料。查看主要声源设备、降噪设施是否提供厂家或有资质的第三方机构出具的出厂声学性能检测报告，核实出厂检测报告中噪声指标是否满足订货合同（技术规范）要求。

（2）检查生活污水处理装置验收资料。查看生活污水处理装置性能、出厂检测报告等是否满足订货合同（技术协议）的要求，供货单与供货合同及实物是否一致。

### 8.2.6 施工安装阶段

（1）查阅项目技术管理资料。核实项目开工前是否已经取得环评报告和水土保持方案的批复文件。查阅实施规划（施工组织设计）中是否落实环保和水保要求。检查是否按相关规定或要求开展环境监理及水保监理、监测并编制监理、监测报告。检查是否按相关规定定期向属地水行政主管部门报送水土保持监测季报并进行公示。涉及水土保持补偿费的项目是否按时缴纳。检查项目建设过程中的设计变更情况，如发生环保重大变动和水保重大变更，是否在实施前依法重新报批变动环评报告、变更（补充）水土保持方案，并经原审批机关批准。

（2）检查环保设施施工、安装质量。检查主变压器和电抗器是否按照环评报告和设计文件要求采取必要的隔声、消声等降噪措施。检查事故油池、水封井、集油坑、检查井、化粪池、地埋式生活污水处理设施（格栅井、调节水池、生化池、终沉池、回用水池）、雨

水井、集水池等环保设施是否按图施工。管道安装特别是事故油池出口弯管和化粪池进出水管安装是否符合设计要求；生化池内填料安装密度是否符合设计要求。管道和预埋件是否按设计要求进行防腐处理。环保设施原材料是否符合标准和设计要求并检测合格。混凝土现浇池体的抗压强度、防水等级是否符合池体强度和防水的设计要求。施工工艺是否符合标准工艺要求。隐蔽工程是否组织相关人员进行检查、签证、验收；排水管道在隐蔽前是否进行灌水试验。检查事故油池、化粪池、调节水池、回用水池等池体抹面之前是否进行充水试验；管道敷设完成后是否进行通球试验和水压试验。是否按《输变电工程安全质量过程控制数码照片管理工作要求》留存相应影像资料。

（3）检查环保措施落实情况。检查施工过程中是否落实废水处理、抑尘、降噪等环保措施。尽量避免夜间施工，确需夜间施工的是否有审批手续并公告附近居民。施工裸露场地和土石方堆放是否采用覆盖措施，砂石、水泥等施工材料是否采用铺垫措施。施工带有油性的机械器具是否做好防跑、冒、滴、漏的措施。施工、生活垃圾是否分类回收并按规定清运消纳；施工结束后，施工现场是否做到“工完、料尽、场地清”。

（4）检查水保措施落实情况。检查截排水沟、护坡等水保设施是否按图施工。施工现场是否合理选择牵张场地、施工运输道路及人力运输道路。变电站站区、线路塔基区是否采用生熟土分离方式开挖；是否实施表土剥离与保护；是否做到土石方挖填平衡。取土场、弃渣处置点等是否进行有效防护，并修建截（排）水沟及与自然沟道的消能顺接工程，委托取土或弃土应有相应协议和证明。施工结束后，牵张场地、临时道路、临时设施占地等临时用地和塔基永久占地是否恢复原有土地功能或者恢复植被。

### 8.2.7 设备调试阶段

（1）检查生活污水处理装置调试资料。查阅生活污水处理装置的调试方案、记录、报告等是否满足相关标准要求，调试技术资料是否齐全。

（2）检验生活污水和冷却水达标情况。生活污水处理装置性能是否达到设计要求，污水排放是否达到国家、地方排放标准要求，排入站外农田的，检查是否满足《农田灌溉水质标准》（GB 5084）。换流站冷却水外排受纳水体时，是否达到国家、地方排放标准要求。

（3）检验噪声防治设施性能情况。降噪设施消隔声性能是否达到设计要求，厂界噪声排放是否满足国家、地方排放标准要求。

### 8.2.8 竣工验收阶段

（1）参与工程竣工验收检查，查阅验收资料。查阅工程前期环保、水保资料、工程基础资料、施工组织资料、监理资料是否齐全完整；环保设施性能试验、调试技术资料是否齐全完整。环保设施性能是否达到设计要求，调试结果是否符合相关标准要求；声源设备源强是否满足环评及批复文件等要求、降噪减振效果是否达到设计或供货合同要求。

（2）开展现场环保、水保检查。检查事故油池、水封井、生活污水处理装置、雨水井、集水池、排水沟、护坡等环保、水保设施（措施）是否按照设计要求建设落实到位。检查施工过程中造成地表扰动的施工便道、牵张场地等临时占地是否已进行土地整治、恢复植被或复耕，检查迹地恢复是否落实到位。

（3）检查问题闭环管理情况。检查工程各个阶段发现的环保、水保问题是否按要求完成整改，查阅相关档案记录是否完整齐全。

（4）监督环保验收工作开展情况。建设管理单位是否及时启动环保验收调查工作。验收调查过程中发现的问题是否得到整改落实，验收监测结果是否符合环评报告及批复的要求；环保验收程序是否符合相关要求；环保验收是否在规定期限内完成。验收报告公示期满后 5 个工作日内，建设管理单位是否在全国建设项目竣工环保验收信息平台填报相关信息。

（5）监督水土保持设施验收工作开展情况。建设管理单位是否及时启动水土保持设施验收调查工作。验收调查过程中发现的问题是否得到整改落实，水土流失防治指标是否达到水土保持方案批复的要求；水土保持设施验收程序是否符合相关要求；水土保持设施验收是否在规定期限内完成。验收信息公示期满后，建设管理单位是否向水土保持方案审批机关报备验收材料，并取得水土保持设施验收报备回执。

### 8.2.9 运维检修阶段

（1）监督环保、水保设施运行管理情况。检查是否制定环保、水保设施的运行管理制度（运行检修规程），建立健全设备台账和运行维护记录等。

（2）监督环保设施维护情况。检查变电站（换流站、开关站、串补站）噪声防治、废水处理、事故油池等环保设施是否定期进行检查和维护，并做好运行维护记录，保证其正常投用，确保不发生废水、噪声超标排放以及废水、油的渗漏或溢流。检查六氟化硫回收装置、净化装置是否定期维护、运行正常。

（3）监督环保日常监测情况。检查是否定期开展 110kV 及以上变电站（换流站、开关站、串补站）的噪声、工频电场、工频磁场、合成场强、外排废水等环境影响因子的监测，做好监测记录和报告的存档，建立环境影响因子监测数据库及环境敏感点数据库。

（4）监督检修现场环保措施落实情况。检查电网设备检修和运行维护过程中是否做好环保措施，防止油污抛撒地面污染环境；是否对产生的废水、废油等进行回收处理或循环利用，并做好记录。

（5）监督检修过程中的六氟化硫循环利用情况。检查是否对检修电气设备中的六氟化硫气体进行回收、净化处理和循环再利用，是否做好六氟化硫气体回收量、处理量、回用量的统计并记录存档，回收率不低于年度指标值。六氟化硫设备大修或解体时，是否将清出的吸附剂、金属粉末等按有关规定进行处理。

（6）监督检修过程中产生的废铅蓄电池收集情况。应将其存放在耐腐蚀、防渗漏托盘或容器中，并定期检查废铅蓄电池是否存在破损和电解质泄漏情况，规避环境污染事故的发生。

（7）监督环境影响因子超标治理情况。检查是否存在变电站（换流站、开关站、串补站）电磁环境、噪声、外排废水超标情况，是否对超标的环境影响因子进行限期治理，治理后是否符合相应标准要求。

（8）监督技术改造情况。检查生产大修和技术改造项目实施过程中是否采取相应的环保和水保措施。技改项目是否治理与该项目有关的原有环境污染和生态破坏，是否按规定履行环保、水保手续，是否建设环保和水保设施，并组织竣工环保和水保设施验收。

（9）监督环境应急管理情况。查阅是否制定了突发环境事件应急预案，是否开展预案培训、风险监测及应急演练等，现场是否配备应急物资等。

### 8.2.10 退役报废阶段

（1）检查退役报废管理情况。检查是否建立退役设备档案（包括暂存记录、台账）和电网固体废物回收处理档案（包括危废转移联单、无害化处置记录和台账），做好废矿物油、废铅蓄电池、废锂电池、六氟化硫、废绝缘子等电网固体废物的回收处理、循环利用或无害化处置工作。

（2）监督六氟化硫气体管理情况。检查是否在退役报废设备解体时对六氟化硫气体进行回收，回收率不低于年度指标值。回收后的六氟化硫气体是否送到六氟化硫回收处理中心进行集中净化处理或现场净化处理，并实现循环利用。退役六氟化硫设备中清理出的吸附剂、金属粉末是否进行无害化处置。检查六氟化硫气体回收、净化、回用等台账及新气采购量、移交清单、出入库等记录是否完整。

（3）监督固体废物回收处置情况。检查固体废物是否按照其对环境的影响及危害程度，在指定地点分类存放、处置，并做好记录、存档。检查废铅蓄电池、废矿物油暂存场所、暂存时间、暂存容量、台账记录等是否符合《危险废物贮存污染控制标准》（GB 18597）《废铅蓄电池处理污染控制技术规范》（HJ 519）等标准要求。

检查废铅蓄电池的暂存是否存放在专门的电池架或者与地面有一定距离的具有绝缘功能的承重板上，并保持一定的通风散热间距，漏液的废铅蓄电池应放在耐腐蚀、防渗漏托盘或容器中。废铅蓄电池等危险废物是否交由有资质的单位回收处理，并签订相关协议，确保处置时不会造成环境污染。检查是否做好危险废物回收、处置、出入库记录、移交清单、转移联单等记录和存档。废锂电池、废绝缘子等一般固体废物是否实施环境无害化处置。

变压器、高抗、配变等含油设备退役时，应将其中的废矿物油抽出并收集。暂不具备废矿物油抽出并收集条件的单位应采取相关措施确保不会造成环境污染。废矿物油的暂存是否按照相关要求做好防渗处理，是否采取收集、导流等措施防止渗漏。是否委托有危险废物经营许可证的单位进行无害化处置。是否做好废矿物油回收、处置台账、出入库记录、移交清单、转移联单等记录和存档。

（4）监督危险废物运输情况。监督危险废物运输是否由持有危险废物经营许可证的单位按照其许可的经营范围组织实施，承担危险废物运输的单位是否获得交通运输部门颁发的危险货物运输资质。废矿物油、废铅蓄电池等危险废物转移处置时，是否按照国家

《危险废物转移管理办法》和地方有关规定办理危险废物转移联单，并依法向地方生态环境行政主管部门申报登记。

（5）监督应急管理机制执行情况。检查是否建立退役报废过程中危险废物环境污染隐患排查和应急处置机制，确保环境风险处于可控状态。

## 8.3 环境监测

### 8.3.1 电磁环境

（1）监测项目：工频电场、工频磁场、合成电场。

（2）监测时间：投产时（可采用竣工环境保护验收监测数据）；运行期每四年监测 1 次；有投诉纠纷时。

（3）监测对象：110kV 及以上变电站（换流站、开关站、串补站）和输电线路，变电站周围环境敏感目标。

（4）监测方法：《交流输变电工程电磁环境监测方法（试行）》（HJ 681）、《直流输电工程合成电场限值及其监测方法》（GB 39220）、《直流换流站与线路合成场强、离子流密度测试方法》（DL/T 1089）。

### 8.3.2 噪声

（1）监测项目：站界噪声、声源设备噪声、环境保护目标噪声。

（2）监测时间：投产时（可采用竣工环境保护验收监测数据）；运行期每四年监测 1 次；噪声源设备大修前后；有投诉纠纷时。监测以人工监测为主，连续噪声在线监测技术可作为补充监测手段。

（3）监测对象：110kV 及以上变电站（换流站、开关站、串补站）和输电线路，变电站周围环境保护目标。

（4）监测方法：《工业企业厂界环境噪声排放标准》（GB 12348）、《声环境质量标准》（GB 3096）。

### 8.3.3 废水

（1）监测项目：总排口排水量、pH 值、COD、$BOD_5$、SS、石油类、氨氮、磷酸盐（以 P 计）；

（2）监测时间：投产时（可采用竣工环境保护验收监测数据）；运行期每一年监测 1 次；有投诉纠纷时；

（3）监测对象：有人值班有外排水的变电站（换流站、开关站、串补站）；

（4）监测方法：《水质 pH 值的测定 电极法》（HJ 1147）、《水质 化学需氧量的测定 重铬酸盐法》（HJ 828）、《水质 五日生化需氧量（$BOD_5$）的测定 稀释与接种法》

（HJ 505）、《水质　石油类和动植物油类的测定　红外分光光度法》（HJ 637）、《水质　氨氮的测定　中和滴定法》（HJ 537）、《水质　磷酸盐的测定　离子色谱法》（HJ 669）等。

### 8.3.4　监测质量控制

加强对各单位质量控制体系的建设和完善，确保环保技术监督各阶段监测结果的准确性和可靠性。加强三级监测站监测人员的培训和技能提升，定期对质量控制体系进行审查和评估，及时发现并解决潜在问题。持续开展年度环境监测技术监督及实验室间比对工作，对不符合项深入研究，制定相应的改进措施，提升监测质量控制水平，确保监测质量稳定可靠。

## 8.4　技术监督管理

### 8.4.1　计划管理

国网基建部组织制定年度环保技术监督工作计划，明确监督重点工作内容。各单位应按要求将年度环保技术监督工作计划报上级单位环保技术监督归口管理部门。年度计划中应明确工作项目、重点监督内容、实施时间以及费用，有针对性地开展专项环保技术监督工作。

### 8.4.2　信息保障

各单位应按要求将环保技术监督报表报送至上级单位环保技术监督归口管理部门，并确保上报信息的及时性和准确性。

### 8.4.3　技术保障

环境监测总站、中心站和基层站的仪器设备配置应满足工作需要。应建立仪器的管理制度和台账，并实行动态管理，仪器设备应定期检定 / 校准，在有效期内使用。各单位根据实际情况可以委托有资质且仪器设备配置满足要求的检测机构开展环境监测，应保证环境监测标准版本有效性、监测方法的规范性、监测数据代表性和准确性，确保全面、客观反映实际情况。监测报告应符合国家或行业要求，执行编制、审核、批准三级审核制度。鼓励采用符合相关要求的新方法、新技术、新设备开展环境监测。

### 8.4.4　资金保障

涉及环保技术监督、环境监测、仪器仪表购置、技术培训等费用应实行预算管理，按公司相关规定据实列支。

### 8.4.5　培训与交流

从事环保技术监督、环境监测人员应经过相关专业培训后方可开展环保技术监督和环境监测工作。参加年度环保技术监督及实验室间电磁环境及噪声比对工作交流会，规范公司系统内监测仪器的配置，统一监测量值溯源途径，保证环境监测人员、仪器设备和监测方法均符合有关法律法规和标准的规定。委托第三方开展环保技术监督工作时，第三方机构的相关人员应具备相应的专业资质。

### 8.4.6 报告制度

公司实行监督报表和专项监督报告制度。各单位应按要求填报环保技术监督报告，并定期向上级单位上报，次年 1 月第 5 个工作日前向国网基建部上报上年度环保技术监督年度总结报告。专项技术监督工作应形成专项报告，由工作负责人和执行单位签字盖章，在监督结束后一周内上报技术监督办公室。

### 8.4.7 告（预）警管理

针对环保技术监督工作中发现的不满足国家相关法律法规、标准及公司有关规章制度、反事故措施等情况，应按照分级管理原则对具有趋势性、苗头性、普遍性问题进行分类，对存在污染隐患的问题发布预警单，对违反法律法规或者造成环境污染的问题发布告警单，并跟踪整改落实情况。技术监督告（预）警通知单由各级技术监督执行单位组织专家编制并签字确认，经技术监督办公室审批盖章后，及时向相关单位和部门进行发布。预警单发布后 10 个工作日内，告警单发布后 5 个工作日内，由主管部门组织相关单位向技术监督办公室提交技术监督告（预）警反馈单。

### 8.4.8 档案管理

环保技术监督各专业管理部门、各单位，应按照“谁主管、谁负责；谁形成，谁整理”的要求，做好环保技术监督工作所产生文件材料的收集整理工作，定期向本单位档案管理部门归档，确保环保技术监督档案完整、准确、系统、规范和安全。

### 8.4.9 监督考核

公司各单位应健全环保技术监督工作考核机制，坚持定性考评与定量考核相结合、日常管理与年终检查相结合、单位自查与上级考核相结合的原则，对环保技术监督、环境监测、技术培训等内容进行检查评估。

国网基建部负责对各单位环保技术监督工作进行考评。各单位环保技术监督归口管理部门负责对其所属单位环保技术监督工作进行考评。

# 第 9 章

# 电网环境治理

为使电网与生态环境协调发展，防止输变电设施产生的环境因子超出标准限值，电网企业应采取有效措施，积极开展输变电设施环境因子超标治理，以保证输变电设施环境因子符合环保相关标准。本章介绍了电网环境治理的工作依据、环保治理原则、重点治理项目、资金来源、工作流程和典型案例。

## 9.1 工作依据

### 9.1.1 法律法规

（1）《中华人民共和国噪声污染防治法》（1997 年 3 月 1 日起施行，2022 年 6 月 5 日起修改版施行）。

（2）《中华人民共和国水污染防治法》（2018 年 1 月 1 日起修正版施行）。

### 9.1.2 部委规章及规范性文件

（1）《环境影响评价技术导则　声环境》（HJ 2.4）。

（2）《环境影响评价技术导则　地表水环境》（HJ 2.3）。

（3）《输变电建设项目环境保护技术要求》（HJ 1113）。

（4）《电磁环境控制限值》（GB 8702）。

（5）《声环境质量标准》（GB 3096）。

（6）《建筑施工场界环境噪声排放标准》（GB 12523）。

（7）《工业企业厂界环境噪声排放标准》（GB 12348）。

（8）《污水综合排放标准》（GB 8978）。

（9）《污水排入城镇下水道水质标准》（GB/T 31962）。

（10）《国家电网有限公司输变电环境保护纠纷处理工作规范》（科环〔2019〕23 号）。

## 9.2 工作内容

### 9.2.1 环保治理原则

电网环保治理的原则是：以环保达标为目标，采用先进、成熟、经济合理的技术措施对环境因子超标的输变电设施（以下简称超标设施）进行治理改造，以降低对环境的影响。

电网环保治理应以“统筹规划，环保达标，技术可行，经济合理”的技术原则为指导，结合周围环境的敏感程度，制定治理项目计划，推进环保治理项目实施。

### 9.2.2 治理项目类型

目前，输变电设施环保治理类型主要有以下几类：

一是噪声治理。治理主要原因是站址声环境功能区执行标准变化、站址周围环境变化、站内声源设备源强增大、降噪设施老化等造成的变电站（换流站）厂界或声环境保护目标噪声超标；二是电磁环境治理。治理主要原因是架空线路对地高度降低、架空线路周围环境保护目标变化等导致的输变电设施周围电磁环境敏感目标处工频电场强度或工频磁感应强度超标；三是变电站（换流站）污水治理。治理主要原因是变电站（换流站）污水处理设施运行故障等造成的外排废水水质超标。

### 9.2.3 资金来源

超标治理项目，一般应列入技改项目管理范围，在技改资金中列支。

所需资金相对较少，具有维修性质的项目可以在设备大小修中安排；环保治理项目较多、资金量较大的项目，应设立环保治理专项资金，编制环保治理规划，根据规划合理制订专项资金使用计划。

## 9.3 工作流程

### 9.3.1 项目申报

年度环保治理项目计划应以环境监测数据为基础，列出输变电设施环境因子超标的变电站或输电线路治理清单，并结合输变电设施周围环境的敏感程度合理安排。按照“统筹规划，环保达标，技术可行，经济合理”的技术原则，确定超标治理项目拟采用的方案并分析预期达到的治理效果。

### 9.3.2 审批与下达

国家电网有限公司环保归口管理部门负责组织审核印发超标治理计划，组织审核 500kV 及以上电压等级超标治理项目技术方案，并对超标治理效果开展评估和抽查。涉及分部资产的治理项目，有关分部做好协调、配合工作。

省公司环保归口管理部门组织对下级单位申报的110～500kV年度环保治理项目的可行性研究报告进行预审，或组织有关专家对重大治理项目的可行性研究报告进行技术评审，向国家电网有限公司环保归口管理部门上报500kV及以上电压等级变电站环境超标治理项目技术方案。必要时对现场进行复核和勘察。项目审查内容包括项目的环境敏感性、资金安排的合理性、技术方案的可行性等。

省公司环保归口管理部门根据国家电网有限公司环保归口管理部门下发的环境治理专项行动计划以及审查结果汇总出年度环保治理项目清单，及时将治理项目纳入年度生产大修、技改或治理专项资金等计划和预算安排，并根据轻重缓急安排项目进度。各省公司组织地市级公司分年度推进实施，并做好项目实施过程管控。

各地市级公司环保归口管理部门负责提出本单位超标治理需求，牵头编制超标治理专项行动计划和治理项目技术方案；组织超标治理项目实施，配合竣工监测并参与项目验收。

### 9.3.3 实施与验收

（1）实施。项目单位应根据要求组织环保治理项目的招标工作，制定环保治理项目的实施方案或初步设计方案，按技改工程有关规定组织项目的设计、设备采购、施工和监理等。

（2）验收。环保治理项目在完成后的3个月内，项目单位应填报环保项目验收申请表及有关材料，向上一级单位申请验收。

环保治理项目的验收须提交以下材料：项目执行情况总结、项目的实施方案、具有检测资质的第三方检测报告或性能测试报告、工程经费决算审计表等。

一般的环保治理项目的验收可采用现场检查验收。投资较大的项目应组织专家评审验收。

环保治理项目验收完成后，还应委托有资质的单位对输变电设施环境因子的达标情况进行监测，并进行竣工环境保护验收。

### 9.3.4 总结评估

各省公司对年度环境超标治理工作情况进行总结分析并上报总结报告，总结治理典型经验。国家电网有限公司环保归口管理部门对各省公司变电站环境超标治理工作开展效果评估和抽查。

## 9.4 典型案例

（1）江苏110kV太平门变、集庆变噪声治理工程。国网江苏电力110kV太平门变、集庆变实施噪声治理。噪声治理措施包括制作安装空调室外机消声罩、进出风口消声器，如图9-1、图9-2所示。完成现场施工并进行系统调试后，南京供电公司对工程进行了验收，验收合格。委托监测单位对变电站周围环境进行监测，噪声治理噪声明显降低，监测结果满足相关标准限值要求，噪声治理工程效果显著。

图 9-1　南京 110kV 太平门变电站降噪措施（安装隔声板）

图 9-2　南京 110kV 集庆变电站降噪措施（进出风口安装消声器）

（2）湖南 110kV 中塘变低噪声示范工程。国网湖南电力针对核心城区 110kV 中塘变，从设计阶段开展降噪设计，物资采购阶段选取消声风机、吸声材料设施，从源头解决噪声超标问题，国网噪声实验室全程指导工程建设，成功将变电站噪声控制在 40dB（A），低于 1 类声环境功能区变电站厂界夜间噪声排放限值，如图 9-3 所示。

（3）上海变电站噪声治理新技术应用工程。国网上海电力公司应用声成像技术，对变电站声源进行精准定位，方便快捷地准确寻找变电站漏声源位置，可为变电站降噪治理提供高效监测手段，降低变电站噪声治理成本，如图 9-4 所示。

（4）江苏 220kV 邓庄变、海翔变污水处理治理工程。国网江苏电力 220kV 邓庄变、海翔变应用“生物 + 生态”新型复合式污水处理工艺，将生物处理、生态处理、景观环境等有机结合，形成了一整套“花园式”的生物 - 生态协同处理系统，出水作为绿化用水在站内回用，如图 9-5 所示。

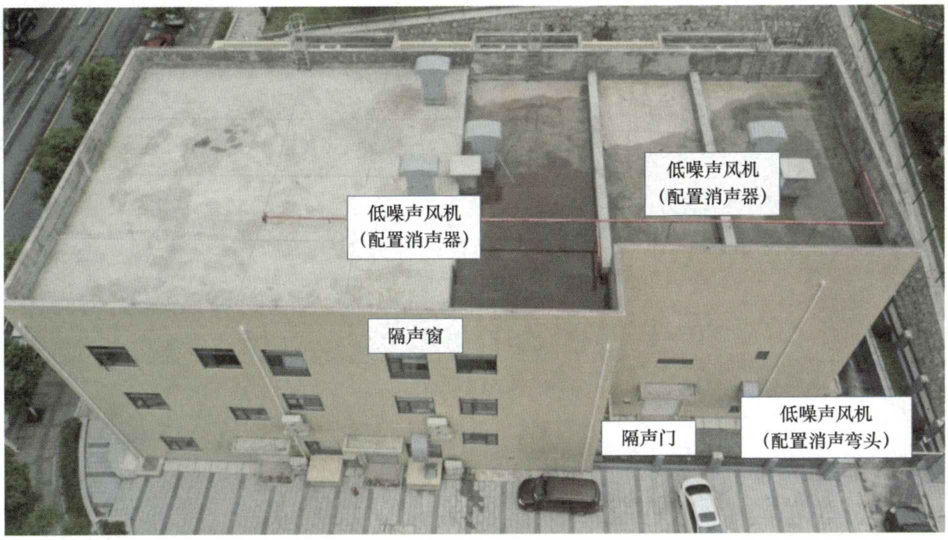


图 9-3　湖南 110kV 中塘变降噪措施（采用低噪声风机、消声器、隔声门窗等）

图 9-4　上海公司声成像技术精准定位变电站噪声源效果图

图 9-5　220kV 邓庄变、海翔变“生物 + 生态”工艺（一）

图 9-5　220kV 邓庄变、海翔变“生物 + 生态”工艺（二）

（5）北京 220kV 富力城变电站噪声治理工程。国网北京电力 220kV 富力城变电站实施噪声治理。噪声治理措施包括变电站东西北侧通风口增加消声器、屋顶空冷区域加装隔声顶棚顶部以及排风消声器、主控楼南侧墙体及顶部管道加装隔声屏障墙体结构，南侧电缆夹层、主控楼加装隔声门，东侧主变压器室墙体外加装隔声板。完成现场施工并进行系统调试后，北京公司对工程进行了验收，验收合格。委托监测单位对变电站周围环境进行监测，噪声治理噪声明显降低，监测结果满足相关标准限值要求，噪声治理工程效果显著，如图 9-6 所示。

变电站东侧

变电站主控楼南侧墙体

变电站西侧

变电站北侧

变电站主控楼隔声门

变电站屋顶冷却区域

图 9-6　220kV 富力城变电站降噪措施

# 第10章

# 电网固体废物环境无害化处置

电网固体废物是指在输变配电设施建设、运维、退役等过程中丧失原有利用价值或者虽未丧失利用价值但被抛弃或者放弃的、有可能对环境造成不利影响的报废物资。电网固体废物按照环境危险特性分类分为危险废物和一般固体废物。危险废物是指列入《国家危险废物名录》或者根据国家规定的危险废物鉴别标准和鉴别方法认定的具有危险特性的电网固体废物，主要包括废矿物油、废铅蓄电池等；一般固体废物是指除危险废物以外的电网固体废物，主要包括废锂电池、废绝缘子、废电缆盖板、废非金属表箱、废水泥电杆。

加强和规范电网固体废物的管理与处置，既是国家环境保护法律法规的客观要求，也是企业环境保护全过程监督管理的重要一环，是企业保护生态环境、履行社会责任的具体体现。国家电网有限公司贯彻落实国家生态文明建设战略部署，牢固树立绿色发展理念，以保障和促进电网发展为目标，坚持“减量化、无害化、资源化”原则，加强和规范电网固体废物的管理与处置，推进电网固体废物环境无害化处置及资源化利用水平的不断提升，促进电网清洁、绿色发展。

## 10.1 工作依据

### 10.1.1 法律法规

（1）《中华人民共和国环境保护法》（2015 年 1 月 1 日起修订版施行）。

（2）《中华人民共和国固体废物污染环境防治法》（2020 年 9 月 1 日起施行）。

### 10.1.2 部委规章及规范性文件

（1）《危险废物经营许可证管理办法》（2016 年 2 月 6 日修订版实施）。

（2）《国家危险废物名录》（2020 年生态环境部第 16 号令，2021 年 1 月 1 日起施行）。

（3）《危险废物转移联单管理办法》（生态环境部令第 23 号，2022 年 1 月 1 日起施行）。
（4）《危险货物道路运输安全管理办法》（交通运输部令 2019 年第 29 号）。

### 10.1.3 标准及技术规范

（1）《环境保护图形标志—固体废物贮存（处置）场》（GB 15562.2）。
（2）《危险废物贮存污染控制标准》（GB 18597）。
（3）《废铅蓄电池回收技术规范》（GB/T 37281）。
（4）《一般工业固体废物贮存和填埋污染控制标准》（GB 18599）。
（5）《危险废物收集、贮存、运输技术规范》（HJ 2025）。
（6）《废铅蓄电池处理污染控制技术规范》（HJ 519）。
（7）《危险废物管理计划和管理台账制定技术导则》（HJ 1259）。
（8）《危险废物识别标志设置技术规范》（HJ 1276）。
（9）《废矿物油回收利用污染控制技术规范》（HJ 607）。

### 10.1.4 公司管理规定

（1）《危险废物产生单位管理计划制定指南》。
（2）《国家电网有限公司电网固体废物环境无害化处置监督管理办法》。

## 10.2 危险废物处置

电网固体废物按照环境危险特性分类分为危险废物和一般固体废物。公司经营活动中涉及的危险废物主要包括废铅蓄电池和废变压器油，分别属于“HW31：900-052-31 含铅废物”“HW08：900-210-08 含油废水处理中隔油、气浮、沉淀等处理过程中产生的浮油、浮渣和污泥（不包括废水生化处理污泥）”“HW08：900-220-08（变压器维护、更换和拆解过程中产生的废变压器油）”“HW08：900-249-08（其他生产、销售、使用过程中产生的废矿物油及沾染矿物油的废弃包装物）”。废铅蓄电池和废变压器油在产生、收集、暂存和处置过程中应满足国家相关法律法规和地方环保部门的政策要求。

电网危险废物处置工作流程如图 10-1 所示。

### 10.2.1 废矿物油处置

“废矿物油”指公司在检修或废除拆解变压器过程中产生的、丧失原有散热和矿物功能，或者虽未丧失相应功能但被抛弃或者放弃的变压器油，废矿物油处置流程包括产生、收集、内部转运、暂存及处置 5 个阶段，全过程按照危险废物管理。处置流程如图 10-2 所示。

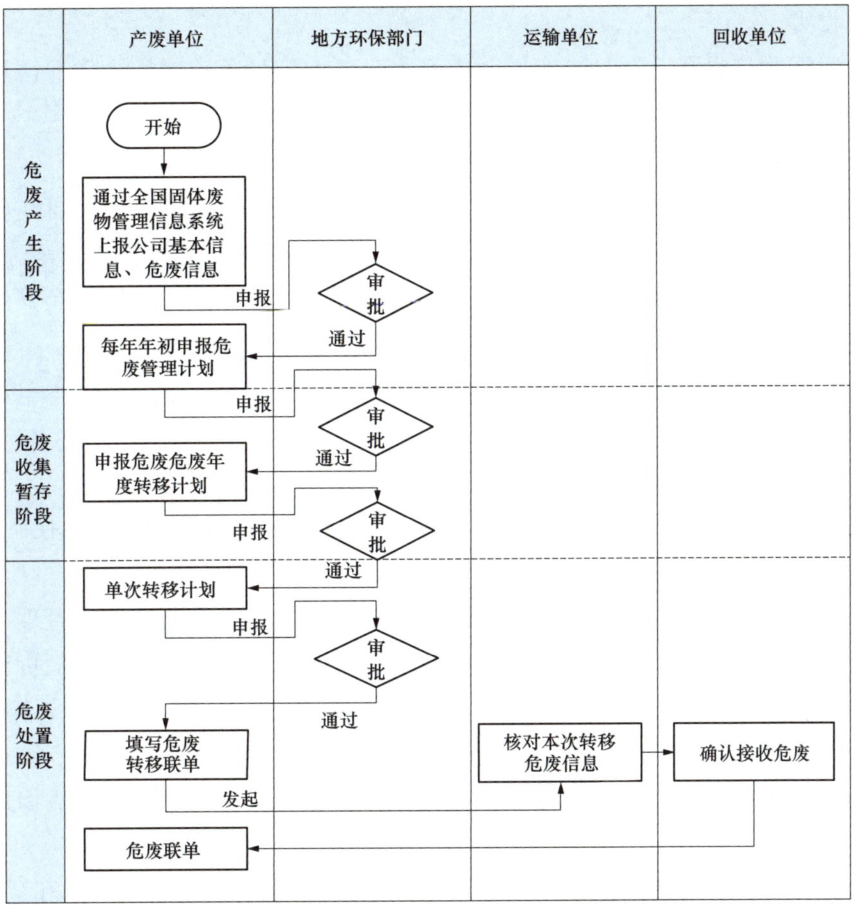


图 10-1　电网危险废物处置工作流程

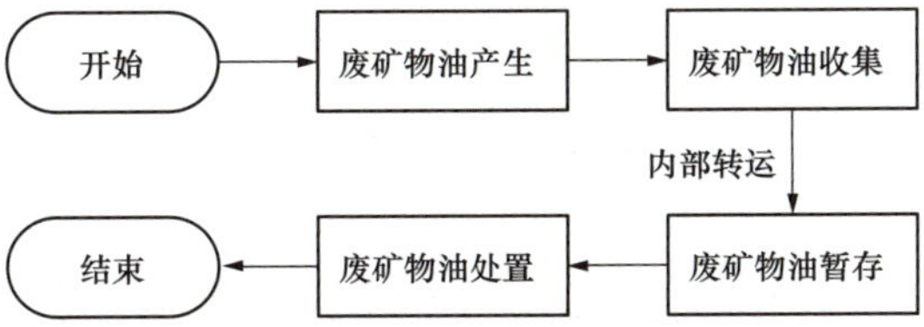


图 10-2　废矿物油处置流程

### （一）废矿物油的收集

废矿物油收集容器应完好无损，没有腐蚀、污染、损毁或其他能导致其使用效能减弱的缺陷。装废矿物油的容器必须粘贴符合危险废物标签。

对于其他生产、销售、使用过程中产生的废矿物油及沾染矿物油的废弃包装物的收集，现场收集作业应满足如下要求：

（1）含油设备报废后应及时收集设备主体内的废矿物油，为使油尽可能流尽，可用工具适当垫起设备，使之倾斜，但这一过程需要注意安全，防止设备倾倒伤人；作业区域应采取铺设吸油毯等防护措施，避免发生环境污染事故；输变电设施产生的含油废水中的浮油也应同时收集。

（2）应根据收集设备、转运车辆以及现场人员等实际情况确定相应作业区域，同时要设置作业界限标志和警示牌。

（3）作业区域内应设置危险废物收集专用通道和人员避险通道。

（4）收集时应配备必要的收集工具和包装物，以及必要的应急监测设备和应急装备。

（5）收集结束后应清理和恢复收集作业区域，确保作业区域环境整洁安全。

（6）收集过废矿物油及其他含矿物油废物的容器、设备、设施、场所及其他物品转作它用时，应按照国家有关规定经过消除污染处理，方可使用。

（7）废矿物油及其他含矿物油废物收集完成填写危废收集记录表，报本单位环境保护归口管理部门。

**（二）废矿物油内部转运**

废矿物油的内部转运应满足如下要求［参考《废矿物油回收利用污染控制技术规范》（HJ 607）和《危险货物道路运输规则》（JT/T 617）］。

（1）废矿物油及部分含矿物油废物内部转运需按照危险废物要求进行管理，要求运输企业、运输车辆和从业人员分别具有相应的从业资质和资格，满足道路危险货物运输管理要求。该情形下，需委托有相应危险废物运输、处理资质的第三方公司代为运输及处置。

（2）公司在自行组织危险废物内部转运时，应综合考虑公司危险废物产生点分布的实际情况，向公安机关提前报备公司危险废物内部拟转运路线，以避开危险货物运输车辆限制通行的区域。

（3）废矿物油装卸区应设置隔离设施，废矿物油的卸载区应设置收集槽和缓冲罐。

（4）废矿物油内部转运前应核对品名、数量和标志等。

（5）应检查转运设备和盛装容器的稳定性、严密性，确保运输途中不会破裂、倾倒和溢流；应制定突发环境事件应急预案；转运过程中应设专人看护。

（6）废矿物油内部转运结束后，应对转运区域进行检查和清理，确保无遗失，并对转运工具进行清洗。

（7）废矿物油内部转运前废矿物油的运输转移过程控制应按《危险废物转移联单管理办法》的规定执行。

**（三）废矿物油暂存**

废矿物油的暂存应符合《危险废物贮存污染控制标准》（GB 18597）、《危险废物收集、贮存、运输技术规范》（HJ 2025）、《废矿物油回收利用污染控制技术规范》（HJ 607）及公司相关标准规范等相关要求，暂存场所应相对独立，地面应作防渗处理，采取收集和导流措施防止泄漏，暂存时间不得超过 12 个月。

电网危废暂存期间，应及时填写危险废物入库环节记录表，报本单位环境保护归口管理部门。委托从事危险废物贮存的经营活动企业，需取得相应经营许可证，且应当依法开展环境影响评价。做好暂存记录台账管理，资料归档保留 5 年。

**（四）废矿物油处置**

废矿物油的处置依照国家电网有限公司废旧物资处置流程，做报废处置，通常交由原含油电气设备生产企业回收处置或由物资部门依规定招标交由有处置资质的企业回收处理；收集到的废油暂存至危废暂存仓内，不同型号废矿物油应分类收集；盛装废矿物油时，容器预留容积应不少于总容积的 5%，密封存放，设置呼吸孔，防止膨胀；暂存时间不得超过 12 个月。废矿物油收集、暂存和处置应做好台账记录工作，通过招标将危险废物提供或者委托给有危险废物经营许可证的单位处置。废矿物油需转移处置时，应按照国家《危险废物转移管理办法》办理危险废物转移联单，并依法向地方生态环境主管部门申报登记。

## 10.2.2 废铅蓄电池处置

"废铅蓄电池"指公司在生产经营活动中产生、丧失原有利用价值或者虽未丧失利用价值但被抛弃或者放弃的铅蓄电池（不包括在保质期内返厂故障检测、维修翻新的铅蓄电池）。

废铅蓄电池处置流程包括产生、收集、内部转运、暂存及处置 5 个阶段，全过程按照危险废物管理。处置流程如图 10–3 所示。

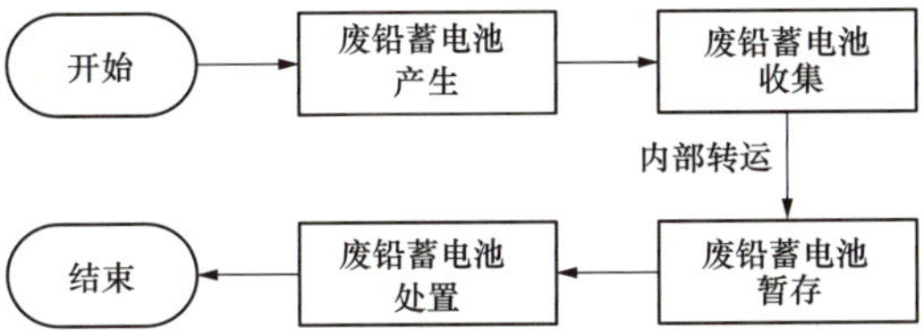


图 10–3　废铅蓄电池处置流程

**（一）废铅蓄电池收集**

根据环境风险大小，将废铅蓄电池分为两类管理：未破损的密封式免维护废铅蓄电池（以下简称第 Ⅰ 类废铅蓄电池）；开口式废铅蓄电池和破损、漏液的密封式免维护废铅蓄电池（以下简称第 Ⅱ 类废铅蓄电池）。

收集废铅蓄电池的容器或托盘，应根据废铅蓄电池的特性设计，不易破损、变形，其所用材料能有效地防止渗漏、扩散，并耐酸腐蚀。装废铅蓄电池的容器或托盘必须粘贴危废标签。

对于两类废铅蓄电池的收集，现场收集作业应满足如下要求：

（1）应根据收集设备、转运车辆以及现场人员等实际情况确定相应作业区域，同时要设置作业界限标志和警示牌。

（2）作业区域内应设置危险废物收集专用通道和人员避险通道。

（3）收集时应配备必要的收集工具和包装物，并配置事故应急及个人防护设备。

（4）收集废铅蓄电池应进行合理包装，防止运输过程中破损和电解质泄漏。针对第 Ⅱ 类废铅蓄电池，出现电解质渗漏的，应将废铅蓄电池及其渗漏液贮存于耐酸容器中。

（5）收集结束后应清理和恢复收集作业区域，确保作业区域环境整洁安全。

（6）收集过第 Ⅱ 类废铅蓄电池的容器、设备、设施、场所及其他物品转作他用时，应消除污染，确保其使用安全。

### （二）废铅蓄电池内部转运

废铅蓄电池的内部转运应满足如下要求［参考《废铅蓄电池处理污染控制技术规范》（HJ 519）《铅蓄电池生产企业集中收集和跨区域转运制度试点工作方案》和《危险货物道路运输规则》（JT/T 617）］：

（1）Ⅰ类废铅蓄电池的运输环节当满足“运输工具满足防雨、防渗漏、防遗撒要求”时，可不按危险废物进行运输，收集后可安排内部转运至公司的危险废物暂存仓库。

（2）Ⅱ类废铅蓄电池当满足国家交通运输、环境保护相关规定条件时，可豁免运输企业资质、专业车辆和从业人员资格等道路危险货物运输管理要求。相关的豁免条件如下：

1）破碎的废铅蓄电池应放置于耐腐蚀的容器内，并采取必要的防风、防雨、防渗漏、防遗撒措施。

2）操作人员应接受危险货物道路运输专业知识培训、安全应急培训，持证操作。

3）装卸废铅蓄电池时应采取措施防止容器、车辆损坏或者其中的含铅酸液泄漏。

废铅蓄电池在同时满足上述包装容器、人员培训、装卸条件及载运重量前提条件下，对废铅蓄电池的内部转运均可豁免运输企业资质、专业车辆和从业人员资格等危险货物运输管理要求，按照普通货物进行管理。

当Ⅱ类废铅蓄电池不能同时满足以上 4 个豁免条件时不能豁免，内部转运需按照危险废物要求进行管理，要求运输企业、运输车辆和从业人员分别具有相应的从业资质和资格，满足道路危险货物运输管理要求。该情形下，需委托有相应危险废物运输、处理资质的第三方公司代为运输及处置。

（3）公司在自行组织危险废物内部转运时，应综合考虑公司危险废物产生点分布的实际情况，向公安机关提前报备公司危险废物内部拟转运路线，以避开危险货物运输车辆限制通行的区域。

（4）废铅蓄电池内部转运作业应采用专用的工具。

（5）废铅蓄电池装卸区应设置隔离设施，涉及漏液的Ⅱ类废铅蓄电池的卸载区应设置收集槽和缓冲罐。

（6）废铅蓄电池内部转运前应核对品名、数量和标志等。

（7）废铅蓄电池内部转运结束后，应对转运区域进行检查和清理，确保无铅蓄电池遗失，并对转运工具进行清洗。

### （三）废铅蓄电池暂存

废铅蓄电池禁止露天存放，暂存场所应相对独立，环境温度不得超过 45℃。废铅蓄电池和废锂电池不得直接堆放在地面上，应放在专门的电池架或者与地面有一定距离的具有矿物功能的承重板上，并保持一定的通风散热间距。

废铅蓄电池暂存场所还应符合《危险废物贮存污染控制标准》（GB 18597）、《危险废物收集、贮存、运输技术规范》（HJ 2025）、《废铅蓄电池处理污染控制技术规范》（HJ 519）及公司相关标准规范等相关要求，地面应作防渗处理，并配有废液收集装置，禁止电池叠放，暂存量不得大于 3t，暂存时间最长不得超过 90 天。

**（四）废铅蓄电池处置**

废铅蓄电池主要由极板铅和铅化合物、硫酸和塑料构成。如果拆解不当或因人为损坏导致重金属铅和含铅酸液泄漏，会对水体、土壤环境造成严重污染。退运铅酸蓄电池，一部分经修复后容量恢复至 95% 以上，重组后可以用于低电压等级变电站或者其他场合。不能修复部分经专业机构回收再生利用，具有巨大的资源和环境价值。从废铅蓄电池中回收铅，既可以减少原生铅矿的开采量，又能够有效降低铅的环境健康风险。

（1）退运铅蓄电池循环利用。退运铅酸蓄电池采用绿色环保的修复方法实现电池性能恢复，满足再利用要求。常用的有物理法与化学法，以及二者协同使用的综合法。采取物理法修复时应控制好修复条件，避免因过电流、过电压或过大脉冲频率造成电池变形破损。采用化学法修复时应避免造成电池电解液中毒，杜绝修复剂或电解液泄漏，造成环境污染。电池修复再利用性能要求：电池容量恢复至 95% 以上，内阻增加值不超出厂时的 1.2 倍，使用寿命延长 30% 以上。

（2）废铅蓄电池无害化处置。废蓄电池的处置主要采取的方法是：根据电池运维信息及容量核对实验判断，由使用部门申请报废后，依照国家电网有限公司废旧物资处置流程，做报废处置，进行整体拆除或更换。废铅蓄电池拆除前应进行外观检视，破损或漏液的电池应单独收集，收集场地设置隔离带；破损或漏液电池的电解液应从电池中倒出，单独收集管理。拆除的废铅蓄电池及时收集暂存至危废暂存仓，及时处置，暂存量不得大于 3t，暂存时间最长不得超过 90 天。废铅蓄电池收集、暂存和处置应做好台账记录工作，通过招标将危险固体废物提供或者委托给有危险废物经营许可证的单位处置。废铅酸蓄电池需转移处置时，应按照国家《危险废物转移管理办法》办理危险废物转移联单，并依法向地方生态环境主管部门申报登记。

## 10.3 一般固体废物处置

一般固体废物是指除危险废物以外的电网固体废物，主要包括废锂电池、废绝缘子、废电缆盖板、废非金属表箱、废水泥电杆等。按照处置价值划分，可分为有处置价值和无处置价值报废物资两类。

有处置价值的报废物资是指处置收益较高且处置成本（包括物资回收、保管、销售过程中发生的运输、仓储、人工、差旅等费用）相对较低的报废物资。主要包括断路器、互感器、电容器、铁塔、导线、电缆、变压器等。

无处置价值的报废物资是指处置效率较低且处置成本相对较高的报废物资。主要包括报废水泥电杆、电缆盖板、绝缘子、非金属表箱等。

### 10.3.1 一般固体废物处置流程

一般固体废物管理包括计划管理、技术鉴定、拆除回收、报废审批、移交保管、报废处置、资金回收和实物交接等全过程管理。

（1）计划管理。生产技改、电网基建等项目可研阶段，实物使用保管单位（部门）提前开展拟退役资产实物清点，提出拟退役资产（设备 / 材料）清单。

（2）技术鉴定。实物资产管理部门组织开展技术鉴定，履行内部审批手续，出具技术鉴定报告，明确拟退役资产再利用或报废处置意见。

（3）拆除回收。项目管理部门组织施工单位应严格按照合同约定、拟拆除计划开展现场拆除工作。

（4）报废审批。固定资产报废审批按照《国家电网有限公司固定资产管理办法》《国家电网有限公司电网实物资产退役管理规定》要求，办理审批手续。

（5）移交保管。项目管理部门组织做好拆除电网实物资产的临时保管和移交工作。需入库后处置的报废物资，由实物保管使用单位办理完报废手续后，组织将物资运送至指定仓库。保管过程中采取防扬散、防流失、防渗漏以及其他防止污染环境的措施，不得擅自倾倒、堆放、丢弃和遗撒。

（6）报废处置。有处置价值的报废物资，在国家电网有限公司电子商务平台（ECP）集中开展网上竞价（拍卖）处置。其中，配变、电能表等报废物资，应按专业要求组织开展拆解破坏处理，防止回流进入电网。

无处置价值的报废物资，由实物使用保管单位（部门）提出处置需求，经本单位实物管理、物资、财务部门审批后，在符合安全、环境等相关要求前提下，自行、委托第三方或社会公共机构实施无公害化处理。

在对一般固体废物处置过程中，一般采取防扬散、防流失、防渗漏以及其他防止污染环境的措施，不得擅自倾倒、堆放、丢弃和遗撒。

（7）资金回收和实物交接。报废物资竞价成交后，实物使用保管单位（部门）在竞价成交后按公司合同管理规定与成交回收商签订报废物资销售合同。各级物资管理单位（部门）在结算金额全额收款完成后，应按照合同约定的时限内及存储地点，组织项目管理部门、施工单位、仓库保管员等与回收商进行现场或仓库实物交接。

### 10.3.2 一般固体废物处置要求

在对一般固体废物处置过程中，一般采取防扬散、防流失、防渗漏以及其他防止污染环境的措施，不得擅自倾倒、堆放、丢弃和遗撒。

**（一）一般固体废物的收集**

各级实物使用保管单位在一般废物收集工作中应满足以下要求：

（1）废锂电池、废绝缘子、废电缆盖板、废非金属表箱、废水泥电杆、废互感器、废电容器、废输电导线、废断路器等电网一般固体废物应根据种类、数量、特性等因素进行分类收集。

（2）金属类一般固体废物应根据种类进行分类收集。

（3）废锂电池在收集时应进行外观检视，破损、漏液或膨胀的电池应单独收集，电池极耳或极柱应做绝缘处理，防止短路。

（4）收集结束后，应清理和恢复收集作业区域，确保作业区域环境整洁。

（5）收集结束后，及时填报电网固体废物收集记录表，报本单位环境保护归口管理部门。资料归档保留 3 年。

**（二）一般固体废物的暂存**

各级实物资产管理单位在一般固体废物暂存中应满足以下要求：

（1）电网一般固体废物暂存场所应宽敞、干燥、通风，符合消防安全要求，场所外应按照《暂存场所标识和警示牌》粘贴相应标志。

（2）暂存期间，应定期核对数量，尽快安排处置。

（3）及时填报电网固体废物入库暂存记录表，报本单位环境保护归口管理部门。资料归档保留 3 年。

**（三）一般固体废物的处置**

（1）废锂电池处置时，可委托符合《新能源汽车废旧动力蓄电池综合利用行业规范条件》的企业进行综合利用或按照《废电池污染防治技术政策》《新能源汽车动力蓄电池回收利用管理暂行办法》等要求委托第三方（或社会公共机构）进行环境无害化处置。

（2）处置（变压器、断路器、铁塔、导线、电缆等）有处置价格物资，在国家电网有限公司电子商务平台开展网上竞价（拍卖）处置。配变、电能表等报废物资，应按专业要求组织开展拆解破坏处理，防止回流进入电网，其中配变等含油设备内的油要按照危险废物与本体分别进行处置。

（3）对废绝缘子、废瓷瓶、废电缆盖板、废非金属表箱和废水泥电杆等一般固体废物，由各单位的实物使用保管部门在符合安全、环境等相关要求前提下，自行或委托第三方（或社会公共机构）实施环境无害化处置。

（4）处置完成后，应及时填报电网固体废物处置记录表，报本单位环境保护归口管理部门，电网固体废物处置记录表应当至少保存 5 年。

# 第 11 章

# 六氟化硫管理

六氟化硫（$SF_6$）具有极佳的稳定性、电气绝缘和灭弧特性，被广泛应用于电力行业。但 $SF_6$ 具有很强的温室效应，其全球变暖潜势可达 $CO_2$ 的 23900 倍，且在空气中能够稳定存在 3200 年。1997 年联合国气候大会通过的《联合国气候变化框架公约的京都议定书》（以下简称《京都议定书》）将其列为六种限制排放的温室气体之一；2019 年，国务院国资委明确将“$SF_6$ 气体回收率”纳入公司中央企业负责人任期经营业绩考核；2021 年 3 月公布的《中华人民共和国国民经济和社会发展第十四个五年规划和 2035 年远景目标纲要》中，我国首次将“加大甲烷、氢氟碳化物、全氟化碳等其他温室气体控制力度”列入国家战略；2021 年 12 月，国家能源局在答复十三届全国人大四次会议第 6052 号建议中明确“生态环境部正在组织开展低碳技术和低碳产品目录征集、评审工作，推动甲烷（$CH_4$）、氧化亚氮（$N_2O$）、$SF_6$ 等非二氧化碳温室气体排放控制”。而当前百分之八十的 $SF_6$ 气体被用于电气行业，其中全封闭组合电器（GIS）和复合式组合电器（H-GIS）中 $SF_6$ 使用量更是惊人，则减少 $SF_6$ 气体的使用及排放成为了电网温室气体管理的主要任务，对实现“双碳”目标具有重要意义。

## 11.1 工作依据

### 11.1.1 法律法规

《中华人民共和国环境保护法》（中华人民共和国主席令第二十二号公布施行）。

### 11.1.2 部委规章及规范性文件

（1）《中国电网企业温室气体排放核算方法与报告指南（试行）》（发改办气候〔2013〕2526 号）。

（2）《中央企业能源节约与生态环境保护统计报表》（国资发综合〔2019〕19 号）。

（3）《碳排放权交易管理办法（试行）》（2020 年生态环境部第 19 号令）。

（4）《温室气体自愿减排交易管理办法（试行）》（2023 年生态环境部第 31 号令）。

### 11.1.3 标准及技术规范

（1）《六氟化硫电气设备中气体管理和检测导则》（GB/T 8905）。

（2）《工业六氟化硫》（GB/T 12022）。

（3）《高压开关设备和控制设备中六氟化硫（$SF_6$）的使用和处理》（GB/T 28537）。

（4）《六氟化硫电气设备气体监督导则》（DL/T 595）。

（5）《六氟化硫电气设备运行、试验及检修人员安全防护导则》（DL/T 639）。

（6）《六氟化硫气体泄漏在线监测报警装置运行维护导则》（DL/T 1555）。

（7）《电气设备用六氟化硫气体回收、再生及再利用技术规范》（DL/T 1993）。

（8）《输变电设备状态检修试验规程》（Q/GDW 1168）。

（9）《$SF_6$ 气体回收净化处理工作规程》（Q/GDW 1859）。

（10）《六氟化硫回收回充及处理装置技术规范》（Q/GDW 10470）。

（11）《运行电气设备中六氟化硫气体监督与管理规范》（Q/GDW 10471）。

### 11.1.4 公司管理规定

（1）《国家电网有限公司环境保护工作考评办法》（国家电网企管〔2020〕334 号）。

（2）《国家电网有限公司六氟化硫气体回收处理和循环再利用监督管理办法》（国家电网企管〔2023〕649 号）。

（3）《国家电网有限公司环境保护管理办法》（国家电网企管〔2019〕429 号）。

（4）《国网科技部、设备部关于进一步加强六氟化硫气体回收处理和循环再利用工作的通知》（科环〔2019〕39 号）。

（5）《六氟化硫气体回收处理和循环再利用统计数据核查规定》（科环〔2020〕12 号）。

## 11.2 工作内容

为践行绿色发展理念、推进生态文明建设，国家电网有限公司不断加强 $SF_6$ 气体全过程监督管理，组织实施了 $SF_6$ 气体回收、净化和循环利用技术的推广应用，26 个省公司先后建成了省级六氟化硫气体回收处理中心，实现了公司六氟化硫气体回收处理和循环利用，有效减少了六氟化硫气体排放，积极推动了电网绿色低碳发展。$SF_6$ 回收处理和循环再利用工作应遵循“分散回收、灵活处置、统一检测、循环利用”的工作模式，开展 $SF_6$ 气体回收、净化处理、检测、发放、领用、回充和信息化管理等工作。

当电气设备检修、退役或者当电气设备中 $SF_6$ 气体质量不符合 GB/T 8905 要求时，地市供电公司、超高压分公司及时回收设备中的 $SF_6$ 气体，将需要净化处理的 $SF_6$ 气体进行现场净化处理或送至处理中心进行集中净化处理，处理后的气体经第三方检测符合 GB/T 12022 中新气要求标准即为合格，根据需求将合格的 $SF_6$ 气体充入电气设备循环利用。结合实际工作开展情况，省公司、地市供电公司、超高压分公司、处理中心等单位同步开展 $SF_6$ 气体数据统计、信息填报及相关文件材料的归档工作，将 $SF_6$ 气体循环利用数据纳入日常信息化管理。

## 11.3 工作流程

$SF_6$ 回收处理和循环再利用工作主要包括气体回收、储存和运输、净化处理、质量检测、发放和领用、回充、检查及考核等环节，实现了 $SF_6$ 气体全过程监督和精益化管理，提高 $SF_6$ 气体回收处理及循环再利用水平。

$SF_6$ 气体循环利用工作流程见图 11–1。

### 11.3.1 气体回收

#### 11.3.1.1 回收前检测

电气设备中 $SF_6$ 气体回收前，地市供电公司、超高压分公司应按照《输变电设备状态检修试验规程》（Q/GDW 1168）要求进行气体检测。

#### 11.3.1.2 回收作业

地市供电公司、超高压分公司应根据所辖区域内电气设备的气体容量，配置不同功率的回收装置及配套设施，且该装置要符合《六氟化硫回收回充及处理装置技术规范》（Q/GDW 10470）的相关要求，使用回收装置严格按照《$SF_6$ 气体回收净化处理工作规程》（Q/GDW 1859）相关要求回收 $SF_6$ 气体；当设备内气体压力小于 2kPa 时，可视为设备内气体被抽空，此时关闭设备气瓶（或储气容器）阀门、回收装置进气阀、设备放气阀门、回收装置压缩机（真空泵），卸下气瓶（或储气容器），贴上标签备用。

当工作人员在室内开展回收工作时，需打开强制排风设施，作业完成后才可关闭；当现场回收开断或事故后的 $SF_6$ 气体时，工作人员应穿着防护服并根据需要佩戴防毒面具或正压式空气呼吸器。

此外，工程建管单位应监督和指导施工单位、设备供应商在安装、调试等过程中开展 $SF_6$ 气体回收利用工作。

### 11.3.2 气体储存和运输

#### 11.3.2.1 气体储存

回收后 $SF_6$ 气体应存储于专用气瓶（或储气容器）中，气瓶（或储气容器）的使用应符合《压力容器》（GB/T 150）的相关规定，过期未经检验或检验不合格的气瓶（或储气容器）严禁使用；气瓶应放置在阴凉干燥、通风良好的专门场所，直立保存，并远离热源和有油污的地方，防潮、防阳光暴晒，并不得有水分或油污粘在阀门上。

处理中心和各单位应根据实际工作情况划分气体储存区域并设置明显的标识，配备具有强制通风功能的 $SF_6$ 泄漏报警装置，$SF_6$ 泄漏报警装置的安装和定期校验应按照《六氟化

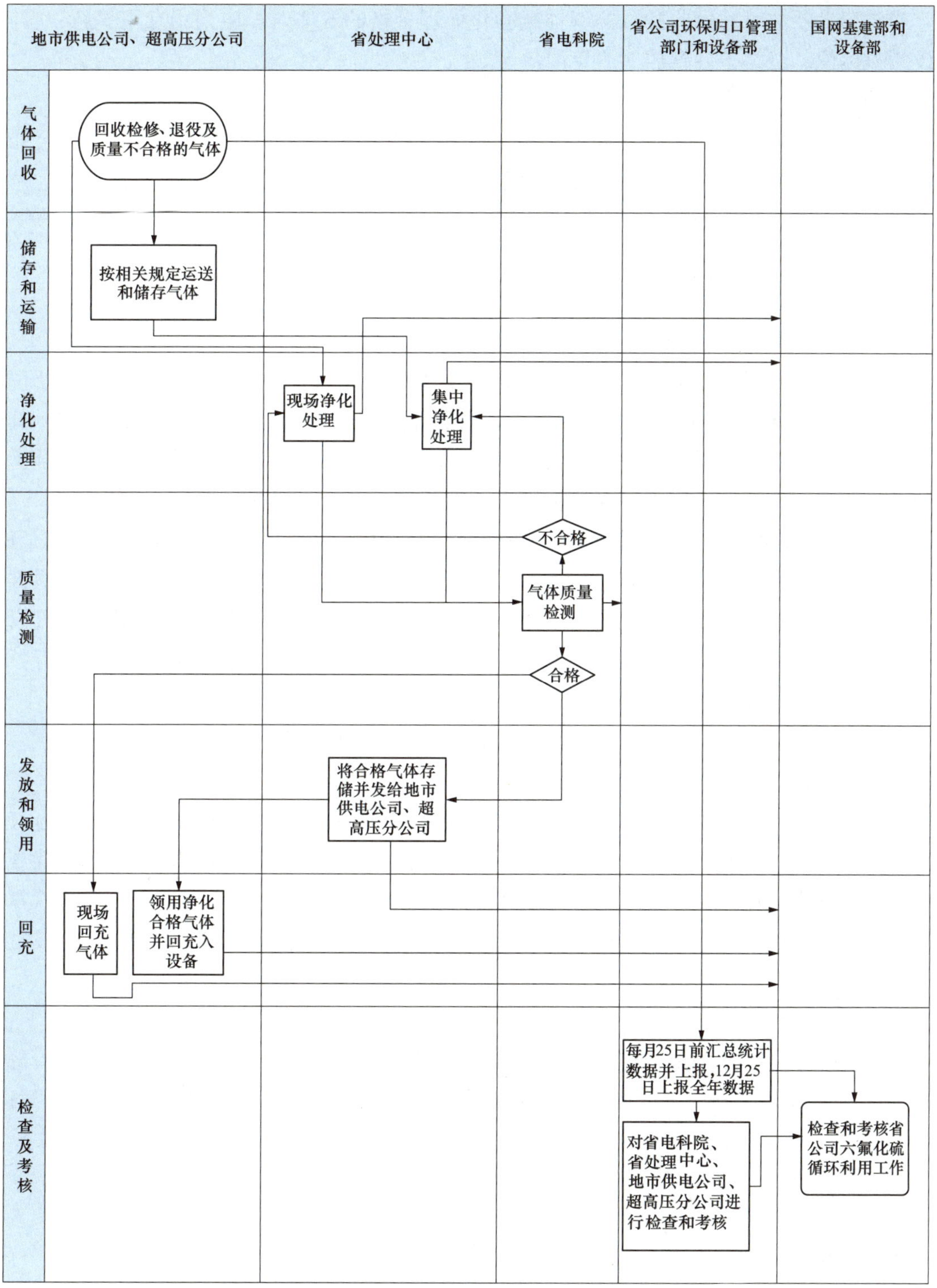


图 11-1　$SF_6$ 气体循环利用工作流程图

硫气体泄漏在线监测报警装置运行维护导则》（DL/T 1555）要求执行，保证其区域空气中 $SF_6$ 气体含量不超过 1000μL/L，氧气含量不小于 18%。

当储存设备故障后回收的故障气体或净化处理合格的气体时，应采用专用气瓶、容器，并设明显标识、分类单独存放，避免混淆。

#### 11.3.2.2 气体运输

未发生分解的 $SF_6$ 气体可开展现场净化处理，设备故障后回收的故障气体应送至处理中心集中处理；气体运输应符合《危险货物道路运输规则》（JT/T 617）相关要求，运输车辆及人员都应具备相应资质。

### 11.3.3 气体净化处理

#### 11.3.3.1 集中净化处理

处理中心应配置 $SF_6$ 净化处理装置，该装置性能要符合《六氟化硫回收回充及处理装置技术规范》（Q/GDW 10470）的相关要求；并根据实际工作情况划分不同功能区域，其中气体储存区域、净化处理车间和分析实验室应安装 $SF_6$ 泄漏报警装置，装置性能符合《六氟化硫气体泄漏在线监测报警装置运行维护导则》（DL/T 1555）要求，并需定期校验。

对回收后的 $SF_6$ 气体进行集中净化处理前，处理中心应按照《工业六氟化硫》（GB/T 12022）、《六氟化硫电气设备分解产物试验方法》（DL/T 1205）要求进行取样检测；根据气体检测结果，按相应的处理方案进行处理，$SF_6$ 净化处理过程严格按照《六氟化硫电气设备气体监督导则》（DL/T 595）、《$SF_6$ 气体回收净化处理工作规程》（Q/GDW 1859）执行，处理合格的气体存储于专用干净钢瓶中备用。

$SF_6$ 气体净化处理工作应在 6 个月内完成，净化处理率不低于 98%。

#### 11.3.3.2 现场净化处理

对于经检测判定未发生分解的 $SF_6$ 气体，回收处理中心可严格按照《六氟化硫电气设备气体监督导则》（DL/T 595）、《$SF_6$ 气体回收净化处理工作规程》（Q/GDW 1859）等规定执行 $SF_6$ 气体现场净化处理工作；对于净化后气体应抽样检测，气体质量应符合《六氟化硫电气设备中气体管理和检测导则》（GB/T 8905）、《工业六氟化硫》（GB/T 12022）要求。

### 11.3.4 质量检测

省电科院利用六氟化硫分析仪器对净化后拟发放的 $SF_6$ 气体质量进行监督检测，经检测合格后，省处理中心才可发放，并向领用单位出具检测报告；经检测不合格的 $SF_6$ 气体，必须由省处理中心重新进行净化处理。

### 11.3.5 发放领用

地市供电公司和超高压公司根据生产需求从省处理中心领用质量合格的 $SF_6$ 气体。

### 11.3.6 回充

地市供电公司、超高压分公司应根据所辖区域内电气设备的气体容量，配置不同功率的回充装置及配套设施，且该装置要符合《六氟化硫回收回充及处理装置技术规范》

（Q/GDW 10470）的相关要求，使用回充装置严格按照《$SF_6$气体回收净化处理工作规程》（Q/GDW 1859）相关要求回充 $SF_6$ 气体。

当充装完毕后，应对设备密封处焊缝以及管路接头进行全面检查，经检测确认 $SF_6$ 气体无泄漏则可认为充装完成。充装完毕 24h 后，应严格按照《六氟化硫电气设备中气体管理和检测导则》（GB/T 8905）等规定对设备中 $SF_6$ 气体进行检测，检测结果应满足《运行电气设备中六氟化硫气体监督与管理规范》（Q/GDW 10471）相关要求。

地市供电公司、超高压分公司在检修环节则应优先使用 $SF_6$ 净化气，净化气回用周期不得超过 18 个月，1 个回用周期内净化气使用率不低于 90%。

### 11.3.7 检查及考核

#### 11.3.7.1 信息化管理

省处理中心、地市供电公司、超高压分公司和省公司应坚持实事求是原则，根据 $SF_6$ 气体回收净化处理工作实际情况，认真做好原始数据的记录和统计，同步开展 $SF_6$ 气体数据统计和信息填报工作。

（1）处理中心应统计本中心 $SF_6$ 气体使用情况，包括 $SF_6$ 气体回收、净化、出库、入库、库存等气体量和新气采购量以及气体来源、去向等信息。

（2）地市供电公司、超高压公司统计所辖区域内 $SF_6$ 气体使用情况，现场回收、净化和回充的六氟化硫气体量也应纳入统计范畴，分别按回收、净化、回用等环节统计气体量。

（3）省公司则汇总处理中心、地市供电公司、超高压公司的 $SF_6$ 气体使用情况，开展 $SF_6$ 气体信息数据统计分析工作。

（4）公司电力设备油气介质状态评估与循环利用技术实验室负责汇总各省公司相关信息并上报国网基建部、设备部，每年 12 月 25 日前报送年度统计数据。

#### 11.3.7.2 检查及考核内容

$SF_6$ 气体回收利用工作的检查与考核实行分级管理，国网基建部会同国网设备部，负责对各省公司 $SF_6$ 气体回收利用工作进行检查与考核；省公司环保归口管理部门会同省公司设备部组织对省处理中心、地市供电公司和超高压分公司 $SF_6$ 气体回收利用工作进行检查与考核。

$SF_6$ 气体回收利用考核工作主要针对各单位 $SF_6$ 气体循环利用成效、气体管理数字化建设情况省级处理中心的制度建设、运维管理和经费落实等进行检查，具体考核内容参照《国家电网有限公司六氟化硫气体回收处理和循环再利用监督管理办法》（国家电网企管〔2023〕649 号）、《六氟化硫气体回收处理和循环再利用统计数据核查规定》（科环〔2020〕12 号）执行，主要检查与考核以下指标及内容。

（1）从设备（资产）运维精益管理系统（PMS）中抽取数据，核查地市供电公司、超高压分公司变电设备检修计划清单、六氟化硫设备相关的检修计划清单及检修工单等资料（电子版），对应核查检修、退役、充补气过程中 $SF_6$ 气体回收、回充、补气等相关数据，整体评价 $SF_6$ 气体回收再利用工作开展情况，分析研判是否存在 $SF_6$ 气体未按规定回收。

（2）核查地市供电公司、超高压分公司、省处理中心提供的 $SF_6$ 气体回收利用台账，包括气体回收量、回收率、净化处理量、净化处理率、领用量、回用量等。

（3）核查地市供电公司、超高压分公司、省处理中心上报的 $SF_6$ 气体统计数据的相关佐证资料。

（4）核查地市供电公司、超高压分公司、省处理中心的 $SF_6$ 气体相关管理制度、设备资产台账、气体质量控制记录，以及 $SF_6$ 气体信息数据统计的及时性、准确性和完整性。

（5）公司电网建设、运维检修业务范围的 $SF_6$ 气体回收率不低于公司环保考核指标要求；$SF_6$ 气体的净化处理工作应在 6 个月内完成，净化处理率不低于 98%。

（6）检修环节优先使用净化气，净化气回用周期不得超过 18 个月。

（7）相关经费的落实和执行情况。

# 第12章

# 电网环保纠纷处理

电网环保纠纷是指在输变电项目建设和运行过程中发生的与环境保护相关的投诉、信访、行政复议和法律诉讼。

产生电网环保纠纷的原因，主要有以下几方面：一是对输变电设施的电磁环境与健康影响方面存在误解；二是以输变电工程环境影响为由，谋求更多利益诉求；三是城镇化的快速发展，输变电设施所在功能区划变化产生噪声超标等问题；四是公众对涉及输变电设计、运行、电磁环境等部分现行法规、技术标准以及新实施的环保标准之间的理解存在偏差。

电网环保纠纷不但对电网的正常发展造成较大影响，也给企业和政府带来很大压力，造成社会资源的浪费。因此，积极预防、妥善处理输变电环保纠纷，避免矛盾进一步扩大是环保工作的重点之一。公司系统环保归口管理部门、相关部门及纠纷事发单位和相关单位应加强协调，认真研究环保纠纷的防控措施，按照“依法依规，坚持标准；依靠政府，积极协调；尊重科学，讲求事实；加强宣传，注重沟通；规范行为，防范风险；严谨务实，促进发展”的原则开展输变电环保纠纷处理，提高工作效率和质量，降低公司法律风险，为电网发展营造良好的外部环境。

## 12.1 环保纠纷预防、处理原则

电网环保纠纷应防患于未然，贯彻落实国家环保方针政策，认真执行环保相关法律、法规和标准。在输变电项目建设过程中，严控环评、环保“三同时”、竣工环保验收等环节工作及程序，确保程序合法、监测达标，注意相关资料的保存；同时要加强沟通、主动宣传、解决建设特别是施工过程中的环保相关问题，取得所在地公众的理解与支持，实现环境友好，公众接受，避免留下环保纠纷隐患。在输变电项目运行期间，应确保环保设施运行正常，制定环境应急预案，防范环境风险；加强巡视，发现周边环境变化可能引发输变电环保纠纷时应及时告知当事人并按规定处理，注意保留书面及影像资料，规范自身行为，及时发现问题并改正。

环保纠纷处理的基本原则是依法合规、公平公正；分级负责、属地协调；及时响应、妥善处理；注重沟通、防范风险。环保纠纷产生后，直接责任单位应立即开展自查自检和事实调查，核实相关情况后，及时向有关部门和公众做好沟通、解释与答复，防止纠纷事件扩大。公众通过行政复议或法律诉讼等途径主张自身环保权益的，在与行政复议或司法机关沟通并准备答辩或应诉的同时，还应加强与生态环境行政主管部门和相关公众的沟通。

## 12.2 环保投诉

环保投诉是指公民、法人或者其他组织对电网建设或运行过程中，认为其环保问题得不到处理，产生不满引起的诉求，而提出的书面或口头上的异议、抗议和要求解决问题等行为。电网环保投诉有多种情形，包括：通过 95598 服务电话向电网企业的投诉、通过政府服务热线或政府网站向政府部门或检察机关的投诉、通过人大代表或政协委员提案和建议的投诉以及一般信访和群体性信访等。

### 12.2.1 指导原则

一般情况下，电网环保投诉属于纠纷初期，初期纠纷处理不好，可能会使矛盾激化，导致纠纷进一步扩大，因此，必须做好电网环保投诉的预防与应急处理工作。

### 12.2.2 处理要点

发生电网环保投诉，直接责任单位应高度重视、认真对待、迅速反应，立即开展自查自检和事实调查，核实相关情况后，加强沟通、主动宣传，应及时向上级部门反映，并与有关部门和公众做好沟通、解释与答复，力争在投诉阶段化解矛盾，建立由环保等相关部门组成的输变电环保纠纷处理工作机构，制定规范的工作程序，完善联动机制，提高纠纷处理能力，对影响较大的环保纠纷应及时启动联动机制。

在实践中，采用书面答复是运用较多的一种解决投诉纠纷、促进沟通的有效手段。对于较为复杂的投诉，除书面答复外，还需要电话或当面向投诉人进行沟通解释。

书面答复和沟通内容可包括以下内容：

（1）基本情况介绍。说明投诉涉及的建设项目或运行设施的基本情况。

（2）法规依据。涉及纠纷内容的法律、法规、标准依据及政府部门的批复等。

（3）问题解释。对投诉人的问题，予以科学的解释说明，必要时可附达标证明的测试报告。

（4）意见建议。对投诉处理的意见和建议。

## 12.3 环境信访

环境信访是指信访人（公民、法人或者其他组织）采用信息网络、书信、电话、传真、走访等形式，向各级生态环境行政主管部门反映环境保护情况，提出建议、意见或者投诉请求，依法由生态环境行政主管部门处理的活动。

### 12.3.1 指导原则

信访工作应遵循《信访工作条例》《环境信访办法》，坚持中国共产党领导、坚持以人民为中心，坚持“属地管理、分级负责，谁主管、谁负责”的原则，依法及时就地解决问题，实行首办负责制。坚持源头预防与矛盾化解并重，处理实际问题与疏导教育相结合。把信访工作作为了解民情、集中民智、维护民利、凝聚民心的重要工作，为人民群众排忧解难。

### 12.3.2 处理要点

针对国家电网公司涉及的信访工作要点如下：

（1）电网企业收到信访部门转送的信访事项后，应及时配合信访部门作出回应，听取信访人陈述事实和理由，了解基本情况；必要时，可以要求信访人、有关组织和人员说明情况；需要进一步核实情况的，可以向其他组织和人员调查。

（2）在处理信访事项过程中，电网企业应当及时、高效，积极配合信访部门工作，不得存在违法、拖延、懈怠等情形。

### 12.3.3 法律依据

《环境信访办法》第十六条，信访人可以提出以下环境信访事项：（一）检举、揭发违反环境保护法律、法规和侵害公民、法人或者其他组织合法环境权益的行为；（二）对环境保护工作提出意见、建议和要求；（三）对生态环境行政主管部门及其所属单位工作人员提出批评、建议和要求。《信访工作条例》第二条，本条例适用于各级党的机关、人大机关、行政机关、政协机关、监察机关、审判机关、检察机关以及群团组织、国有企事业单位等开展信访工作。第六条　各级机关、单位应当畅通信访渠道，做好信访工作，认真处理信访事项，倾听人民群众建议、意见和要求，接受人民群众监督，为人民群众服务。第三十九条，对在信访工作中履职不力、存在严重问题的领导班子和领导干部，视情节轻重，由信访工作联席会议进行约谈、通报、挂牌督办，责令限期整改。第四十二条，因下列情形之一导致信访事项发生，造成严重后果的，对直接负责的主管人员和其他直接责任人员，依规依纪依法严肃处理；构成犯罪的，依法追究刑事责任：（一）超越或者滥用职权，侵害公民、法人或者其他组织合法权益；（二）应当作为而不作为，侵害公民、法人或者其他组织合法权益；（三）适用法律、法规错误或者违反法定程序，侵害公民、法人或者其他组织合法权益；（四）拒不执行有权处理机关、单位作出的支持信访请求意见。

## 12.4 行政复议

行政复议是指公民、法人或其他组织认为行政机关所作出的行政行为侵犯其合法权益，向行政复议机关提出行政复议申请，行政复议机关依照法定程序对被申请的具体行政行为进行合法性、适当性审查，并作出行政复议决定的一种法律制度。

### 12.4.1 指导原则

行政复议应遵循《行政复议法》，公民、法人或其他组织对行政机关作出的行政行为不服的，可通过向行政机关的上一级机关或行政机关同级人民政府申请复议。行政复议应当遵循合法、公正、公开、及时、便民的原则，坚持有错必纠，保障法律、法规的正确实施。电网企业参加行政复议和申请行政复议主要涉及：①请求撤销生态环境部门作出对环境影响报告书（表）批复的行政许可行为，或请求撤销生态环境部门作出其他行政决定；②以环境问题为由请求撤销规划部门颁发的《规划许可证》的行政许可行为。

### 12.4.2 处理要点

在电网环保纠纷案件中，“利害关系人”较多采取行政复议的方式来要求排除“侵害”，其认为采取此方式比通过民事救济途径要求损害赔偿更为有效，其主要目的是撤销行政机关作出的行政行为。电网企业往往因作为环保行政行为的相对人，其权益受行政行为直接影响，故常作为行政复议案件中的“第三人”被追加进复议审理。

电网企业涉及的行政复议程序主要如下。

1. 参加行政复议

电网企业以“第三人”身份参加行政复议，工作内容主要是向复议机关提交“第三人”的“答辩状”，参加由复议机关主持的座谈会或辩论会，对此应注意以下几点：

（1）与被申请人进行充分沟通，确定答辩的要点与举证责任分配。

（2）配合被申请人做好行政复议的答辩工作。

（3）环境影响报告书（表）的内容是否全面，完整；环评时适用的标准是否准确；环评报批时程序是否合法；环评报告编制过程中是否应该或者已经进行公众参与，公众参与是否真实。

2. 申请行政复议

电网企业对生态环境部门未按照环保法律、法规、标准和法定程序作出的行政处罚决定等行政行为不服的，或者申请生态环境部门审批有关事项、生态环境部门没有依法办理的，应积极陈述被处罚或者申请审批事项的实际情况，提请生态环境部门改正；对未依法改正的，应在规定期限内依照《行政复议法》向上一级生态环境部门或者生态环境部门的同级人民政府申请行政复议。对地方人民政府的行政行为不服的，向上一级地方人民政府申请行政复议。对行政复议决定不服的，可向人民法院提起行政诉讼；也可直接向人民法院提起诉讼。接到环保处罚决定后、申请复议或者起诉前，应及时向上级法律、环保等职能管理部门报告。电网企业针对上述情形，根据具体情况向相应部门行政机关提出行政复议申请。

### 12.4.3 法律依据

《行政复议法》第二条，公民、法人或者其他组织认为行政机关的行政行为侵犯其合法权益，向行政复议机关提出行政复议申请，行政复议机关办理行政复议案件，适用本法。前款所称行政行为，包括法律、法规、规章授权的组织的行政行为。第十一条有下列情形之一的，公民、法人或者其他组织可以依照本法申请行政复议：（三）申请行政许可，行政机关拒绝或者在法定期限内不予答复，或者对行政机关作出的有关行政许可的其他决定不服；（十五）认为行政机关的其他行政行为侵犯其合法权益。第二十七条，对海关、金融、外汇管理等实行垂直领导的行政机关、税务和国家安全机关的行政行为不服的，向上一级主管部门申请行政复议。第二十八条，对履行行政复议机构职责的地方人民政府司法行政部门的行政行为不服的，可以向本级人民政府申请行政复议，也可以向上一级司法行政部门申请行政复议。第四十四条，被申请人对其作出的行政行为的合法性、适当性负有举证责任。第四十六条，行政复议期间，申请人或第三人提出被申请行政复议的行政行为作出时，没有提出理由或者证据的，经行政复议机构同意，被申请人可以补充证据。

## 12.5 法律诉讼

电网企业涉及的环保相关的法律诉讼一般包括行政诉讼和民事诉讼。行政诉讼是指公民、法人或者其他组织认为行政机关和行政机关的行政行为，侵犯其合法权益，利害关系人或相对人向人民法院提起的诉讼；民事诉讼是指电网企业在实际工作中与公民、法人或者其他组织之间因民事法律关系（财产关系和人身关系）产生的民事纠纷而提起的诉讼。

### 12.5.1 指导原则

法律诉讼应遵循《行政诉讼法》《民事诉讼法》，坚持以事实为依据、以法律为准绳，当事人在诉讼中地位平等为原则，实现保护公民、法人和其他组织的合法权益、制裁违法行为的目的。行政诉讼主要解决行政争议，监督行政机关的不作为、乱作为等不法行为，保证行政机关依法行使职权；民事诉讼主要调节公民之间、法人之间、其他组织之间以及他们相互之间的因财产和人身而产生的纠纷。

### 12.5.2 处理要点

在电网环保行政案件实践中，电网企业作为诉讼参加人参加案件审理时需做好以下方面：

（1）电网企业应组成由法律、环保、建设、运营等部门参加的应对机构，制定工作程序，完善内部联动机制，积极应对法律诉讼案件。

（2）在法律诉讼案件应诉前及应诉过程中，加强与生态环境或规划行政主管部门的沟通，及时交流信息，共同分析案情，确定答辩的要点与举证责任的分配。

（3）法律诉讼案件应诉前应收集有力证据，以利于庭审中申辩权的行使。

（4）电网环保法律诉讼专业性强，应委托法律、环保、工程等方面的专业人员作为代理人参加庭审或邀请专家出庭作证，针对申请人或起诉人提出的请求和理由，进行陈述和答辩，维护企业合法权益。

（5）法院庭审后直至终审判决生效后，应及时总结，典型案例可通过报告、培训等形式提供参考，也可利用多种媒体宣传诉讼情况，普及输变电电磁环境科学知识及法律法规和技术标准。

### 12.5.3 法律依据

《行政诉讼法》第二条，公民、法人或者其他组织认为行政机关和行政机关工作人员的行政行为侵犯其合法权益，有权依照本法向人民法院提起诉讼。前款所称行政行为，包括法律、法规、规章授权的组织作出的行政行为。第十二条，人民法院受理公民、法人或者其他组织提起的下列诉讼：（一）对行政拘留、暂扣或者吊销许可证和执照、责令停产停业、没收违法所得、没收非法财物、罚款、警告等行政处罚不服的；（三）申请行政许可，行政机关拒绝或者在法定期限内不予答复，或者对行政机关作出的有关行政许可的其他决定不服的；（六）申请行政机关履行保护人身权、财产权等合法权益的法定职责，行政机关拒绝履行或者不予答复的；（十二）认为行政机关侵犯其他人身权、财产权等合法权益的。第二十五条，行政行为的相对人以及其他与行政行为有利害关系的公民、法人或者其他组织，有权提起诉讼。第二十九条，公民、法人或者其他组织同被诉行政行为有利害关系但没有提起诉讼，或者同案件处理结果有利害关系的，可以作为第三人申请参加诉讼，或者由人民法院通知参加诉讼。人民法院判决第三人承担义务或者减损第三人权益的，第三人有权依法提起上诉。

《民事诉讼法》第二条，中华人民共和国民事诉讼法的任务，是保护当事人行使诉讼权利，保证人民法院查明事实，分清是非，正确适用法律，及时审理民事案件，确认民事权利义务关系，制裁民事违法行为，保护当事人的合法权益，教育公民自觉遵守法律，维护社会秩序、经济秩序，保障社会主义建设事业顺利进行；第五十八条，对污染环境、侵害众多消费者合法权益等损害社会公共利益的行为，法律规定的机关和有关组织可以向人民法院提起诉讼。人民检察院在履行职责中发现破坏生态环境和资源保护、食品药品安全领域侵害众多消费者合法权益等损害社会公共利益的行为，在没有前款规定的机关和组织或者前款规定的机关和组织不提起诉讼的情况下，可以向人民法院提起诉讼。前款规定的机关或组织提起诉讼的，人民检察院可以支持起诉。

## 12.6 听证

电网企业涉及的听证制度程序主要有行政许可听证和行政处罚听证。行政许可听证是指法律、法规、规章规定实施行政许可应当听证的事项，或者行政机关认为需要听证的其他涉及公共利益的重大行政许可事项，行政机关应当向社会公告，并举行听证。行政处罚听证是指，行政机关在作出行政处罚决定前，针对法律规定的事项，应当告知当事人有权申请陈述、申辩的权利，当事人要求听证的，行政机关应当组织听证。

### 12.6.1 指导原则

听证制度程序已成为当今世界各法治国家行政程序法中的一项极其重要的制度，电网企业涉及的听证制度程序包括行政许可听证和行政处罚听证，其遵循《行政许可法》《环境行政处罚听证程序规定》，公正、公平、公开的原则，最大限度地规范行政机关的各项工作，保障管理相对人的合法权益。

### 12.6.2 处理要点

行政许可听证，一般由生态环境主管部门对涉及公共利益的重大行政许可事项，提出并组织召开听证会，由拟作出行政许可的生态环境主管部门主持。电网企业参加行政许可听证时，应当注意以下几点：

（1）在被告知听证权利之日起五日内提出听证申请。

（2）做好听证会前准备工作，分析了解利害关系人意见，收集整理相关证据。

（3）加强与生态环境主管部门沟通，了解和掌握有关听证要求。

（4）可聘请专业权威专家参与听证，科学解释相关专业问题，参与听证辩论。

（5）组织好相关人员报名参加听证会旁听工作。

（6）做好媒体应对和舆论引导工作。

行政处罚听证，一般是企业对生态环境主管部门拟作出的行政处罚有异议，向生态环境主管部门提出陈述事实、阐述理由、提供证据的程序。电网企业参加行政处罚听证时，应当注意以下几点：

（1）在收到生态环境行政主管部门《行政处罚听证告知书》之日三日内向拟作出行政处罚决定的环境保护主管部门提出书面申请。

（2）做好听证会前准备工作，准备好申辩意见和质证材料。

（3）委托熟悉处罚事项、有经验的代理人参加听证工作。如涉及专业性较强的，可聘请权威专家以代理人身份参加听证，积极维护自身企业合法权益。

（4）做好听证会的媒体应对和舆论引导工作。

### 12.6.3 法律依据

《行政许可法》第四十六条，法律、法规、规章规定实施行政许可应当听证的事项，或者行政机关认为需要听证的其他涉及公共利益的重大行政许可事项，行政机关应当向社会公告，并举行听证；第四十七条，行政许可直接涉及申请人与他人重大利益关系的，行政机关在作出行政许可决定前，应当告知申请人、利害关系人享有要求听证的权利；申请人、利害关系人在被告知听证权利之日起五日内提出听证申请的，行政机关应当在二十日内组织听证。

《环境行政处罚听证程序规定》第十八条，在收到环境保护主管部门《行政处罚听证告知书》之日起三日内，向拟作出行政处罚决定的生态环境主管部门提出书面申请。利用听证会向生态环境主管部门进行申诉。《行政处罚法》第六十三条，行政机关拟作出下列行政处罚决定，应当告知当事人有要求听证的权利，当事人要求听证的，行政机关应当组织听证：（一）较大数额罚款；（二）没收较大数额违法所得、没收较大价值非法财物；（三）降低资质等级、吊销许可证件；（四）责令停产停业、责令关闭、限制从业；（五）其他较重的行政处罚；（六）法律、法规、规章规定的其他情形。当事人不承担行政机关组织听证的费用。

## 12.7 电网环保纠纷典型案例

### 12.7.1 案例 1

案例名称：崔某等人请求撤销原某省环保厅对国网某供电公司提交的 110kV 某变电站环境影响报告表作出的批复。

#### 12.7.1.1 基本情况和纠纷焦点

2009 年 11 月，原某省环境保护厅对某供电公司提交的 110kV 某变电站环境影响报告表作出批复。崔某等人在 2014 年 9 月提起行政诉讼，请求撤销原某省环保厅的上述统一批复。经某市中级人民法院审理，认为原某省环保厅具有审批该项目环境影响报告表的法定职权，该项目属于可能造成轻度环境影响的建设项目，批复前未进行听证并不违反《行政许可法》的强制性规定，适用法律正确，行政程序合法，驳回了原告的诉讼请求。

崔某等人不服判决，上诉至某省高级人民法院，主张所涉区域作为申遗古运河风光带，系人文遗迹和风景名胜区，禁止建设变电站，环评方法不科学，未经听证、环评批复行政程序不合法，请求撤销原某省环保厅的上述批复。

#### 12.7.1.2 审理过程

被上诉人原某省环保厅答辩称：《环境保护法》规定风景名胜区不得建设污染环境的工业生产设施，本案建设项目系城市公共基础设施，不属于禁止建设的设施，且站址不在申遗项目遗产点范围内；在环评许可前，项目选址已获得某市规划局的批复；环评选取电压等级、建设规模、主变压器容量类似的监测对象适当，该项目建成后实际监测的结果也符合环保相关标准的要求；某变电站为 110kV 项目，对周边环境及居民影响轻微，不属于涉及公共利益的重大行政许可事项，无需举行听证。

原审第三人某供电公司述称：某变电站的选址符合《城市电力规划规范》（GB/T 50293）的规定；认可某省环保厅提交的某市文物局和园林管理局就案涉项目出具的证明站址不属于风景名胜区和文物保护单位的复函。

某省高级人民法院认为：根据《环境影响评价法》《城乡规划法》的规定，原某省环保厅对该项目的环评审查符合法律规定；上诉人虽不认可某市文物局和园林管理局的两份公文书证，但并未出具相反证据，主张变电站地处遗产申请项目所在地缺乏事实依据；某变电站的环评预测建成后的噪声、工频电场、工频磁场等环境因子均低于国家标准；某变电站规划选址靠近用电负荷较大的人口稠密地区不违反《城市电力规划规范》要求；110kV某变电站编制环境影响报告表符合环境保护部的《建设项目环境影响评价分类管理名录》的规定。2015年，二审判决驳回上诉、维持原判。

#### 12.7.1.3 几点启示

该案例是2016年最高人民法院公布的环境保护行政案件十大案例之一，具有一定的典型意义。有利于更好地理解人民法院在生态环境保护方面的司法理念和裁判规则，更好地促进企业遵守环保法律法规和标准，更好地规范环保部门的依法行政行为、完善信息公开沟通机制，更好地增强社会公众环保意识的提升。

与环保相关的部门出具的证据、环评单位选择某市以外类似变电站进行类比监测并做出较为准确的预测、建设单位在纠纷发生后提供项目运行时的实际监测数据、庭审时专家解读国家标准、世界卫生组织编写的《环境健康准则：极低频场》等都对案件的裁定起到了积极的作用。

### 12.7.2 案例2

案例名称：赵某、钱某、孙某、李某等人与某省电力公司关于某特高压直流输电工程的侵权损害赔偿纠纷。

#### 12.7.2.1 基本情况和纠纷焦点

该项目于2017年6月建成并调试运行。

赵某、钱某、孙某、李某等人因房屋位于该项目线路附近于2018年1月提起诉讼，四户居民均要求：①将房屋列入安置拆迁户对象；②给予本线路拆迁户同等标准的安置补偿费用；③消除噪音、排除妨害、电磁波对人体的辐射、精神损害等影响，并给予适当补偿费；④请求被告承担本案的诉讼费用。庭审中，四原告增加一项诉讼请求：被告承担因线路落冰造成的损失和鉴定费。

#### 12.7.2.2 审理过程

被告某省电力有限公司向法庭提交了该工程的建设符合国家项目核准、规划、环评等各项程序、委托某省电力环境监测中心站对现场电磁环境和噪声的监测报告等多组证据，辩称：①原告要求将房屋纳入拆迁范围并给予补偿于法无据；②原告要求赔偿噪声、电磁辐射侵权损害缺乏事实和法律依据；③根据《最高人民法院关于当事人达不成拆迁补偿安置协议就补偿安置争议提起民事诉讼人民法院应否受理问题的批复》（法释〔2005〕9号）规定，拆迁人与被拆迁人或者拆迁人与房屋承租人达不成拆迁补偿安置协议，就补偿安置争议向人民法院提起民事诉讼的，人民法院不予受理。请求人民法院驳回原告诉讼请求。

某市人民法院审理认为：电磁环境和噪声监测报告系被告单方制作，不予认可。原告就案涉线路噪声、电场强度是否符合相关标准要求及线路落冰所造成的损失向法院申请鉴定，2018年8月，法院委托某公司进行鉴定的技术鉴定报告结论为：四原告案涉现场的噪声、电场强度均符合国家标准要求，价格评估结论书的评估结论均予以采信。原告将房屋列入安置拆迁户对象的请求不属于本案审查范围，予以驳回；消除噪声、排除妨害、电磁波对任意的辐射、精神损害等影响，并给予适当补偿费的请求，因缺乏相应的事实基础，法院不予支持。原告请求被告赔偿落冰造成房屋的损失予以支持。2018年12月，某市人民法院依据《中华人民共和国物权法》对本案的落冰损失和原、被告分担鉴定费和评估费进行判决，驳回四原告的其他诉讼请求。

2019年12月，某中级人民法院对某省电力公司上诉一审判决落冰损失、分担鉴定费和评估费于法无据等进行审理，中级人民法院二审判决：驳回上诉，维持原判。

#### 12.7.2.3 几点启示

对涉及民事纠纷的环保诉讼，应注意举证责任的分配，确认电磁环境因素与损害之间存在哪些因果关系，及时提交环境达标的监测报告以争取主动，有争议时司法鉴定可使监测报告成为法院采信的有力证据。

此类案件主要是相邻权纠纷，根据“谁主张、谁举证”的原则，首先由原告提供证据证明是行为人的行为导致了损害结果，且侵权行为与损害结果之间存在因果关系，如确因行为人的行为造成环境污染、破坏生态造成他人损害，属于环保纠纷的，再适用环境污染“举证责任倒置”原则进行举证。环境噪声侵权行为人的主观上要有过错，其外观须具有超过国家规定的噪声排放标准的违法性，才承担噪声污染侵权责任，本案即属于此种情形。同时与环保无关的证据不宜提供，对判决不服的应在上诉期内及时上诉。

### 12.7.3 案例3

案例名称：吴某与某供电公司关于某220kV送电线路工程的侵权损害赔偿纠纷。

#### 12.7.3.1 基本情况及纠纷焦点

该线路于2000年8月至2011年1月形成路径方案，2000年左右，某供电公司在当地居民吴某房屋上方架设220kV高压输电线路。吴某认为高压线造成了环境污染，对其造成损害，于2019年向某省某市人民法院提起民事诉讼。吴某主张其因高压线污染受到的损害包括：①高压电线致其无法在原宅基地范围内建造房屋，只得另择址建房。②导致其两个女儿患甲状腺癌。③房屋遭雷击后造成墙壁开裂。④因高压线路结冰，有冰凌落下将其屋顶砸坏。⑤因高压电影响导致其家中猪仔胎死腹中。吴某据此要求某供电公司赔偿其上述全部损失。此外，吴某两女儿也分别就同一事由提起诉讼，要求赔偿损失。

#### 12.7.3.2 审理过程

本案一审法院认为，某供电公司应承担举证责任。据此，某供电公司提供相应证据。在诉讼中，某监理有限公司出具技术报告，测量结果为：案涉房屋与案涉线路距离均符合相关技术规定要求。经某供电公司委托，某省试验研究院有限公司对吴某房屋电磁环境进行现状监测并出具监测报告，结论为所有监测点的工频电场强度、工频磁感应强度均符合相关技术规定要求。某供电公司申请了电力工程技术高级工程师、电气工程专业博士周某出庭作证，其认为输电线路为极低频场，不会对人体产生危害。同时，某勘测设计监理有限公司经现场勘测，其补充结论为：案涉房屋与案涉线路距离均符合相关技术规定要求；某省试验研究院有限公司经现场勘测出具说明，报告显示现场监测的结果与其监测报告相符。

据此，一审法院认为，吴某应对某供电公司的侵权行为、吴某的损害后果、侵权行为与损害后果之间的因果关系，承担初步的举证责任；根据侵权责任法的规定，某供电公司应当就其不承担责任或者减轻责任的情形及其行为与损害之间不存在因果关系承担举证责任。现某供电公司举证证明案涉高压电线符合各专业规范要求，同时，吴某房屋电磁辐射损害具有高度的专业性，认定是否存在过错及因果关系，需要专业分析及鉴定，因现有证据无法确定吴某所居住的房屋因电磁辐射不宜居住。而吴某对于其所主张的损害事实与高压线的架设之间的因果关系，并未提供充分的证据予以证实，故对吴某的诉讼请求，一审法院不予支持，判决驳回其诉讼请求。

此后吴某不服一审判决，提起上诉。某省某市中级人民法院依法受理此案，并于2019年11月14日作出判决：驳回上诉，维持原判。

#### 12.7.3.3 几点启示

对涉及民事纠纷的环保诉讼，应辨识举证责任主体，明确受损范围，并确认电磁环境因素与损害之间是否存在因果关系，有争议时通过提交专业鉴定作为可被法院采信的有力证据。

此类案件根据“谁主张、谁举证”的原则，首先由原告提供证据证明是行为人的行为导致了损害结果，且侵权行为与损害结果之间存在因果关系，如确因行为人的行为造成环境污染、破坏生态造成他人损害，属于环保纠纷的，再适用环境污染“举证责任倒置”原则进行举证。对于不能证实侵权行为与损害结果之间存在因果关系的，则人民法院不予支持，本案即属于此种情形。

输变电项目建设过程中，在严格遵守环保法律法规的同时，应执行国家及行业的环保标准、技术规范，确保运行时环境因子达标。

### 12.7.4 案例 4

案例名称：郑某与某省电力公司关于某电站至某县的35kV输电线路的侵犯健康权纠纷。

#### 12.7.4.1 基本情况及纠纷焦点

该线路于1978年冬架设，1979年2月20日投入运行，此后归于某供电公司管理。2011年8月某变电站新建后，该线路改为35kV红水线。该段线路在架设时跨越了当地居民郑某某于1956年修建的房屋。郑某某去世后，其子郑某于20世纪90年代在郑某某房屋旁的空地上与其弟修建了一座平层房屋，兄弟二人各占一间，该平层上空无案涉线路跨越。案涉线路跨越的房屋，现无人居住，但其中一间由郑某夫妇作厨房使用。经郑某申请，有关部门于2020年12月24日作出旧房改扩建变更土地许可证，同意其在原土地红线范围内改建房屋。据此，郑某欲在原址改建一座三层楼房。

郑某认为，上述线路高压电线严重影响其全家人的居住生活及身体健康，郑某母亲、父亲先后因脑梗去世，郑某本人也患有脑梗经常头痛；高压线每逢雷雨季节，周围火光四射，致使全家饱受惊吓，受到严重精神损害及带来极大的安全隐患。现其房屋需翻新重建，该高压线严重阻碍了其修房计划。据此，郑某与妻子、二女儿对某县供电公司、某省电力公司，向某省某县人民法院提起诉讼，请求：①判令被告排除妨碍，消除危险，限期拆除或拆移架设在原告屋顶上的高压电线，或将原告房屋列入拆迁补偿范围并补偿原告 200000 元；②判令被告赔偿原告精神损失 50000 元、律师费损失 50000 元；③判令被告承担本案的诉讼费用。

#### 12.7.4.2 审理过程

国网某供电公司辩称：①案涉线路系 1979 年架设，架设时亦经过案涉房屋权利人同意。案涉线路运行至今已达 40 多年之久，距原告 2016 年第一次起诉也有 37 年之久，据此可推断案涉房屋权利人默许案涉线路的存在和运行。案涉线路符合现行架空电力线路设计规范，并没有妨碍案涉房屋，亦没有对案涉房屋造成危险。②案涉房屋的权利人为郑某某，并不是本案原告。根据现场查看情况，原告郑某夫妇已在案涉房屋坐落的右边新建了一座平房，并建有生活附属设施，且不在案涉线路的通道范围内。案涉房屋目前处于闲置状态无人员居住痕迹。原告两女儿不在本地居住，不是本案权利人。③根据“法不溯及既往”原则，案涉线路系历史形成，原告不能用现行法律法规，以需要改建房屋为由，要求答辩人拆除 30 多年前已建成线路，亦不能要求将原告房屋纳入拆迁范围。④即使原告需要在原址翻新其翻新的目的亦是解决居住，根据案涉房屋现有 408.1m$^2$ 的建筑面积，其改建也无需建设 3 ~ 4 层楼房；而拆除现有线路需要花费 300000 元的费用。从原告房屋改建的必要性和可行性方案来讲，拆除现有线路不是最佳方案。⑤根据现场测量，案涉线路符合现行线路设计规范，不会影响到原告及其家人的居住生活及身体健康，且原告长期举家在外工作和生活。⑥原告所主张的精神损失费没有事实依据，也没有法律依据；律师费亦不是原告的必要支出。综上，请求法庭驳回原告的全部诉讼请求。

某省电力公司答辩内容与上述基本一致，此外，其主张案涉线路是由国网某供电公司管理维护，该公司是有营业执照的分公司，应对本案独立承担责任。

法院经审理认定：①原告郑某是案涉房屋权利人之一，其妻子与女儿基于婚姻财产关系及家庭关系，均与本案有利害关系，具有原告的主体资格。②涉输电线路系历史形成，架设时并无相关法律、法规或部门规章予以规范，其架设经当时某县计划委员会立项、水利局设计后实施。因此，该建设项目在当时并不具有违法性。现经测量，该线路与案涉房屋之间的最小垂直距离符合现行技术标准，不存在应予迁建的事由。原告以现时需求而否定过往行为的合法性，理由并不成立。并且，由于历史原因，案涉房屋现已处于电力设施保护区内，原告对房屋的使用应当受该法规及规章的约束。根据《电力设施保护条例实施细则》《中华人民共和国电力法》规定，原告在电力设施保护区内增加房屋高度的行为应当受到限制，这是行为人应当遵守的法定义务，并非是被告给其造成的妨碍或危害。况且，案涉输电线路作为电力设施，其建设关系到公共利益。当私权利与公共利益发生冲突时，私权利的行使不但要合法，而且要符合公共利益的需要。现经被告某供电公司做出预算，若拆除或迁移案涉线路不但会产生近 40 万元的直接损失，而且也会将历史以来形成的所有合法电力设施置于不确定状态中。故原告为增加房屋高度而主张拆除或拆移案涉线路，不符合法律规定亦有违公共利益需要。据此，法院作出判决：驳回原告全部诉讼请求。

#### 12.7.4.3 几点启示

在此类民事诉讼当中，需辨识适格的诉讼主体。房屋的实际占有人、使用人等，均与房屋及其周边环境存在利害关系，可以作为原告提起诉讼。

对于建造时间较为久远的工程项目，在诉讼中需要提交建设时的相关审批、备案、批复等文件，以证明其在建造时的合法、合规性，按照“法不溯及既往”原则主张权利。同时，应提交环境达标的监测报告，以证实其线路、设施等符合当前的技术标准要求。

在此类诉讼中要综合考虑对方提出的请求，对于移除线路、设施等会对供电方造成较大经济损失的，可提交相关证据，并依照法律对公共利益需要的相关规定主张权利。

### 12.7.5 案例 5

案例名称：冯某与某供电公司关于某 220kV 某输变电工程的侵犯健康权纠纷。

#### 12.7.5.1 基本情况及纠纷焦点

该工程由某供电公司建设运营。2013 年 10 月 21 日，某市环境保护局向某供电公司出具批复，报告显示：根据某省某中心编制的环境影响报告表评价结论、某省电力公司和某市环境保护局预审意见、某市住房和城乡建设局路径方案审查意见、专家审查意见，同意你公司按照《环境影响报告表》中提出的拟建地点和线路建设该工程。

2017 年 10 月，某供电公司委托某省某辐射科技有限责任公司对案涉线路电磁环境进行现状监测。某省某辐射科技有限责任公司经监测出具了《监测报告》，报告显示：冯某家民房各测点处工频电场及工频磁感应强度，满足《电磁环境控制限值》的要求。

当地居民冯某认为工程中部分线路位于其房屋上方，水平距离不符合规定，产生的工频磁场对其身体造成伤害，导致原告身体不适，胃胀、头昏耳鸣、无力，晚上无法入睡，白天没有力气干活。据此，冯某于 2020 年 1 月 16 日诉至某省某市人民法院，请求：①判令被告某供电公司无条件将案涉高压线迁移到距离其住房 24m 以外；②本案诉讼费由被告负担。

#### 12.7.5.2 审理过程

被告某供电公司辩称，原告诉称的案涉线路架设在原告房屋的上方与事实不符，该高压线架设在原告居住的房屋的侧上方，且距离原告房屋的水平距离是 14m，符合相关的安全距离规定。该段线路是经过相关部门审批后按规划要求进行架设的，具有合法的规划审批手续。案涉线路电磁环境远小于国家标准限值，原告主张对其身体造成伤害没有事实依据。请求依法驳回原告的诉讼请求。

2020 年 5 月 28 日，经法院组织现场勘查，确认案涉线路位于原告居住的房屋西侧斜上方，并确认了线路与房屋之间的水平距离。

法院经审理认为：被告提交了某省发展和改革委员会以及环保部门的批复文件，能够证实讼争的电力设施项目已通过某省发展和改革委员会核准，某市生态环境局环评认证。案涉线路经过规划部门以及环保部门等相关部门的审批许可，与原告居住房屋之间的水平距离，经本院实际勘查，符合相关国家技术规程要求。原告认为被告架设的案涉高压线产生的工频磁场对原告身体造成伤害，要求被告将案涉高压线迁移至安全距离，对此，原告应当举证证明案涉高压电线对其造成不良影响的损害事实、被告架设的高压线与原告居住的房屋之间的水平距离不符合相关规定以及原告损害与被告架设高压线产生工频磁场行为之间具有关联性的证据，而原告并未能提供证据证明上述事实，原告对此应当承担举证不能的法律后果。据此，法院于 2020 年 7 月 8 日作出判决：驳回原告诉讼请求。

#### 12.7.5.3 几点启示

对涉及民事纠纷的环保诉讼，应辨识举证责任主体，明确受损范围，并确认电磁环境因素与损害结果之间是否存在因果关系，有争议时通过提交专业鉴定使作为可被法院采信的有力证据。

此类案件根据“谁主张、谁举证”的原则，首先由原告提供证据证明是行为人的行为导致了损害结果，且侵权行为与损害结果之间存在因果关系，如确因行为人的行为造成环境污染、破坏生态造成他人损害，属于环保纠纷的，再适用环境污染“举证责任倒置”原则进行举证。

输变电项目建设过程中，在严格遵守环保法律法规的同时，各单位应严格执行国家及行业的环保标准、技术规范，确保运行时环境监测达标。同时与生态环境主管部门保持良好沟通，配合做好环评上报、技术评估、批复跟踪协调工作，配合相关部门做好建设线路中的相邻关系主体的沟通安置工作，谨防环保纠纷案件发生。

# 第13章

# 突发环境事件应急管理

突发环境事件是指由于污染物排放或自然灾害、生产安全事故等因素，导致污染物或放射性物质等有毒有害物质进入大气、水体、土壤等环境介质，突然造成或可能造成环境质量下降，危及公众身体健康和财产安全，或造成生态环境破坏，或造成重大社会影响，需要采取紧急措施予以应对的事件，主要包括大气污染、水体污染、土壤污染等突发性环境污染事件和辐射污染事件。为正确、高效、快速处置公司突发环境事件，最大程度地预防和减少环境事件及其造成的影响和损失，公司应编制突发环境事件应急预案。

突发环境事件应急预案管理是为了完善公司应急预案体系，增强突发环境事件应急预案的科学性、针对性、实效性和可操作性。应当遵循“以人为本，减少危害；居安思危，预防为主；统一标准、属地为主；统一领导，分级负责；快速响应，协同应对；提高能力，科学施救”的原则。对涉及企业秘密的应急预案内容，应当严格按照保密规定进行管理。

## 13.1 应急预案管理

### 13.1.1 原则

（1）公司突发环境应急预案管理工作应当遵循“以人为本，减少危害；居安思危，预防为主；统一标准、属地为主；统一领导，分级负责；快速响应，协同应对；提高能力，科学施救”的原则。对涉及企业秘密的应急预案内容，应当严格按照保密规定进行管理。

（2）公司各级单位负责本单位突发环境应急预案的管理，并指导和监督所属下级单位开展突发环境事件应急预案管理工作。

各级单位主要负责人负责组织编制和实施本单位的突发环境事件应急预案，并对突发环境事件应急预案的真实性和实用性负责；各分管负责人应当按照职责分工落实突发环境事件应急预案规定的职责。基建部是公司突发环境事件应急预案体系管理和监督的责任部门。公司所属各级单位环保管理归口部门是本单位突发环境事件应急预案体系管理、监督及实施的责任部门。

### 13.1.2 预案编制

（1）公司各级单位应按照“横向到边、纵向到底、上下对应、内外衔接”的要求建立突发环境事件应急预案体系。

（2）公司突发环境事件应急预案是公司为应对突发环境事件而制定的专项工作方案，明确救援程序和具体的应急救援措施，是公司总体应急预案的重要组成部分之一。

1）公司突发环境事件应急预案框架为：

预案适用范围、应急指挥机构、监测预警、应急响应、后期处置、应急保障及附件等 7 个章节。

2）公司突发环境事件应急预案主要内容为：

预案应急指挥机构及职责、事件类型和危害程度分析、事件分级标准、预警分解及预警措施、应急程序和处置措施、信息报告与发布、后期处置措施、应急保障、培训与演练、备案与修订等内容。

（3）公司总部和各单位编制突发环境事件应急预案，并做好与总体预案及其他专项应急预案的内容衔接和工作配合。

省、地市和县级供电企业需编制突发环境事件应急预案，公司其他单位根据工作实际，编制突发环境事件应急预案。

（4）突发环境事件应急预案的编制应符合下列基本要求：

1）有关法律、法规、规章和标准的规定。

2）本单位的安全生产实际情况。

3）本单位的环境风险源及危害分析情况。

4）明确应急组织和人员的职责分工，并有具体的落实措施。

5）有明确、具体的应急程序和处置措施，并与其应急能力相适应。

6）明确应急保障措施，满足本单位的应急工作需要。

7）遵循公司的突发环境事件应急预案编制规范和格式要求，要素齐全、完整，预案附件信息准确。

8）突发环境事件应急预案之间以及与所涉及的其他单位或政府有关部门的突发环境事件应急预案在内容上相互衔接。

（5）在突发环境事件应急预案编制前，应成立突发环境事件应急预案编制工作组，明确编制任务、职责分工，制定编制工作计划。

突发环境事件应急预案编制工作组应由本单位有关负责人任组长，吸收与突发环境事件应急预案有关的职能部门和单位的人员，以及有现场处置经验的人员参加。

开展编制工作前，应组织对突发环境事件应急预案编制工作组成员进行培训，明确突发环境事件应急预案编制步骤、编制要素以及编制注意事项等内容。

工作组应广泛收集编制突发环境事件应急预案所需的各种材料，应急案例档案资源库，开展风险评估和应急资源调查。

1）风险评估：是指针对不同突发环境事件类型及特点，识别存在的危险危害因素，分析事件可能产生的直接后果以及次生、衍生后果，评估各种后果的危害程度和影响范围，提出防范和控制事件风险措施的过程。

2）应急资源调查：是指全面调查本单位第一时间可以调用的应急资源状况和合作区域内可以请求援助的应急资源状况，并结合事件风险评估结论制定应急措施的过程。

（6）突发环境事件应急预案编制完成后，应征求安监部及其他相关部门的意见，并组织桌面推演进行论证。演练应当记录、存档。涉及政府有关部门或其他单位职责的突发环境事件应急预案，应书面征求相关部门和单位的意见。

（7）突发环境事件应急预案编制责任环保管理归口部门根据反馈意见和桌面推演发现的问题，组织修改并起草编制说明。修改后的突发环境事件应急预案经本单位分管领导审核后，形成突发环境事件应急预案评审稿。

### 13.1.3 评审和发布

（1）突发环境事件应急预案评审由本单位环保归口部门组织。

（2）突发环境事件应急预案涉及多个部门，必须组织评审。突发环境事件应急预案修订后，若有重大修改的应重新组织评审。

（3）突发环境事件应急预案的评审应邀请上级主管单位参加。突发环境事件应急预案，参加突发环境事件应急预案评审的人员应包括突发环境事件应急预案涉及的应急、环保、能源等政府部门和其他相关单位的专家。

（4）突发环境事件应急预案评审采取会议评审形式。评审会议由本单位环保管理归口部门负责人主持，参加人员包括评审专家组成员、评审组织部门及突发环境事件应急预案编写组成员。评审意见应形成书面意见，评审专家按照“谁评审、谁签字、谁负责”的原则在评审意见上签字，并由评审组织部门存档。

（5）突发环境事件应急预案评审包括内容评审、形式评审和要素评审。

1）内容评审：预案是否符合国家有关法律、法规和公司有关规章制度；预案是否符合国家应急预案要求，并与公司有关预案有效衔接；预案主体内容是否完备；组织指挥体系与责任分工是否合理明确，应急响应级别设计是否合理；各方面意见是否一致等内容进行评审。

2）形式评审：是对突发环境事件应急预案的层次结构、内容格式、语言文字和编制程序等方面进行审查，重点审查突发环境事件应急预案的规范性和编制程序。

3）要素评审：是对突发环境事件应急预案的合法性、完整性、针对性、实用性、科学性、操作性和衔接性等方面进行评审。

（6）突发环境事件应急预案经评审、修改，符合要求后，由本单位主要负责人（或分管领导）签署发布。

突发环境事件应急预案发布时，应统一进行编号。编号采用英文字母和数字相结合，应包含编制单位、预案类别、顺序编号和修编次数等信息，并及时发放到本单位有关部门、岗位和相关应急救援队伍。

### 13.1.4 备案

公司各级单位按照以下规定做好公司系统内部突发环境事件应急预案备案工作。

（1）备案对象：中央企业集团总体应急预案报应急管理部备案，抄送企业主管机构、行业主管部门、监管部门；有关专项应急预案向国家突发事件应对牵头部门备案，抄送应急管理部、企业主管机构、行业主管部门、监管部门等有关单位。中央企业集团所属单位、权属企业的总体应急预案按管理权限报所在地人民政府应急管理部门备案，抄送企业主管机构、行业主管部门、监管部门；专项应急预案按管理权限报所在地行业监管部门备案，抄送应急管理部门和有关企业主管机构、行业主管部门。

（2）备案内容：应急预案正式印发文本（含电子文本）及编制说明。

（3）备案形式：正式文件。

（4）备案时间：应急预案印发后的 20 个工作日内。

### 13.1.5 培训与演练

（1）公司总部、各级单位应当将突发环境事件应急预案培训作为应急管理培训的重要内容，对与突发环境事件应急预案实施密切相关的管理人员和作业人员等组织开展突发环境事件应急预案培训。

（2）公司总部、各级单位应组织突发环境事件应急预案演练，以不断检验和完善突发环境事件应急预案，提高应急管理水平和应急处置能力。

（3）公司总部、各级单位应制定年度应急演练和培训计划，并将其列入本单位年度培训计划，定期组织开展突发环境事件应急预案培训和演练。

涉及易燃易爆物品、危险化学品等危险物品的经营、运输、储存单位，施工单位，应当至少每半年组织一次突发环境事件应急预案演练，并将演练情况报送所在地县级以上地方人民政府负有安全生产监督管理职责的部门。

（4）突发环境事件应急预案演练分为专项演练，可以采取桌面推演、实战演练或其他演练方式。

（5）突发环境事件应急预案的演练经本单位主要领导批准后由环保管理归口部门负责组织。

（6）在开展突发环境事件应急预案演练前，应制定演练方案，明确演练目的、参演人员范围及任务、演练时间地点及方式、演练科目及情景设计、安全措施、保障措施、评估方法等。演练方案经批准后实施。

（7）突发环境事件应急预案应急演练组织单位应当对演练的准备、方案、组织、实施、效果等进行全过程评估，并针对演练过程中发现的问题，对修订预案、应急准备、应急机制、应急措施提出意见和建议，形成突发环境事件应急预案演练评估报告。演练评估中发现的问题，应当限期改正。

### 13.1.6 评估与修订

（1）突发环境事件应急预案的实施由本单位突发环境事件应急领导小组领导，环保管理归口部门负责突发环境事件应急预案的具体组织实施和解释工作，应急管理归口部门负责监督。

（2）公司各级单位应当按照突发环境事件应急预案的规定，落实应急指挥体系、应急救援队伍、应急物资及装备，建立应急物资、装备配备及其使用档案，并对应急物资、装备进行定期检测和维护，使其处于适用状态。

（3）发生突发环境事件，事发单位应当根据突发环境事件应急预案要求立即发布预警或启动应急响应，组织力量进行应急处置，并按照规定将事件信息及应急响应情况报告上级有关单位和部门。应急处置结束后应对突发环境事件应急预案的实施效果进行评估，并编制评估报告。

（4）公司各级单位应每三年至少进行一次突发环境事件应急预案适用情况的评估，分析评价其针对性、实效性和操作性，实现突发环境事件应急预案的动态优化，并编制评估报告。

（5）县级以上地方人民政府及其有关部门应急预案原则上每3年评估一次。应急预案的评估工作，可以委托第三方专业机构组织实施。有下列情形之一的，应当及时修订应急预案：

1）有关法律法规发生重大调整的。

2）国家有关政府部门提出要求的。

3）环境污染事件类型发生重大变化的。

4）公司机构调整幅度较大的。

5）通过演练和实际环境污染事件应急响应取得了启发性经验或应急预案评估报告提出整改要求的。

6）预案编制单位认为应当修订的其他情况。

（6）突发环境事件应急预案修订涉及应急组织体系与职责、应急处置程序、主要处置措施、事件分级标准等重要内容的，修订工作需按照预案编制、评审与发布、备案程序组织进行。

（7）对需要公众广泛参与的非涉密的应急预案，编制单位应当充分利用互联网、广播、电视、报刊等多种媒体广泛宣传，制作通俗易懂、好记管用的宣传普及材料，向公众免费发放。

### 13.1.7 组织保障

（1）公司各级单位环保管理归口部门应对突发环境事件应急预案管理工作加强指导和监督，并根据需要编写突发环境事件应急预案编制指南，指导突发环境事件应急预案编制工作。

（2）公司各级单位应指定专门机构或人员负责突发环境事件应急预案管理相关工作；突发环境事件应急预案编制、评审、发布、备案、培训、演练、实施、修订等工作所需经费均应按照公司管理要求履行相关流程后纳入预算统筹安排。

### 13.1.8 检查与考核

（1）公司各级单位环保管理归口部门不定期对本单位和所属下级单位突发环境事件应急预案管理工作进行检查，通报检查结果，以指导各级单位不断完善和提升突发环境事件应急预案管理水平。

（2）突发环境事件应急处置结束后，由公司总部环保管理归口部门或发生该突发环境事件的省级公司，组织对突发环境事件应急处置涉及的相关突发环境事件应急预案进行评估调查，并根据相关规定，对所涉及突发环境事件应急预案的准确性、有效性和执行情况进行考核。

### 13.1.9 附件

（1）应急预案形式评审见表 13-1。

表 13-1　应急预案形式评审表

| 评审项目 | 评审内容及要求 | 评审意见 |
|---|---|---|
| 封面 | 应急预案版本号、应急预案名称、单位名称等内容 | |
| 目录 | （1）页码标注准确（预案简单时目录可省略）。<br>（2）层次清晰，编号和标题编排合理 | |
| 正文 | （1）文字通顺、语言精练、通俗易懂。<br>（2）结构层次清晰，内容格式规范。<br>（3）图表、文字清楚，编排合理（名称、顺序、大小等）。<br>（4）无错别字，同类文字的字体、字号统一 | |
| 附件 | （1）附件项目齐全，编排有序合理。<br>（2）多个附件应标明附件的对应序号。<br>（3）需要时，附件可以独立装订 | |
| 编制过程 | （1）成立应急预案编制工作组。<br>（2）全面分析本单位危险因素，确定可能发生的事故和其他突发事件类型及危害程度。<br>（3）针对危险源和事故危害程度，制定相应的防范措施。<br>（4）客观评价本单位应急能力，掌握可利用的社会应急资源情况。<br>（5）制定相关专项预案和现场处置方案，建立应急预案体系。<br>（6）充分征求相关部门和单位意见，并对意见及采纳情况进行记录。<br>（7）必要时与相关专业应急救援单位签订应急救援协议。<br>（8）应急预案经过评审或论证。<br>（9）重新修订后评审的，一并注明 | |

（2）专项应急预案要素评审见表 13-2。

表 13-2 专项应急预案要素评审表

| 评审项目 | | 评审内容及要求 | 评审意见 |
|---|---|---|---|
| 事件类型和危险程度分析* | | （1）客观分析本单位存在的危险源及危险程度。<br>（2）客观分析可能引发突发事件的诱因、影响范围及后果。<br>（3）提出相应的突发事件预防和应急措施 | |
| 组织机构及职责* | 应急组织体系 | （1）清晰描述本单位的应急组织体系（推荐使用图表）。<br>（2）明确应急组织成员日常及应急状态下的工作职责。<br>（3）规定的工作职责合理，相互衔接 | |
| | 指挥机构及职责 | （1）清晰表述本单位应急指挥体系。<br>（2）应急指挥部门职责明确。<br>（3）各应急工作小组设置合理，应急工作明确 | |
| 预防与预警 | 危险源监控 | （1）明确危险源的监测监控方式、方法。<br>（2）明确技术性预防和管理措施。<br>（3）明确采取的应急处置措施 | |
| | 预警行动 | （1）明确预警信息发布的方式及流程。<br>（2）预警级别与采取的预警措施科学合理 | |
| 信息报告* | | （1）明确本单位 24h 应急值班电话。<br>（2）明确本单位内部应急信息报告的方式、要求与处置流程。<br>（3）明确向上级单位、政府有关部门进行应急信息报告的责任部门、方式、内容和时限。<br>（4）明确向突发事件相关单位通告、报警的责任部门、方式、内容和时限。<br>（5）明确向有关单位发出请求支援的责任部门、方式和内容 | |
| 应急响应* | 响应分级 | （1）分级清晰合理，且与上级应急预案响应分级衔接。<br>（2）体现突发事件紧急和危害程度。<br>（3）明确紧急情况下应急响应决策的原则 | |
| | 响应程序 | （1）明确具体的应急响应程序和保障措施。<br>（2）明确救援过程中各专项应急功能的实施程序。<br>（3）明确扩大应急的基本条件及原则。<br>（4）辅以图表直观表述应急响应程序 | |
| | 处置措施 | （1）针对突发事件种类制定相应的应急处置措施。<br>（2）符合实际，科学合理。<br>（3）程序清晰，简单易行 | |
| 应急物资与装备保障* | | （1）明确对应急救援所需的物资和装备的要求。<br>（2）应急物资与装备保障符合单位实际，满足应急要求 | |

注 “*”代表应急预案的关键要素。如果专项应急预案作为总体应急预案的附件，总体应急预案已经明确的要素，专项应急预案可省略。

（3）应急预案附件要素评审见表 13–3。

表 13–3　　应急预案附件要素评审表

| 评审项目 | 评审内容及要求 | 评审意见 |
|---|---|---|
| 有关部门、机构或人员的联系方式 | （1）列出应急工作需要联系的部门、机构或人员至少两种以上联系方式，并保证准确有效。<br>（2）列出所有参与应急指挥、协调人员姓名、所在部门、职务和联系电话，并保证准确有效 | |
| 重要物资装备名录或清单 | （1）以表格形式列出应急装备、设施和器材清单，清单应当包括种类、名称、数量以及存放位置、规格、性能、用途和用法等信息。<br>（2）定期检查和维护应急装备，保证准确有效 | |
| 规范化格式文本 | 给出信息接报、处理、上报等规范化格式文本，要求规范、清晰、简洁 | |
| 关键的路线、标识和图纸 | （1）警报系统分布及覆盖范围。<br>（2）重要防护目标一览表、分布图。<br>（3）应急救援指挥位置及救援队伍行动路线。<br>（4）疏散路线、重要地点等标识。<br>（5）相关平面布置图纸、救援力量分布图等 | |
| 相关应急预案名录、协议或备忘录 | 列出与本应急预案相关的或相衔接的应急预案名称，以及与相关应急救援部门签订的应急支援协议或备忘录 | |

**注**　附件根据应急工作需要而设置，部分项目可省略。

## 13.2　突发环境事件应急预案

### 13.2.1　适用范围

#### 13.2.1.1　预案适用范围

本预案适用于公司突发环境事件的应对工作。指导公司系统相关单位突发环境事件的应对，规范各级单位突发环境事件应急预案编制。

#### 13.2.1.2　与总体预案的关系

总体预案是为应对各种生产安全事故而制定的综合性工作方案，是本单位应对生产安全事故的总体工作程序、措施和应急预案体系的总纲。而本专项应急预案是公司为应对突发环境事件而制定的专项工作方案，体现更加明确的救援程序和具体的应急救援措施，是总体应急预案的重要组成部分之一。

### 13.2.2　应急指挥机构

#### 13.2.2.1　公司突发环境事件应急指挥机构

公司常设突发环境事件应急领导小组，统一领导、组织公司突发环境事件防范及应对工作；针对具体发生的突发环境事件，临时成立应急指挥部，具体负责指挥协调事件应对处置工作。

1. 公司突发环境事件应急领导小组

公司突发环境事件应急领导小组组长由公司董事长担任，公司总经理和分管副总经理担任，成员由公司有关助理、副总师，以及国网办公室、财务部、人资部、宣传部、安监（应急）部、设备部、营销部（农电部）、数字化部、基建部、产业部、物资部、法律部、后勤部、工会、国调中心、特高压部、水新部等部门负责人组成。

公司突发环境事件应急领导小组下设办公室（以下简称“公司突发环境事件应急办”），设在国网基建部，办公室主任由国网基建部主任兼任，成员由上述相关部门人员组成。安监部常设安全应急办。

2. 应急指挥部

突发环境事件发生后，公司成立应急指挥部，设总指挥、副总指挥、指挥长、副指挥长及相关工作组。总指挥由公司分管副总经理担任，副总指挥由协管环保工作的总经理助理、副总师或安全总监担任；指挥长和副指挥长分别由国网基建部主要负责人和分管环保工作的负责人担任；指挥部下设工作组，包括综合协调组、抢险处置组、安全保障组、医疗救治组、舆情处置组、后勤保障组，组长由相关部门和单位负责人担任。工作组设置、组成和职责可根据工作需要作适当调整。

应急指挥部是临时机构，针对具体发生的突发环境事件。名称采用“应对 + 事件名称 + 应急指挥部”方式，其中事件名称原则上采用政府公布的规范名称，或根据发生时间、影响范围和事件类型命名。

#### 13.2.2.2 公司各单位突发环境事件应急指挥机构

公司各单位常设突发环境事件应急领导小组，统一领导、组织本单位突发环境事件防范及应对工作；针对具体发生的某个事件，事发单位临时成立应急指挥部，具体负责指挥协调事件应对处置工作。组成和职责参照公司总部。

#### 13.2.2.3 现场指挥部

突发环境事件发生后，事发单位视情成立现场指挥部，总指挥由事发单位主要负责人担任，副总指挥由事发单位分管领导担任，成员包括省公司级单位相关负责人、相关单位负责人及上级单位相关人员、应急专家、应急队伍负责人等人员。总指挥负责现场组织指挥工作，做好与地方政府现场指挥机构的对接。总部视情派出现场工作组，指导现场指挥部协调开展应对工作。

#### 13.2.2.4 专家组

公司各级应急指挥机构应成立应急专家组，为突发环境事件应对工作提供技术咨询和建议，必要时参与突发环境事件应急处置工作。

### 13.2.3 监测预警

#### 13.2.3.1 风险监测

（1）重点环境风险源。公司突发环境事件应急办、相关职能部门、各单位根据职责分工，常态化开展重点环境风险源的风险监测以及自然灾害引发的环境风险监测，对可能引起突发环境事件的风险要加强监测工作，确保各类重点环境风险源处于可控、在控状态。风险监测的重点是公司系统的放射源、油或含油废水、危险化学品、铅酸蓄电池、六氟化硫气体等环境风险。

（2）风险监测的原则及方法。

1）公司各单位应加强各类环境风险源管理，按照“谁使用、谁负责、谁管理、谁监测”的原则，落实各级责任。

2）公司各单位对生产、基建、农电、产业、国外项目工作中存在的有可能造成突发环境事件的风险进行辨识、梳理，督促基层单位对所列风险进行跟踪、监测，必要时及时上报公司相关部门和公司突发环境事件应急办。

3）公司各单位对可能造成突发环境事件的风险应开展及时性、周期性监测，进行风险评估，采取切实有效的防范措施以及应急措施降低风险，并将可能导致较大及以上等级的风险及时上报公司相关部门和公司突发环境事件应急办。

4）公司各单位应关注、跟踪国家地质灾害、气象灾害等信息的收集工作，并进行环境风险分析和评估；开展设备事故引发环境风险的预测工作，并进行相应评估。

5）公司突发环境事件应急办、各有关职能部门、公司各有关单位应与政府应急管理、生态环境主管部门建立环境风险监测预警联动机制，及时获得有突发环境事件预防的提示、预防信息。

#### 13.2.3.2 预警

（1）预警分级。公司突发环境事件预警分为一级、二级、三级和四级，分别用红色、橙色、黄色和蓝色标示，一级为最高级别。预警级别确定可采取以下方式：

1）接到国家应急管理部或生态环境部发布的环境事件一级、二级、三级、四级预警信号，对应发布一级、二级、三级、四级预警。

2）经综合分析，特别重大、重大、较大、一般突发环境事件即将发生或者发生可能性增大时，对应发布一级、二级、三级、四级预警。

3）公司突发环境事件应急领导小组根据事件可能危害程度、紧急程度、发展态势和社会影响等综合因素，研究发布一级、二级、三级和四级预警。

（2）预警发布。

1）公司各单位应急指挥中心接到风险信息和预警信息应立即对照预警研判条件开展分析，初步研判预警响应等级，在新一代应急指挥系统中生成、完善《预警响应指令》，并在10 分钟内报送公司安全应急办和突发环境事件应急办。

2）当应急管理、生态环境等政府部门或机构发布预警信号，提出了对公司或相关单位工作要求的情形下，公司或相关单位安全应急办牵头立即启动对应等级预警响应，同时向突发环境事件应急办、公司领导报告。

3）三级、四级预警响应指令，由安全应急办主任审批发布，新一代应急指挥系统自动生成编号。一级、二级预警响应指令，经安全应急办主任审核后，由突发环境事件分管领导审批，在新一代应急指挥系统中自动生成编号。

4）预警响应指令审批发布后，新一代应急指挥系统自动根据结构化预案中预置的发布对象，通过 PC 待办、APP 待办、短信通知方式，推送至公司领导、相关专业部门管理人员、预警主送单位的公司领导、应急管理人员和应急指挥中心值班员。

5）必要时公司突发环境事件应急办通过公司安全应急办和总值班室按照有关规定向上级主管部门报送预警发布情况。

（3）预警响应。

1）三级、四级预警响应。

公司启动突发环境事件三级、四级预警响应时，应采取以下措施：

a. 公司突发环境事件应急办密切关注事态发展，收集相关信息，必要时向公司突发环境事件应急领导小组报告；

b. 预警响应期间，公司应急指挥中心要加强值班值守，相关人员应根据预警响应等级到岗到位：①公司应急指挥中心增加 1 名值班员；安全应急办、突发环境事件应急办分别指定 1 名联络人保持通信畅通，必要时参加值守；②公司所属各级单位应急指挥中心增加 1 名值班员；安全应急办、突发环境事件应急办分别指定 1 名处长或专责保持通信畅通，必要时参加值守；

c. 公司突发环境事件应急办和相关部门根据职责督促省公司及相关直属单位采取有效措施控制事态发展，组织相关应急救援队伍和人员进入待命状态，并做好应急所需物资、装备和设备等应急保障准备工作，跟踪环境监测情况，做好异常情况处置和应急信息发布准备；

d. 督促各单位应根据预警级别，组织相关部门和单位开展预警响应，重点做好各级管理人员到岗到位，组织预警响应，现场人员、队伍、装备、物资等“四要素”资源预置，做好后勤、通信和防疫保障，防范或减轻突发事件造成的损失；

e. 各单位值班员跟踪检查本级预警响应措施落实情况，对预警响应应启未启、响应措施落实不到位的，通过新一代应急指挥系统、电话等方式联系相关责任单位督促现场责任人落实。其中，公司总部、分部、省级单位开展督查抽查，市、县级单位负责全量检查。

2）二级预警响应。

公司启动突发环境事件二级预警响应时，除采取三、四级预警响应措施外，公司还应采取以下措施：

a. 预警响应期间，公司应急指挥中心要加强值班值守，相关人员应根据预警响应等级到岗到位：①在三级、四级值班人员基础上，公司突发环境事件应急办应安排 1 名负责人在岗带班，安监部、设备部、营销部、产业部、国调中心分别安排 1 名处长 1h 内到应急指挥中心参加值守；数字化部、物资部、后勤部、宣传部等相关部门指定 1 名联络人，保持通信畅通，并做好随时参加信息研判、会商、值守准备；②公司所属各级单位在三级、四级值班人员基础上，安全应急办、突发环境事件应急办负责人 1h 内到应急指挥中心参加值守；安全应急办、突发环境事件应急办、设备部、营销部、调控中心

1 名处长或专责 1h 内到应急指挥中心参加值守；数字化部、物资部、后勤部、宣传部等相关部门指定 1 名处长或专责，保持通信畅通，并做好随时参加信息研判、会商、值守准备；

b. 各单位突发环境事件应急办向本单位突发环境事件应急领导小组汇报，组织相关部门、单位开展会商。突发环境事件应急领导小组提出工作要求，值班员做好记录，形成会商纪要并通过新一代应急指挥系统等下发至责任部门、单位；

c. 加强与政府相关部门的沟通，及时报告事件信息；做好新闻宣传和舆论引导工作；

d. 督促相关分部、省公司级单位按地方人民政府要求做好相关工作。

3）一级预警响应。

公司启动突发环境事件一级预警响应时，除采取二、三、四级预警响应措施外，公司应急指挥中心要加强值班值守，相关人员应根据预警响应等级到岗到位：

a. 公司总部在二级预警响应值班人员基础上，公司安全应急办、突发环境事件应急办主要负责人 1h 内到应急指挥中心值守；数字化部、物资部、后勤部、宣传部等相关部门安排 1 名处长或专责 1h 内到应急指挥中心参加值守；

b. 公司所属各级单位在二级预警值班人员基础上，安全生产分管领导、突发环境事件分管领导 1h 内到应急指挥中心值守；设备部、营销部、数字化部、物资部、后勤部、宣传部、调控中心等相关部门指定 1 名部门负责人 1h 内到应急指挥中心参加值守。

（4）信息报告。

1）预警期间，公司各单位要向公司总部相关职能部门报告专业信息，向公司总部应急指挥中心和总值班室报告综合信息。公司总部应急指挥中心值班员分析研判预警信息，并向公司安全应急办和突发环境事件应急办汇报。

2）报告内容包括突发环境事件可能发生的时间、地点、性质、影响范围、趋势预测和已采取的措施及效果等。

3）预警涉及的单位值班员每日 7 时、11 时、15 时、19 时，利用新一代应急指挥系统的灾损恢复、资源调配、电网事件和预警响应措施落实情况实时统计等功能，收集汇总预警响应信息，向安全应急办提交书面报告。

4）各单位启动预警响应，但总部尚未启动时，由相关单位向公司相应职能部门汇报专业信息，向公司安全应急办、总值班室汇报综合信息。

5）各单位根据公司临时要求，完成相关信息报送。

（5）预警调整和解除。

1）预警调整。公司预警进行动态管理，实时收集预警信息，开展分析研判、审批，更新预警类别、级别、影响范围，并发布相应级别的预警响应指令。

2）预警解除。

a. 有关情况证明突发环境事件不可能发生或危险已经解除，按照“谁审批、谁解除”原则，解除预警响应指令，通过 PC 待办、APP 待办、短信发布至相应人员；

b. 根据事态发展，如转入应急响应状态或规定的预警期限内未发生突发事件，预警自动解除。

公司系统各级单位应参照、明确本单位预警调整与解除要求。

### 13.2.4 应急响应

#### 13.2.4.1 响应分级

根据公司突发环境事件分级情况，将公司突发环境事件应急响应分为Ⅰ级（特别重大）、Ⅱ级（重大）、Ⅲ级（较大）、Ⅳ级（一般）四个等级。响应级别确定可采取以下方式：

（1）发生特别重大、重大、较大、一般突发环境事件时，分别对应Ⅰ、Ⅱ、Ⅲ、Ⅳ级应急响应。

（2）公司突发环境事件应急领导小组根据突发环境事件影响范围、严重程度和社会影响，确定响应级别。

#### 13.2.4.2 响应启动

事发单位根据突发环境事件实际情况启动本单位应急响应，并立即向公司突发环境事件应急办报告，同时报公司总值班室和安全应急办。公司突发环境事件应急办接到报告后，立即会同有关部门/机构收集汇总相关信息，分析研判后，向公司安全应急办提出突发环境事件的响应定级建议，公司安全应急办接到信息报告并核实后，向公司分管领导报告，提出应急响应建议，经同意后启动应急响应，成立应急指挥部，并通知指挥长、相关部门、事发单位、相关分部组织开展应急处置工作，并组织启动应急指挥中心及相关信息支撑系统。

（1）应急处置指导原则。突发环境事件应对按照“以人为本，减少危害；居安思危，预防为主；统一领导，分级负责；快速响应，协同应对；提高能力，科学施救”的原则。

1）以人为本，减少危害。把保障人员的生命安全作为首要任务，最大程度减少突发环境事件及其造成的人员伤亡和各类危害。

2）居安思危，预防为主。贯彻“保护优先、预防为主、综合治理、损害担责”的方针，增强忧患意识，常备不懈，防患于未然。坚持预防与应急并重，常态管理与专项行动相结合，做好预防突发环境事件的各项措施和应对突发环境事件的各项准备工作。

3）统一领导，分级负责。落实党中央、国务院关于保护生态环境的总体部署，在公司党组统一领导下，按照综合协调、分级负责、属地管理的要求，开展突发环境事件预防和处置工作。

4）快速响应，协同应对。充分发挥公司集团化运作优势，建立健全“上下联动、区域协作”快速响应机制，加强与政府的沟通配合，整合内外部应急资源，协同开展突发环境事件处置工作。

5）提高能力，科学施救。加强突发环境事件预防和处置科学技术研究，采用先进的监测预警和应急处置技术，充分发挥公司专家队伍和专业人员的作用，加强突发环境事件处置人员的培训工作，提高突发环境事件应对能力。

（2）到岗到位。接到突发环境事件应急响应通知后，公司指挥长、指挥部成员、工作组成员、事发单位及涉及单位有关人员应在工作时间30min内、非工作时间60min内到达应急指挥中心值守。

出差、休假等不能参加的，由临时代理其工作的人员参加。

（3）指挥中心启动。国网信通公司组织南瑞信通、国网智研院数字化所等技术支撑单位在30min内启动公司总部应急指挥中心，事发单位及相关分部在30min内实现与公司总部应急指挥中心互联互通，并提供事件简要情况等资料。

事发现场要第一时间成立现场指挥部，利用移动视频、应急通信车、各类卫星设备等手段实现与事发单位、公司总部应急指挥中心的音视频互联互通，具备应急会商条件。

（4）应急指挥决策信息接入。

1）公司总部部门按照专业职责开展应急处置工作，向总部应急指挥部提供相关信息。

a. 安监部：负责提供事件安全情况，相关单位应急基干队及其装备资料，国家能源局、国资委、应急管理部有关信息及工作要求；

b. 设备部：提供事发现场设备设施具体资料信息；

c. 宣传部：负责提供舆情监测、新闻通稿等相关资料，并做好新闻发布准备；

d. 基建部：负责提供工程建设相关项目资料，生态环境部有关信息及工作要求；

e. 特高压部、水新部：分别负责提供工程建设相关项目资料；

f. 物资部：负责提供应急物资相关信息；

g. 后勤部：重大传染性疾病疫情防控期间，负责提供应急处置相关单位疫情状态、防疫资源投入情况、疫情防控措施等相关信息；

h. 其他部门：负责提供本专业处置相关信息。

2）事发单位提供信息：

a. 事发单位要在30min内实现与公司总部应急指挥中心互联互通，并提供事件简要情况、现场音视频等资料；

b. 事发现场要第一时间成立现场指挥部，利用移动视频、应急通信车、各类卫星设备等手段实现与事发单位、公司总部应急指挥中心的音视频互联互通，具备应急会商条件。

（5）视频会商。公司应急指挥中心启动后2h内，指挥长负责组织总部与事发单位、事发现场（若具备条件）、相关分部召开首次视频会商，由副总指挥主持，事发现场、事发单位重点汇报事件详细情况、应急处置进展、次生衍生事件、抢修恢复、舆情引导、社会联动，以及需要协调的问题等；总部工作组成员部门按照职责分工重点汇报工作开展情况及下一步安排。指挥长要视情况组织开展后续视频会商，原则上每天16时开展一次视频会商，直至响应结束。

（6）值班值守。公司由指挥长负责组织相关工作组在应急指挥中心开展24h联合应急值班，做好事件信息收集、汇总、报送等工作。办公室（总值班室）、宣传部以及国调中心在本部门开展专业值班，并及时向应急指挥中心提供相关信息。事发单位、相关分部在本单位应急指挥中心开展应急值班，及时收集、汇总事件信息并报送公司总部。

#### 13.2.4.3 指挥协调

公司应急指挥部实行总指挥负责制，总指挥负责总体指挥决策工作，指挥长负责应急处置的统筹组织管理，执行落实总指挥的工作部署，领导指挥总部各工作组，指导协调以下应急处置工作。

（1）Ⅰ级响应。

1）公司立即启动应急指挥中心，召开公司突发环境事件应急会商会议，就有关重大应急问题做出决策和部署。

2）公司领导带队，有关部门、分部人员和专家组成工作组赶赴现场，指导协调应急处置工作。

3）应急指挥部进入24h应急值守状态，及时收集汇总事件信息，组织专家分析研判事件发展情况，协调解决应急处置中发生的重大问题。

4）事发单位落实公司应急指挥部工作部署，组织实施本单位突发环境事件应急处置工作，本单位处置能力不足时，及时提请公司组织支援。

5）与政府职能部门联系沟通，做好信息发布及舆论引导工作。

6）跨省跨区域调集应急队伍和抢险物资，协调解决应急通信、医疗卫生、后勤支援等方面问题。

7）必要时请求政府部门支援。

（2）Ⅱ级响应。

1）应急指挥部进入24h应急值守状态，及时收集汇总分析事件信息。

2）视情况召开应急会商会议研究解决相关问题。

3）公司领导或助理、总师带队，有关部门、分部人员和专家赶赴现场指导应急处置。

4）事发单位落实公司应急指挥部工作部署，组织实施本单位突发环境事件应急处置工作，本单位处置能力不足时，及时提请公司支援。

5）与政府职能部门联系沟通，做好信息发布及舆论引导工作。

（3）Ⅲ级响应。

1）开展应急值守，及时跟踪事件发展情况，收集汇总分析事件信息。

2）助理、总师或部门负责人带队，有关部门、分部人员和专家组成工作组，赶赴现场指导参与应急处置。

3）事发单位经公司授权，协调、组织突发环境事件应急处置工作，本单位处置能力不足时，及时提请公司支援。

（4）Ⅳ级响应。

1）开展应急值守，及时跟踪事件发展情况，收集汇总分析事件信息。

2）有关部门/机构处室负责人带队，有关部门、分部人员和专家组成工作组，赶赴现场指导参与应急处置。

3）事发单位经公司授权，协调、组织突发环境事件应急处置工作。

#### 13.2.4.4 响应措施

（1）先期处置。

1）突发环境事件发生后，事发单位应立即组织应急救援队伍和工作人员营救受伤害人员；根据事故危害程度，疏散、撤离、安置、隔离受到威胁的人员，及时通知可能受到影响的单位和人员；组织勘察现场，查明事件发生的时间、地点、初步原因，污染物种类、性质、数量，已造成的污染范围、影响程度及事发地地理概况等情况，并对事件周围环境特别是环境敏感程度进行必要的调查，调查结果及时报告公司突发环境事件应急指挥部。

2）事发单位针对性制定抢险措施，控制危险源，标明危险区域，封锁危险场所，防止次生、衍生灾害发生；如引发社会安全事件，要迅速派出负责人赶赴现场开展劝解、疏导工作。

3）公司相关职能部门、应急指挥部密切关注事件发展态势，掌握相关单位的先期处置效果。

4）公司应急指挥部按照有关规定，通过公司应急办、总值班室向政府部门和相关单位报告。

5）事发单位按照有关规定向事发地县级以上人民政府应急管理部门和生态环境部门报告。

（2）应急监测。突发环境事件发生后，突发环境事件应急指挥部应组织应急监测队伍针对性进行应急监测工作，加强大气、水体、土壤、风速风向等的应急监测，根据突发环境事件的污染物种类、性质以及当地自然、社会环境状况等，明确相应的应急监测方案及监测方法，确定监测的布点和频次，调配应急监测设备、车辆，及时准确监测，为突发环境事件应急决策提供依据。监测结果及时报告公司突发环境事件应急指挥部。

（3）事态评估。公司突发环境事件应急指挥部组织专家对污染物种类、污染范围、影响程度、发展趋势以及抢险救援的现场条件进行评估，并将评估情况报公司突发环境事件应急领导小组，为必要时请求政府部门支援提供依据。公司应急指挥部应随时掌握环境事件发展情况，并及时根据事态变化重新评估，提供变更应急状态级别的依据。

（4）抢险救援。公司突发环境事件应急指挥部根据事态评估结果，组织相关部门成立综合协调组、抢险处置组、安全保障组、医疗救治组、舆情处置组、后勤保障组等工作组，及时派往现场，指导现场抢险工作。

事发单位参照公司总部，由应急指挥部组织相关部门成立相应工作组，制定应急抢险救援方案；现场指挥部迅速组织力量开展受威胁人员疏散、撤离、安置等应急抢险救援工作，并报告公司突发环境事件应急指挥部。

（5）现场处置。

1）发生放射源、剧毒化学品丢失、被盗或失控时，事发单位突发环境事件应急指挥部应立即保护好现场，报告公司突发环境事件应急指挥部，同时报告地方生态环境、公安、卫生健康、应急等部门，并配合做好调查和处置工作。

2）发生油、危险化学品、铅酸蓄电池电解液泄漏时，事发单位突发环境事件应急指挥部应立即采取关闭、停产、封堵、围挡、喷淋、转移等措施，切断和控制污染源，防止污染蔓延扩散，同时做好有毒有害物质和废水、废液、残渣的收集、监测、清理和安全处置工作，并报告公司突发环境事件应急指挥部；事发单位突发环境事件应急指挥部发现突发环境事件超出其应急处置能力时，应及时向公司突发环境事件应急指挥部、地方政府、社会相关机构和单位请求支援。

3）发生六氟化硫泄漏时，事发单位应迅速评估六氟化硫气体泄漏影响的范围及严重程度，必要时组织现场人员撤离，并启动全部通风装置；当六氟化硫泄漏可能对邻近区域内人员造成威胁时，应立即联系相关管理单位，并配合做好人员疏散、秩序维护等工作；进入前开启排风系统；开展处置工作中，相关人员应正确佩戴并使用保护手套、全面罩防毒面具、防尘套装、呼吸防护器等安全防护装备；如有人员中毒，立即组织施救人员在正确做好自身安全防护前提下，将中毒人员转移到通风良好的安全区域，立即开展急救，并安排专人与医疗机构联系和对接。

（6）协调联动。事发单位按照签订的应急协调联动协议或临时约定，与公司系统其他单位，政府、社会相关部门和单位，以及社会专业救援机构启动协调联动机制，共同应对突发环境事件。应急指挥部发现突发环境事件超出其应急处置能力时，应及时上报公司突发环境事件应急指挥部和地方环境主管部门，并与公司内部单位以及地方环境主管部门、社会相关部门和单位启动协调联动机制，共同应对突发环境事件。

（7）舆论引导。

1）宣传部负责组织开展舆情监测、收集和信息发布，引导正向、客观地新闻报道；组织编写新闻报道材料；联系和接待社会新闻媒体，及时对外披露新闻信息；通过公司官方微博、微信公众号，按照模板滚动发布突发环境事件情况、处理结果及预计恢复所需时间等信息，并组织召开新闻发布会，做好信息公开与舆情引导工作。

2）基建部协助信息发布工作，编制事件信息标准答复内容。

（8）物资、通讯保障。

1）物资部组织协调物资供应；协同开展供应链运营平台实物资源池查库、跨市跨省调配等工作。

2）数字化部、国调中心组织做好应急期间相关信息系统及通信系统保障工作。

（9）后勤保障。后勤部做好应急处置人员的食宿安排和供应，提供必要的生活办公用品；组织做好现场人员救护，与医院联系伤员转移、治疗事宜，并随时向应急指挥机构汇报人员抢救情况。

（10）防御次生环境灾害。事发单位、救援单位、相关部门组织力量开展隐患排查和缺陷整治，避免发生人员伤害、火灾等次生灾害。

#### 13.2.4.5 信息报告

（1）报告程序。

1）公司各单位综合利用新一代应急指挥系统、移动视频、各类通信设备等手段，实时监视灾情、统计灾损信息，定时向总部应急指挥中心和总值班室报告综合信息，总部应急指挥中心分析研判响应信息，向公司安全应急办和突发环境事件应急办汇报；突发环境事件应急办根据事态发展情况，按照有关规定通过公司安全应急办和总值班室向政府部门和相关单位报告。

2）应急处置过程中，公司应急指挥部定期向公司突发环境事件应急领导小组（或分管领导）报告情况，重大情况随时报告；相关信息同时报公司安全应急办和公司总值班室。

3）各单位启动应急响应，但总部尚未启动时，由相关单位向公司相应职能部门汇报专业信息，向公司安全应急办和总值班室汇报综合信息。

4）公司突发环境事件应急办向国家和地方政府及相关部门有关部门报告前，需经公司指挥长审核，报总指挥批准后报送，并执行国家和地方政府及相关部门有关规定。

（2）报送内容。事发单位启动、调整和终止事件应急响应情况；突发环境事件发生的时间、地点、人员伤亡、污染类型、污染范围、影响程度、原因、事发地环境及已经采取的措施等信息；抢险进展、次生灾害、人员伤亡、事态发展趋势、应急抢修队伍、应急物资、应急装备需求等情况；政府主管部门的意见及媒体反应和社会关切。

（3）上报要求。

1）各单位向公司和当地人民政府及相关部门汇报信息，必须做到数据源唯一、数据准确、及时。

2）公司突发环境事件应急办接到事发单位报告后 30min 内，向公司突发环境事件应急领导小组初报信息，并通报公司安全应急办公室。

3）原则上事发当日，事发单位突发环境事件应急指挥部、总部相关工作组每 2h 向公司突发环境事件应急指挥部及公司应急指挥中心动态报送最新进展信息；第二日，7 时、11 时、15 时、19 时各报送一次；第三日至应急响应结束，7 时、19 时各报送一次。

#### 13.2.4.6 资源协调

公司突发环境事件应急指挥部总指挥根据事件处置需要，有权统一调配应急救援所需的人员、应急装备、物资、车辆、所需资金等。公司内部应急资源不足时，可根据签署的《应急联动协议》向周边应急救援力量申请应急资源支持；当事件事态呈现严重程度时，及时向上级主管部门发出救援请求，请求上级部门给予专业环保力量、医疗救护队伍、技术专家等救援支持。

#### 13.2.4.7 信息公开

信息公开和新闻报道内容须经公司指挥长审核，报总指挥批准后，由宣传部统一发布；宣传部要及时与主流新闻媒体联系沟通，按政府有关要求，做好新闻发布工作。

接到突发环境事件信息后，宣传部应在 30min 内通过公司官方微博等方式完成首次发布，在此后 1h 内进行事件相关信息发布，并根据工作进展情况，持续发布权威信息，直至应急响应结束。

信息公开渠道包括公司网站、公司官方微博、当地主流媒体、95598 电话告知、短信群发、电话录音告知等形式。

#### 13.2.4.8 响应调整和结束

（1）响应调整。公司突发环境事件应急指挥部根据突发环境事件污染程度、经济损失程度、发展态势和社会影响等综合因素，按照事件分级条件，提出应急响应级别调整建议，经公司突发环境事件应急领导小组批准后，按照新的应急响应级别开展应急处置。

（2）响应结束。同时满足下列条件，公司突发环境事件应急指挥部提出结束应急响应建议，经公司突发环境事件应急领导小组批准后，宣布应急响应结束。

1）污染源的泄漏或释放已降至规定限值以内。

2）事件所造成的危害已经被彻底消除，无继发可能。

### 13.2.5 后期处置

#### 13.2.5.1 善后处置

善后处置工作由事发单位负责，公司有关部门提供必要的支持。善后处置应主要包括如下内容：

（1）污染场地清理，污染物处理及环境恢复。

（2）对受突发环境事件影响的人员进行安置和补偿。

（3）对损毁的环保设施进行恢复。

（4）根据对环境影响程度，制定环境监测计划，进行环境的跟踪监测。

（5）开展事件调查和环境损害评估，编制突发环境事件总结报告。

（6）应急过程文件建档，按规定移交有关部门。

（7）恢复常态运行。

（8）完成处置报告。

#### 13.2.5.2 事件调查

突发环境事件发生后，除按照国家和地方政府及相关部门要求配合进行事件调查外，公司突发环境事件应急办指挥、组织、协调相关部门组成调查组对特别重大、重大突发环境事件进行调查；对于较大、一般突发环境事件，由事发单位组织调查，并将调查报告上报公司突发环境事件应急办。

事件调查应坚持实事求是、尊重科学的原则，客观、公正、准确、及时地查清事件原因、发生过程、恢复情况、事件损失、事故责任等，提出整改防范措施和事故责任处理意见。事件调查报告应在公司要求的调查期限内报送公司应急领导小组。

#### 13.2.5.3 应急处置评估

突发环境事件应急结束后，各级突发环境事件应急办或有关部门应对使用的应急预案和应急救援处置过程进行全面总结、评估，找出不足并明确改进方向，及时对应急预案的不足予以修订。

#### 13.2.5.4 保险理赔

事发单位及时统计损失情况，会同相关部门核实、汇总受损情况，按与保险公司签订的保险合同约定的保险条款理赔。

### 13.2.6 应急保障

#### 13.2.6.1 应急队伍保障

公司按照“平战结合、反应快速”的原则，建立健全应急队伍体系，规范应急队伍管理，加强专业化、规范化、标准化建设，做到专业齐全、人员精干、装备精良、反应快速，持续提高突发事件应急处置能力。充分发挥省管产业应急支撑作用，做好应急保障。应急队伍至少应包括应急监测队伍、应急救援队伍、应急专家队伍。

有关单位应急处置能力不足时，应与公司内部单位以及地方政府、社会相关机构和单位签订联动机制协议，依托外部资源力量，共同应对突发环境事件。

#### 13.2.6.2 应急物资保障

各有关单位应对照环境应急物资参考名录投入必要的资金，配备应急处置所需的物资以及抢险工器具、个人防护用品、通信、交通等各类装备，应急物资及应急装备可根据实际情况，自行储备或与地方政府、社会相关机构和单位签订协议，依托外部资源力量，开展协议代储。

#### 13.2.6.3 通信保障

公司持续完善电力专用和公用通信网，建立有线和无线相结合、基础公用网络与机动通信系统相配套的应急通信系统，确保应急处置过程中通信畅通。

#### 13.2.6.4 经费保障

按照公司预算管理办法的规定，各有关单位结合本单位应急方案的资金需求，提出预算外申请并纳入本单位预算调整。特别紧急情况下，可由事发单位先行支付，再按规定程序办理相关手续。

#### 13.2.6.5 其他

各有关单位应根据本单位实际情况，明确相应的应急交通运输保障、通信保障、安全保障、治安保障、医疗卫生保障、后勤保障及其他保障的具体措施。依靠外部单位的应急监测队伍、应急救援队伍、应急专家队伍或与外部单位开展应急物资协议代储的，应确保有关协议完整有效。

### 13.2.7 培训与演练

#### 13.2.7.1 培训

公司各单位将员工应急培训纳入日常管理，定期开展应急预案专项培训。同时公司各单位应加强环境污染事件专业技术人员日常培训和重要目标工作人员的培训和管理，培养一批训练有素的环境应急处置、监测等专门人才。

#### 13.2.7.2 预案演练

公司各单位制订应急演练计划，编写演练文件，落实保障措施，定期组织开展突发环境事件应急演练，增强应急处置的实战能力。通过演练总结评价，找出不足并明确改进方向，不断增强预案的有效性和操作性。

# 13.3 突发环境事件分级及类型

## 13.3.1 突发环境事件分级标准

根据事件造成的危害程度、影响范围等因素，突发环境事件分为四级：特别重大、重大、较大、一般（以下事件分级有关数量的表述，“以上”含本数，“以下”不含本数）。

### 13.3.1.1 特别重大突发环境事件

凡符合下列情形之一的，为特别重大突发环境事件：

（1）因环境污染直接导致 30 人以上死亡或 100 人以上中毒或重伤的。

（2）因环境污染疏散、转移人员 5 万人以上的。

（3）因环境污染造成直接经济损失 1 亿元以上的。

（4）因环境污染造成区域生态功能丧失或该区域国家重点保护物种灭绝的。

（5）因环境污染造成设区的市级以上城市集中式饮用水水源地取水中断的。

（6）Ⅰ、Ⅱ类放射源丢失、被盗或失控并造成大范围严重辐射污染后果的；放射性同位素和射线装置失控导致 3 人以上急性死亡的。

（7）造成重大跨国境影响的境内突发环境事件的。

### 13.3.1.2 重大突发环境事件

凡符合下列情形之一的，为重大突发环境事件：

（1）因环境污染直接导致 10 人以上 30 人以下死亡或 50 人以上 100 人以下中毒或重伤的。

（2）因环境污染疏散、转移人员 1 万人以上 5 万人以下的。

（3）因环境污染造成直接经济损失 2000 万元以上 1 亿元以下的。

（4）因环境污染造成区域生态功能部分丧失或该区域国家重点保护野生动植物种群大批死亡的。

（5）因环境污染造成县级城市集中式饮用水水源地取水中断的。

（6）Ⅰ、Ⅱ类放射源丢失、被盗或失控的；放射性同位素和射线装置失控导致 3 人以下急性死亡或者 10 人以上急性重度放射病、局部器官残疾的。

（7）造成跨省级行政区域影响的突发环境事件的。

### 13.3.1.3 较大突发环境事件

凡符合下列情形之一的，为较大突发环境事件：

（1）因环境污染直接导致 3 人以上 10 人以下死亡或 10 人以上 50 人以下中毒或重伤的。

（2）因环境污染疏散、转移人员 5000 人以上 1 万人以下的。

（3）因环境污染造成直接经济损失 500 万元以上 2000 万元以下的。

（4）因环境污染造成国家重点保护的动植物物种受到破坏的。

（5）因环境污染造成乡镇集中式饮用水水源地取水中断的。

（6）Ⅲ类放射源丢失、被盗或失控的；放射性同位素和射线装置失控导致 10 人以下急性重度放射病、局部器官残疾的。

（7）造成跨市区的市级行政区域影响的突发环境事件的。

#### 13.3.1.4 一般突发环境事件

凡符合下列情形之一的，为一般突发环境事件：

（1）因环境污染直接导致 3 人以下死亡或 10 人以下中毒或重伤的。

（2）因环境污染疏散、转移人员 5000 人以下的。

（3）因环境污染造成直接经济损失 500 万元以下的。

（4）因环境污染造成跨县级行政区域纠纷，引起一般性群体影响的。

（5）Ⅳ、Ⅴ类放射源丢失、被盗或失控的；放射性同位素和射线装置失控导致人员受到超过年剂量限值照射的。

（6）对环境造成一定影响，尚未达到较大突发环境事件级别的。

### 13.3.2 突发环境事件类型

公司以建设和运营电网为核心业务，并存在一定数量的抽水蓄能、水电、科研院所等单位，具有地域范围广、企业类型多、生产流程差异较大等特点。公司系统潜在的突发环境事件可能发生在公司所属各类企业的建设、生产、管理、保电、物资存储与运输过程中。一旦发生突发环境事件，可能危及公众身体健康和财产安全，或造成生态环境破坏，导致不良社会影响，甚至影响公司正常生产经营秩序和社会形象。

#### 13.3.2.1 放射源丢失、被盗或失控

公司系统放射源主要应用于金属探伤、厚度测量等场景，放射源类型包括Ⅱ、Ⅲ、Ⅳ类及Ⅴ类放射源。

Ⅱ类放射源为非常危险放射源，在没有防护情况下，接触这类源几小时至几天可致人死亡；Ⅲ类放射源为危险放射源，在没有防护情况下，接触这类源几小时就可对人造成永久性损伤，接触几天至几周也可致人死亡；Ⅳ类放射源为低危险放射源，基本不会对人造成永久性损伤，但长时间、近距离接触这些放射源的人可能造成可恢复的临时性损伤；Ⅴ类放射源为极低危险放射源，不会对人造成永久性损伤。

放射源丢失、被盗或失控后，可能导致人员受到异常照射，环境受到放射性污染，且影响范围存在不确定性，容易引起社会恐慌，对当地正常经济、社会活动将造成较大影响。

#### 13.3.2.2 油或含油废水泄漏

公司系统油泄漏可能发生在储油罐及管道泄漏、含油设备（变压器、高压电抗器、水轮机、发电机等）油泄漏、废油储存设施泄漏、事故油池泄漏、油品运输泄漏、施工现场用油泄漏、含油废水或消防废水外溢等场景。

发生泄漏油或含油废水进入水体，将导致水体污染及溶解氧降低，影响水生物；如泄漏油或含油废水进入饮用水水源，将造成水源污染；如泄漏油进入土壤，则导致土壤污染。

#### 13.3.2.3 危险化学品丢失、被盗或失控

公司系统危险化学品主要应用于实验及研究，其中砷化物、氰化物、强酸、强碱、氨、氯等危险化学品在运输、储存、使用及设备检修等过程中可能发生丢失、被盗或失控。

砷化物、氰化物等剧毒化学品丢失、被盗或失控，会有致人死亡的风险，如进入饮用水水源，将造成水源污染；剧毒化学品溶液如泄漏进入水体，将影响水体使用功能。

盐酸、氨、氯等具有腐蚀性和挥发性化学品丢失、被盗或失控，如进入大气，会刺激人体呼吸道黏膜，将造成人身伤害等；如泄漏进入水体，将影响水体使用功能；如进入饮用水水源，将造成水源污染；如进入土壤，则导致土壤污染。

硫酸、碱等具有腐蚀性化学品丢失、被盗或失控，可能会对人体造成灼伤、烧伤甚至致人死亡；如泄漏进入水体，将影响水体使用功能；如进入饮用水水源，将造成水源污染；如进入土壤，则导致土壤污染。

#### 13.3.2.4 铅酸蓄电池泄漏

公司系统铅酸蓄电池的应用领域较广，如在收集、运输、使用、回收及储存过程中发生壳体老化或意外事件可能造成铅酸蓄电池泄漏。

铅酸蓄电池发生含铅物质、酸性电解液等泄漏，如进入水体或土壤，将造成水体和土壤污染；如进入饮用水水源，将造成水源污染；如人体直接接触酸性电解液，将会引起灼伤。

#### 13.3.2.5 六氟化硫泄漏

公司系统六氟化硫泄漏可能发生在电气设备、暂存场所等处。

六氟化硫气体无毒、不燃、无腐蚀性，但属于温室气体，其温室效应约为二氧化碳的23900倍，在设备维修、退运过程中应进行回收处理和循环再利用，避免直接排放到大气中。六氟化硫气体比空气比重大，泄漏于密闭性空间时，在高浓度下可能造成人员窒息；在电弧或高温作用下，遇水会分解成有毒物质，会刺激皮肤、眼睛、黏膜，大量吸入可能造成人身伤害。

# 第 14 章

# 综合管理

## 14.1　电网环保考评与统计

《国家电网有限公司环境保护工作考评办法》规定了电网环保考评内容、考评方式、考评结果应用，规范了电网环保统计内容、统计方法、统计管理等，量化了环境保护工作绩效。

### 14.1.1　电网环保考评管理

#### 14.1.1.1　考评内容

依据《国家电网有限公司环境保护工作考评办法》，国网基建部负责对各单位环保工作进行考评，各单位环保归口管理部门负责对其所属单位环保工作进行考评。

环保工作考评坚持定性考评与定量考评相结合、日常管理与年度检查相结合、单位自查与上级考评相结合的原则，实现电网、水电、生物质发电、装备制造等环保业务全覆盖。

环保工作考评的内容包括：环保管理体系建设、建设项目环保（水保）管理、环保技术监督、环保宣传与培训、环保风险管控、环保综合管理、排污申报（只考评生物质发电、装备制造企业）等，结合企业类型特点和环保工作实际，分别设置不同的考评指标。环保工作考评分包含指标分和加分，其中指标分分值为 100 分，加分分值为 20 分。加分指标分别为建设项目环保管理、环保科研和新技术推广、环保工作受到表彰、环保宣传、环保工作进步显著（或具有鲜明特点）、绿色发展（只考评生物质发电、装备制造企业）等。

被考评单位每年 11 月 30 日前将年度环保工作考评自查报告、自评分表报送上级考评单位。上级考评单位每年 12 月 20 日前组织年度环保工作现场检查，根据被考评单位自查及现场检查情况，结合环保日常工作、生态环境保护自查评估工作、年度环保指标完成情况进行考评。

环境保护归口管理部门负责组织对承担电网建设项目环评（水保）及验收、监测的咨询单位进行考评。相关咨询单位违反国家有关环保（水保）标准和技术规范等规定，其编制的报告基础资料明显不实，内容存在重大缺陷、遗漏或者虚假，结论不正确或者不合理等严重质量问题的，国家电网有限公司将依据合同约定追责，按有关规定处理。

#### 14.1.1.2 考评结果应用

国家电网有限公司环境保护工作年度考评结果纳入领导班子和领导人员综合考评、企业负责人业绩考核等考核体系。

按照国家电网有限公司表彰奖励工作相关规定，对环保工作成绩突出、特点鲜明、进步显著的单位、集体和个人给予通报表扬。

国家电网有限公司对违反环境保护法律和法规事件、造成重大环境污染事件或严重负面影响的单位和个人按有关规定追究责任。各单位在评选国家电网有限公司工程建设项目优质工程等活动中必须考评环境保护，并实行环境保护一票否决权制度。

发生下列情况之一的，国家电网有限公司对责任单位进行通报批评，并按有关规定追究责任。

（1）发生重大及以上突发环境事件的。

（2）被省级及以上生态环境主管部门、水行政主管部门通报批评、罚款或限制项目审批的。

（3）因环保问题引发群体性事件或造成重大不利舆情等严重负面影响的。

（4）未按国家及地方环保水保法律法规要求，发生建设项目未批先建、未验先投等违规事件，和中央环保督察中，发生被督察报告点名批评的环境违规事件。

（5）未按规定上报环保重要事项造成严重后果的，或在报送报表、总结等材料中故意弄虚作假的。

（6）未按要求完成国家电网有限公司总部交办的重要环保工作任务的。

### 14.1.2 电网环保统计管理

#### 14.1.2.1 统计内容

环保统计是一项重要的基础性工作，是环保管理的重要组成部分，是掌握环保工作状况的有效手段。按照《电网环境保护责任清单（通用）》规定，环境保护归口管理部门定期组织技术支持单位对环境保护统计、报表、总结等进行汇总和审核，在年度电网环境保护工作检查中，环境保护归口管理部门进行现场核验。

电网环保统计数据通过国家电网有限公司 e 基建 2.0 系统环保应用和国家电网有限公司内网邮件进行报送，这些数据包括：

通过 e 基建 2.0 系统环保应用填报以下报表：

（1）建设项目前期环评工作统计表。

（2）建设项目前期水保工作统计表。

（3）建设项目环（水）保监督发现问题闭环整改情况统计表。

（4）建设项目竣工环保验收统计表。

（5）建设项目水保设施验收统计表。

（6）六氟化硫气体回收利用统计表。

（7）电网固体废物环境无害化处置情况统计表。

通过内网邮件报送以下报表：

（1）110kV及以上电网建设项目环评、水保及竣工环保、水保验收统计月报、年报。

（2）建设项目可研、初设环保专章审查及在建项目现场检查情况统计月报、年报。

（3）电网固体废物环境无害化处置情况统计月报、年报。

（4）变电站（换流站）噪声监测月报、年报。

（5）在运有人值班变电站（换流站）外排废水监测月报、年报。

（6）六氟化硫气体回收利用统计月报、年报。

（7）环保纠纷处置情况年报。

（8）环保宣传、培训统计年报。

#### 14.1.2.2 统计结果应用

每年12月25日至次年1月7日，各单位环保归口管理部门按照统一格式和口径，通过e基建2.0系统环保应用和内网邮件报送统计报表。国网基建部负责对各单位报送的统计报表进行汇总和排名。

如发生重特大突发环境事件、重大环境保护纠纷、被省级及以上生态环境或水行政主管部门通报批评或处罚、地方环境保护管理要求或标准发生重大变化等事项，各单位应及时向国网基建部报告。

## 14.2 电网环保科研与新技术推广

当前，我国特高压输电技术已处于世界领先地位。国家电网公司截至2023年底已累计建成“19交16直”共35项特高压工程，建成和核准在建特高压工程线路长度达到4.6万km。特高压工程已成为中国科技创新的“新名片”，诞生了一系列中国标准，实现了中国引领和中国创造。

从跟随到引领，科技创新直接驱动了电网的跨越式发展，走出了一条具有中国特色的电网创新发展之路。电网环保科研工作作为国家电网有限公司科研体系的重要组成部分，始终坚持以服务电网建设、实施全面环境质量管理为主线，以自主创新能力建设为中心，优化电网环保领域科技战略布局，着力攻克核心关键技术，助力国家电网有限公司科研工作打通“人才链、创新链、技术链、价值链、资金链”，助力国家电网有限公司在电网环保领域实现核心技术领先、绿色发展领先、品牌价值领先。电网环保科研与新技术推广作为电网环保工作的重要支撑，对建设环境友好、资源节约型电网建设有着重要作用和现实意义。目前，国家电网有限公司电网环保技术领域的研究主要包括环保基础理论、环保政策及标准、环保规划及管理机制、环保措施及经济性评价、环保检测及评估、生态环境保护、固体废物处置与循环利用技术等七大领域。

随着国家电网有限公司建设“具有中国特色国际领先能源互联网企业”长远战略发展

目标的确定，围绕国家电网有限公司新发展理念和高质量发展要求，电网环保科研与新技术推广工作需要不断提升技术的原创性、引领性，优化顶层设计，顺应能源革命和数字革命融合发展的趋势，努力在攻克关键核心技术、科技成果转化、推进开放合作、培养一流人才上不断取得新突破，不断提升电网环保精益化、标准化、信息化管控水平，为国家电网有限公司建设具有中国特色国际领先的能源互联网企业提供技术支撑和保障。

在科研工作中，国家电网有限公司总部环保归口管理部门对电网环保科研与新技术推广工作进行归口管理，编制国家电网有限公司系统环保科研规划，开展环保领域科技项目立项申报材料的筛选、汇总，协助进行科技项目结题验收，推荐项目成果及新技术进行推广应用，负责电网环保专业领域相关技术标准体系构建，指导实验室建设。直属科研单位、产业单位、省（直辖市、自治区）国家电网有限公司环保归口管理部门负责指导、落实各单位的电网环保科研、新技术推广、实验室建设和运维工作。

### 14.2.1 电网环保科研成果

结合国家生态文明建设需求，围绕国家电网有限公司建设具有中国特色国际领先的能源互联网企业战略目标要求，加强实验室间的交流与合作，推进科研资源共享和重大课题研究。在七大领域，持续推进重点领域的基础理论研究；建立并完善电网环保生态数据平台，实现电网环保管理的“全过程一套图、全时空一张图、全数据一个源”的信息化管控；不断推进输变电工程噪声预测与控制研究及应用，解决噪声扰民问题；深入开展废油、退役铅蓄电池、退役动力锂电池、退役复合绝缘子等固体废物资源化处理和无害化处置关键技术研究；攻克混合绝缘气体循环再利用技术难题，探索六氟化硫替代介质的合成制备技术及推广应用；提升新技术推广应用力度，推动环保科技成果产业化和标准化，为国家电网有限公司环保工作提供全方位、多层次的技术支撑。截至2022年底，国家电网有限公司通过布局一系列重大课题研究，构建了一套相对完备的电网环保科研体系，取得了一大批科研成果。

#### 14.2.1.1 环保基础理论

国家电网有限公司在电磁环境、噪声、电磁干扰防护、绝缘气体等方向基础理论中取得了一系列具有自主知识产权的成果。

国家电网有限公司开展了不同地理、环境气候条件（如海拔、温度、湿度、雨雪、污秽等条件）下输电线路的电磁环境特性及预测模型研究，实现了交直流混合电场时域计算，提出了三维合成电场计算方法；开展了空中颗粒物对特高压直流线路地面合成电场影响基础研究，研制了空间电荷测量系统。对直流线路电磁环境海拔修正进行了研究，为直流线路经过不同海拔地区导线对地距离确定、导线选型和噪声校核提供了技术支撑。开展了特高压变电站（换流站）与智能变电站电磁干扰特性研究，提出了电磁干扰计算方法与控制措施，制修订了相关国家和行业标准；开展了超/特高压电网与各类型无线台站、地震地磁监测台、输油输气管道等其他系统的电磁干扰影响机理与防护措施研究，有效提升了电网与其他系统间良好的电磁兼容性。开展了高压直流线路起晕电场强判定方法和起晕场强预测、试验研究；高功率密度微波源设计及小型化研究；高增益微波天线及远场无衍射传输技术研究；十米级微波无线电能传输系统集成及电磁环境研究。建立了超/特高压变电站厂界噪声数据库，研制了超/特高压变电站噪声仿真计算模型，实现了变电站噪声分布的预测与评估；开展了输变电工程中低频噪声特性及降噪理论的研究，提出了变压器去耦覆盖层减振降噪技术并研发了变压器去耦覆盖层，为针对性地开展输变电工程噪声治理提供了直接指导。开展了 $SF_6$ 替代气体研究，在 $C_4$、$C_5$ 等替代气体的理化性能分析及制备技术方面取得了重大突破。

#### 14.2.1.2 环保政策及标准

系统分析国际上有关交直流混合电磁场对环境影响的研究成果，跟踪并解读国家输变电工程环境监管的各项政策和要求，完成了国家电网有限公司环保管理、电网建设项目环评、竣工环保验收、环保技术监督等方面规章制度的修订和完善，相继出台了环境监理、噪声防治等专项管理办法或指导意见。持续跟踪国际极低频电磁场健康影响动态，促成了《电磁环境控制限值》（GB 8702）标准的修订和发布实施，填补了输变电工程电磁环境国家标准的空白，结束了长期以来对工频电场强度、磁感应强度限值争议不休的局面，并在应对电磁环境投诉纠纷起到了重要作用。截至2023年，已制修订电网环保领域63项国家、行业及国家电网有限公司企业标准，国家电网有限公司牵头编制的IEC《高压直流输电线路电磁环境特性》国际标准已正式发布，制作的《电网环保ABC》科普宣传册、《输变电环保常见问题沟通手册》等科普类宣传书籍也已相继出版。

#### 14.2.1.3 环保规划及管理机制

综合考虑技术、管理、标准等多方面问题，涵盖电网环保战略规划、电网环保管理体系与措施两个方向，研究了电网企业的环保战略规划，提出了国家电网有限公司环保工作定位、电网环保战略目标、发展思路及电网重点环境问题的管理控制策略，明确了电网环保管理业务模块；环保规划体系设计及规划方法构建为指导各省公司开展相应的规划编制提供了方法依据；研究了电网绿色发展的战略规划方法体系，提出了“十四五”以及中长期电网绿色发展的战略路线图，实现了区域差异化的电网绿色发展投入－产出绩效评价。部署了电网环保管理信息系统，结合e基建2.0系统环保应用，正在统筹推进电网环保一张图建设工作及与基建管控系统的融合，电网环保管理的信息化水平进一步提升。

#### 14.2.1.4 环保措施及经济性评价

开展了不同导线结构方案的技术经济分析以及提高导线对地高度、拓宽走廊清理宽度、树木屏蔽等改善电磁环境措施的经济性分析研究。提出了输变电工程环保措施的费效分析方法，确定了不同环保措施的经济适用范围。

#### 14.2.1.5 环保检测及评估

充分利用特高压试验基地，建立了极低频电磁场长期观测基地，开展了工频电场和工频磁场对实验动物、植物的长期影响研究，开展了基于交流特高压电晕笼的多分裂导线电晕特性研究，开展了交直流输变电工程电磁环境与导线型式、结构、架设方式以及不同海拔、温度、湿度、风速等条件的关系研究，提出了基于特高压电晕笼和试验线段的导线优化选型试验方法；开展了交直流混合电场的测试技术研究。

提出了常规场强仪降低湿度影响的技术方案，实现了复杂环境下工频电场的准确测量；建立了温湿度可控的大尺寸电场探头校准装置和温湿度灵活调节的全尺寸工频电场校准装置，实现对工频场强仪湿度影响的准确模拟和有效校验。

获得了三维场磨式电场传感器和 MEMS 电场传感器灵敏度的影响因素，研制了具有离子流、温湿度调控以及传感器三维旋转功能的合成电场校准系统；获得了输电线路下直流三维空间合成电场传感器测量结果的修正系数。

研制了工频电场和工频磁场校准装置，研制了双通信通道动态切换的广域全态电磁环境监测系统，初步建立起我国特高压工程电磁环境数据库；开展了职业卫生有害因素的检测与分析，建立了输变电工程职业危害统一评价法，制定了输变电行业职业病危害评价技术规范。

在噪声监测技术方面，基于波束形成算法及阵列的信号处理，研制了多种型号的声阵列，开展了超特高压工程的噪声源检测定位试验，在复杂声环境中，能够准确测量噪声源的大小、频率、位置，并制定了相应的试验方法。

#### 14.2.1.6 生态环境保护

开展了输变电工程景观设计、基于 GIS 的环境敏感区识别等技术研究，收集并建立了涵盖各类环境敏感区域、生态红线分布的可更新、拓展的电网环保生态数据库，实现了输变电工程建设选址辅助分析，制定了输变电工程生态影响防控技术导则，为项目规划、可研、初设、施工设计全过程决策提供了支撑。开展了基于多种技术手段的水土保持监测与评估、植被修复、微生物联合治理技术研究，并在阿里藏中联网以及多项超特高压工程中得到应用。同时，还布局开展了特高压跨区域输电工程对受端区域大气环境改善影响的评价办法研究，为国家电网有限公司研究评价国家大气污染防治行动计划中特高压交直流工程的环境效益提供了科学数据和技术支持。

#### 14.2.1.7 固体废物处置与循环利用技术

成功申报国家重点研发计划，研制了 $C_4F_7N$ 新型环保绝缘气体，已在部分工程中得到应用；构建了替代气体的绝缘及灭弧评估平台，筛选出 $CF_3I$ 混合气体替代方案，掌握了该替代气体的绝缘及中压小电流灭弧性能。研制了采用真空灭弧和 $CF_3I/N_2$ 气体绝缘的 40.5kV 开关柜及 126kV 的 GIS 样机，并完成了试验验证。提出了“分散回收、集中处理、统一检测、循环利用”的 $SF_6$ 循环再利用管理模式，研发混合绝缘气体混气比和分解产物的检测方法，自主研制了 $SF_6$ 净化处理系统，开展了混合绝缘气体（如 $SF_6$-$N_2$、$SF_6$-$CF_4$ 等）高效、快速分离技术研究，研制出一整套现场六氟化硫气体回收循环再利用系统。

开展了废油、退役铅蓄电池、退役动力锂电池、退役复合绝缘子等固体废物资源化处理和无害化处置关键技术研究，建立了电池性能检测平台，开发出退役电池性能诊断与安全性评估技术，为废旧电池有害组分的无害化处理提供了技术支撑。研发的废变压器油再生技术不但延长了变压器油使用寿命，降低使用成本，减少了不可再生化石原油的消耗量，同时也消除了多环芳烃、重金属等危害。

### 14.2.2 电网环保科技支撑体系

围绕国家电网有限公司科技创新工作，国家电网有限公司建立起了完善的电网环保科技支撑体系，从环保科技规划、科技项目管理等方面实现了电网环保科技工作的规范化管理。同时，为更好地支撑国家电网有限公司电网环保科研工作的开展，国家电网有限公司相继建成了 8 个电网环保领域的国家电网有限公司级重点实验室和国家电网有限公司级实验室，全方位覆盖了电网环保工作关注的电磁环境、固体废物利用、噪声控制等领域。

打造了一批专家人才队伍，以直属科研单位、省公司经研院和电科院等技术支撑单位为主体，培养和推选电网环保领域科技领军人才、专业领军人才、优秀专家人才、优秀专家后备人才，建立了国家电网有限公司级 / 省公司级 / 地市三级环保专家人才队伍体系，截至 2022 年底，已拥有 1 位国家环境保护专业技术领军人才、1 位国家环境保护青年拔尖人才，3 位国家电网有限公司专业领军人才，20 余位国家电网有限公司工程技术专家，并拥有 64 位国家注册环境影响评价工程师。同时，国家电网有限公司还组建了交流电网电磁骚扰预测与控制技术、特高压直流输电工程电磁环境理论与测量技术、变电站降噪材料研究及应用技术、绝缘气体循环再利用与组分检测技术、电网电磁环境与可听噪声仿真分析技术、变电站（换流站）噪声监测与治理等 6 支科技攻关团队，为国家电网有限公司电网环保工作的持续提升提供了可靠的保障。

#### 14.2.2.1 环保科技规划

（1）国家电网有限公司电网环保科技规划的制定，以国家电网有限公司发展规划和电网发展规划为依据，贯彻国家电网有限公司“六精四化”理念，围绕电网建设“标准化、绿色化、模块化、智能化”，全面落实“四全两控”环保管理要求（业务全覆盖、管理全过程、责任全链条、制度全贯通；严格控制环境影响、严格控制合规风险），由国家电网有限公司定期组织编制，并开展适应性评估和滚动修订工作。

（2）电网环保科技规划应包含电网环保科研工作的发展现状、面临的形势、规划的指导思想和总体目标、目前电网环保科研的重点任务、研发费用投入计划、保障措施等内容，并展望中长期电网环保技术发展的趋势。环保科研的重点任务应突出重大共性关键性技术和基础前瞻性技术研究、环保新技术推广应用、科技成果培育和环保技术标准管理等内容。

#### 14.2.2.2 环保科技项目管理

（1）环保科技项目的立项要重点做好项目指南的发布，项目可行性研究、项目经济性和财务合规性、项目技术路线和承担者资质的审查。

（2）环保科技项目的立项要根据国家电网有限公司发展战略和科技发展规划，结合电网生产、建设和国家电网有限公司经营发展的要求来组织，选题应紧密联系工作实际，注重解决突出的共性问题。

（3）环保科技项目实施过程中要按照项目任务的要求，做好项目的督导，确保科技项目资金的规范合理使用，跟踪检查项目实施进度，保证项目按计划实施。

（4）环保科研与新技术推广项目在实施过程中应依据有关规定履行相应的采购程序，项目负责人负责项目的实施工作，定期报告项目执行情况，做好项目结项验收，以及重大科技项目的后评估，同时应加强项目的档案管理。

#### 14.2.2.3 环保实验室建设

电网环保领域实验室是国家电网有限公司科技创新体系的重要组成部分，是国家电网有限公司开展电网环保领域基础研究和应用技术研究，聚集和培养优秀科技人才、开展学术交流的重要基地。电网环保领域各实验室面向国家电网有限公司电网环保工作重点，研究重大关键技术问题，研究解决电网规划、设计、建设、运行全过程各阶段、各环节中的重要技术和标准问题。

在国家电网有限公司实验室体系中，分为国家电网有限公司重点实验室、国家电网有限公司实验室、国家电网有限公司联合实验室 3 类。对于国家电网有限公司级实验室，命名实施“规划引导、统一命名、分级管理、动态调整”的管理模式，从各级单位实验室中择优命名，每 5 年调整一次。同时，各实验室积极争取国家和地方政府支持，在国家电网有限公司实验室建设基础上，申报了多个国家级、省部级实验室。实验室建设和维护实行多部门协同的管理机制，在纵向上实行科技管理部门归口、业务部门指导的机制，学科发展上兼顾先进性和对国家电网有限公司环保业务的支撑作用，在横向上实行“协同共享”的管理机制，提升实验室资源利用效率。在实验室管理上，国网科技部是实验室的归口管理部门；总部各业务部门是实验室的业务指导和协同管理部门；省（自治区、直辖市）电力公司和直属单位负责所属实验室的建设与运行管理；实验室所在单位负责实验室的日常管理。

“十二五”以来，国家电网有限公司相继建立了电力系统电磁兼容、六氟化硫气体特性分析与净化处理技术、电网环境保护 3 个国家电网有限公司重点实验室以及电力设施电磁影响、电力设施噪声与振动、电网固体废物资源化处理技术等 6 个国家电网有限公司实验室。2015 年，国家电网有限公司环保领域第一个国家重点实验室——电网环境保护国家重点实验室经国家科技部批准建设，为我国电网电磁环境、声环境、电磁干扰及新型环保输电技术的研究搭建了高水平科研平台，2023 年国家对国重实验室进行重组，实验室获批电网环境保护全国重点实验室。2022 年，国家电网有限公司启动了新一轮国家电网有限公司实验室建设评审，电网环保领域已获得电力设施振动与声学技术实验室、输变电工程生态环境及水土保持监测与评价实验室、电力设备油气介质状态评估与循环利用实验室 3 家实验室命名。另外，为服务地方经济发展及输变电工程环境保护，以省电科院为依托，相继成立了陕西省电力环保重点实验室、河南省发电企业碳及污染物减排技术实验室、重庆市电磁与可听噪声环境影响实验室及湖南省电磁环境与噪声控制工程技术中心 4 个省级实验室或工程技术中心。国家电网有限公司电网环保领域实验室情况见表 14–1。

表 14-1　　国家电网有限公司电网环保领域实验室情况

| 序号 | 实验室名称 | 类别 | 依托单位 | 建设时间 | 主要研究方向 |
|---|---|---|---|---|---|
| 1 | 电网环境保护全国重点实验室 | 国家重点实验室 | 中国电科院 | 2023 | 电网电磁环境特性及影响、噪声特性及控制、电磁干扰特性及防护、新型环保输电技术与设备等技术攻关 |
| 2 | 电力设施振动与声学技术实验室 | 国家电网有限公司新一轮实验室 | 国网湖南电力 | 2023 | 电力设施振动与声学机理及感知、诊断及预警、振动危害防治技术研究 |
| 3 | 输变电工程生态环境及水土保持监测与评价实验室 | 国家电网有限公司新一轮实验室 | 国网陕西电力 | 2023 | 输变电工程生态环境及水土保持监测与预警、评价与防护、数字化应用、水土流失治理及后评估技术研究 |
| 4 | 电力设备油气介质状态评估与循环利用实验室 | 国家电网有限公司新一轮实验室 | 国网安徽电力 | 2023 | 六氟化硫及其混合气体检测与资源化利用，高性能环保绝缘气体开发、评估及应用，电力用油状态检测与故障诊断技术研究 |

附：国家电网有限公司实验室申报条件。

根据《国家电网公司实验室管理办法》，申报实验室应为各级单位已命名的实验室，原则上应逐级申报。装备、成果和研究及实验能力特别突出的实验室可直接申报国家电网有限公司重点实验室。

（1）国家电网有限公司实验室应具备以下条件：

1）符合国家电网有限公司实验室发展规划。

2）研究方向明确，具有较强的研究或实验能力，能够承担各级单位及以上重大科研或实验任务。

3）拥有国家电网有限公司系统内较高水平的实验研究设施；在优势领域的研究水平或实验水平居国家电网有限公司系统内领先地位。

4）拥有高水平的学术（学科）带头人和一定数量的专职研究人员，已形成一支规模适度、团结协作、结构合理、水平较高的研究队伍。

5）具有较完善的管理制度和保障体系，具有较强的自我发展能力。

6）拥有较完善的资源共享机制，主要设备的共享程度较高，与外部单位开展科研合作成效较显著，能发挥一定的技术带动和辐射作用。

7）从事本领域研究 2 年以上，近 2 年在相对集中的研究方向上承担的国家电网有限公司及国家级科技项目总数不少于 1 项。

8）实验室人员安排与职级待遇、实验室场地、设备更新改造等方面得到所在单位有效支持。

（2）国家电网有限公司实验室应具备以下条件：

1）符合国家电网有限公司实验室发展规划。

2）研究方向明确，在关系电网发展的若干重大科学技术领域有明确的研究目标，具有很强的自主创新能力，能承担国家电网有限公司及以上重大科研和实验任务。

3）拥有一流水平的实验研究设施；科研成绩突出，在优势研究领域居领先地位，并具备一定的综合实验研究实力。

4）拥有高水平学术（学科）带头人和一定数量的专职研究人员，已形成一支有一定规模、团结协作、年龄与学科结构合理、高水平的研究队伍。

5）具有完善的管理制度和保障体系，具有很强的自我发展能力。

6）拥有完善的资源共享机制，主要设备的共享程度高，与外部单位的科研合作成效显著，能发挥技术带动和辐射作用。

7）从事本领域研究 3 年以上，近 3 年在相对集中的研究方向承担国家电网有限公司及国家级科技项目总数不少于 3 项，其中牵头承担项目不少于 1 项。

8）实验室人员安排与职级待遇、实验室场地、设备更新改造等方面得到所在单位有效支持。

（3）国家电网有限公司联合实验室应具备以下条件：

1）符合国家电网有限公司实验室发展规划。

2）各分实验室具备或基本具备国家电网有限公司实验室或国家电网有限公司重点实验室条件，相对独立、完整。

3）各分实验室主攻方向关联和协作关系清晰、合理，在实验装备、攻关团队、地域条件、单位性质等方面具有较强的互补性，可以实现产研用的优势结合。

4）建立有效的联合运行机制，统筹安排实验仪器设备购置，有明确的实验室共享、交流措施或机制。

实验室命名流程为编制指南、申报、形式审查、初评、会评、现场考察、专家终审、审批命名，经国家电网有限公司命名的实验室有效期为 5 年，在有效期内享有实验室各项权利，履行实验室责任，5 年期满后实验室资格自动失效。各单位已失效或新培育的实验室，在符合指南申报范围的前提下，均可参与新的实验室申报，鼓励竞争。国家电网有限公司将实验室建设和维护纳入相关专业项目管理范畴，纳入各单位规划和年度计划及预算管理，保障实验室发展。用于支持实验室发展的各专业项目依据“科学研究类不重复、生产运行类不超标、检验检测类不闲置”的原则进行审查和批复。

### 14.2.3 电网环保新技术推广

开展电网环保新技术推广工作，是贯彻落实国家创新驱动发展战略、突破“卡脖子”技术装备的需求，有利于发挥国家电网有限公司龙头企业作用，带动电力行业上下游企业装备水平提升，打造充满活力的创新创业新生态，既推动了行业技术装备的持续创新，又吸引了行业创新力量形成发展合力，助力电网高质量发展。目前国家电网有限公司每 2～3 年会更新发布《国家电网有限公司新技术目录》《国家电网有限公司重点推广新技术目录》。其中，《新技术目录》用以引导电网行业的新技术研究与应用方向，引导新技术研发、新产品研制和产业化；《重点推广新技术目录》用以明确国家电网有限公司近两年重点推广应用的新技术及其应用规模、实施进度和责任主体。

依据《国家电网公司科技成果转化管理办法》（2022 年），科技成果转化由科技部归口管理。遵循“统一协调、协同推进、有序实施、精准激励”的原则，总体上分为国家电网有限公司系统内转化和国家电网有限公司系统外转化两类。成果转化方式包括自行实施转化、向他人转让该科技成果、许可他人使用该科技成果、以该科技成果作为合作条件与他人共同实施转化、以该科技成果作价投资折算股份或者出资比例、其他协商确定的方式 6 种。国家电网有限公司科技成果的转让和许可工作包括信息报送、自主洽谈、合同签署和转化实施等流程。

国家电网有限公司设立科技成果孵化器和科技园区，围绕国家电网有限公司和电网发展需求，以提升科技成果转化效率为目标，开展科技成果孵化转化工作，对成果推广和转化给予了一系列政策支持。设立双创孵化培育资金和科技成果转化基金，对拟进行转化的科技成果予以资金支持。同时，充分利用资本市场运作渠道，积极引入社会资本投资国家电网有限公司科技成果产业化项目，建立“国家电网有限公司投入为主体、金融资本竞相融入”的多元化资金投入机制。搭建科技成果孵化转化平台，组织系统内外的科技成果供需双方在该平台上开展科技成果转化。对于转化成功并实现产业化的产品，国家电网有限公司优先考虑将其纳入国家电网有限公司《新技术目录》和《重点推广新技术目录》。同时，针对内部转化设立绿色通道，对于成果需求方通过履行成果转化内部决策程序确定成果供给方的，成果供需双方可直接签订成果转化合同。

对在自主创新、科技成果转化中发挥主要作用、做出重要贡献的关键核心技术、管理人员，可采取项目收益分红、岗位分红等分红方式进行激励；也可依托以科技成果作价投资方式组建的科技型企业，进行股权激励。

截至 2023 年底，已有包括电磁环境防护、噪声定位监测、声指纹数据库、新型降噪技术与材料、固体废物处理处置等在内的一批科研成果在国家电网有限公司电网规划、建设、运行和改造中得到了应用，保障了电网建设的顺利开展和安全稳定运行，为资源节约型、环境友好型的电网建设提供了重要的技术支撑。

（1）新技术目录主要内容。围绕国家电网有限公司和电网发展需求，每一版新技术目录类别会做适当调整、优化及补充。以《新技术目录（2020 年版）》为例，全篇包括 23 大类，296 项新技术。对于每项新技术，主要介绍其原理和路线、作用与效益、应用现状、研发趋势、应用条件、应用目标与原则、应用注意事项。

（2）新技术推广遴选原则。坚持开放、共享、合作原则，将技术成熟、具有良好推广应用前景的环保新技术纳入国家电网有限公司新技术目录和重点推广新技术目录，实施目标责任制，在规划设计、设备选型、建设施工、生产运行、技术改造等方面，全面推动环保新技术的应用。

主要从两个方面开展遴选：具备技术创新性，在推动电网安全可靠、提升电网环保管控水平等方面有显著作用，达到先进、适用条件的新技术、新工艺、新材料、新设备；具备可推广性，可复制于不同应用场景，从而实现新技术在电网中规模化应用。

（3）新技术推广流程。征集新技术环节：主要通过国家电网有限公司电子商务平台进行。上下游企业、中小微企业、高校、科研院所等各类创新主体可随时通过该平台进行填报，国家电网有限公司定期集中受理。

综合评估环节：由国家电网有限公司组织行业专家，从技术原理的科学性、性能指标的先进性、功能配置的有效性、技术成熟度和安全可靠性、应用效果及前景等5个维度进行综合评估。通过评估的新技术将纳入国家电网有限公司《新技术目录》。

挂网试运行环节：国家电网有限公司将遴选出的先进成熟、安全可靠的新技术，与相关创新主体合力推动挂网试运行，对其进行工业化试验验证。

转化推广环节：由国家电网有限公司各专业部门组织制定新技术推广应用年度计划，由物资部完善新技术（产品）的物资招标采购主数据，完成采购工作。对于新技术（产品），各单位采用招标、竞争性谈判或单一来源采购等方式进行物资采购。符合电商化采购要求的新技术（产品），依据相关规定采用电商化采购形式进行采购。

## 14.3 环境保护相关奖项申报

环境保护奖项的设置主要是为推动环境保护工作，发现和选拔优秀的环境保护人才，奖励在环境保护工作中做出突出贡献的单位和个人。当前我国环境保护工作的荣誉主要有中华环境奖、中国生态文明奖、环境保护科学技术奖、国家水土保持示范工程。

另外，国家优质工程奖、鲁班奖等奖项均对环境保护、水土保持都有相关要求。国家优质工程奖要求申报工程应具有一定的投资效益和社会效益，工程质量必须符合国家颁布的设计、施工规范和相关标准，有环保要求的工程在正常投产后须达到原设计的环保指标和国家相应的环保标准。鲁班奖要求申报工程符合法定建设程序、国家工程建设强制性标准和有关省地、节能、环保的规定，工程设计先进合理。

### 14.3.1 奖项分类

中华环境奖是由中华环境保护基金会设立、中国生态环境保护领域的最高社会性奖励，用于表彰和奖励在我国城镇环境保护、环境管理、企业环保、生态保护、环保宣教等领域做出重大贡献和取得优异成绩的集体和个人，或在上述领域，为中国与国际间合作交流做出重大贡献和取得优异成绩的集体和个人。

中国生态文明奖由中华人民共和国生态环境部主办，具体工作由中国生态文明研究与促进会承担，是中国设立的首个生态文明建设示范方面的政府奖项，旨在表彰和奖励在生态文明建设基层和一线实际工作中，对生态文明实践探索、宣传教育和理论研究等方面做出突出成绩的集体和个人。

环境保护科学技术奖由中国环境科学学会设立，旨在奖励在环境保护科学技术活动中做出突出贡献的单位和个人，调动广大环保科学技术工作者的积极性和创造性，促进环境保护科技事业发展。

国家水土保持示范工程由中华人民共和国水利部组织评定，是我国水土保持领域的最高奖项，主要授予体现区域典型性、行业代表性和引领性，注重理念、机制、模式和技术创新，且水土保持生态、经济和社会效益显著的生产建设项目水土保持工程和生态清洁小流域工程。

中国水土保持学会优秀设计奖是中国水土保持学会科学技术奖的组成部分，由中国水土保持学会设立和承办的奖项，旨在奖励我国在水土保持规划与设计领域中技术先进、成效显著、理念创新的项目成果。

## 14.3.2 奖项申报

### 14.3.2.1 中华环境奖

中华环境奖每两年评选颁发一次。中华环境奖参评者的产生实行政府及相关部门推荐与社会推荐相结合的原则。国务院各组成单位、地市级以上人民政府及其相关部门、企事业单位及 3A 级以上社会团体可以直接向组委会推荐各奖项的候选人。中华环境奖不接受个人自行直接申请。

推荐单位负责对申报中华环境奖的申报单位和个人进行审核，提出推荐意见，加盖公章后，于申报截止日期之前报秘书处。每届中华环境奖推荐申报活动的起止时间为奇数年的九月至十二月。秘书处向有关单位和社会各界发送开展中华环境奖评选活动的通知。同时在生态环境部网站 www.mee.gov.cn 和中华环境保护基金会网站 www.cepf.org.cn 上公布该通知和推荐及申报表。

申报中华环境奖应当同时符合下列条件：所开展的工作具有典型示范作用；所开展的工作符合我国生态文明建设与绿色发展战略；所开展的工作能够使经济增长与环境改善相结合，实现可持续发展；在中国境内开展的项目与活动，或对中国境内的环境保护工作具有显著推动或深远影响的工作；申报者应是具有法人资格的单位或自然人。与电网企业相关的各奖项评选标准如下：

（1）企业环保。企业环保类奖项，主要奖励在企业发展中遵循生态文明理念、严格遵守生态环境保护法律法规，努力实现节能减排、清洁生产、循环经济发展方式，积极组织开展生态环境保护公益活动和践行企业生态环境保护社会责任等方面做出突出贡献的企业或负责人。

1）模范遵守国家生态环境保护法律法规，在企业环境治理，资源节约、绿色生产方式、绿色科技等领域付出艰辛努力，实现为社会提供清洁、绿色产品的同时，与自然友好的企业。

2）在开展清洁生产、实施节能减排、加快污染治理等方面取得的成就，得到政府有关部门和广大公众的认可。

3）生态环境保护工作及各项环境指标达到国内同行业领先水平，在生态环境保护领域采取的举措，对同行业其他企业具有典型示范作用。

4）能够积极参与生态环境保护公益活动，承担生态环境保护方面的社会责任。

（2）生态保护。生态保护类奖项，主要奖励在生物多样性保护、生态修复、应对气候变化、国家公园等自然保护地保护与管理、生态保护红线划定与保护、植树造林、防沙治沙、水土保持、草原保护、核与辐射安全、地质灾害防治等方面做出重大贡献的集体或个人。

1）积极响应生态文明建设的发展战略，推动生态文明制度体系建设，在保护和修复自然生态系统，建立科学合理的生态补偿机制，生态修复、防灾减灾等方面付出艰辛努力，取得显著成绩。

2）取得的生态保护成就，得到政府有关部门和广大公众的认可。

3）取得的生态保护成就，对国内外其他地区生态保护工作具有典型示范作用。

（3）环保宣教。环保宣教类奖项，主要奖励在环境宣传、舆论监督、环境教育、环境科普、传播生态环境保护正能量、激发公众生态环境保护热情等方面做出重大贡献的集体或个人。

传媒方面：

1）所做的环境报道，对政府解决重大环境问题，起到了积极推动作用。

2）所做的环境报道，引起全社会的广泛关注，得到政府部门的高度重视。

3）所做的环境报道，对提高全社会的环境意识，起到有效引导和促进作用。

宣传教育科普方面：

1）长期从事环境教育、环境科学普及与宣传工作，在普及生态环境保护知识、提高公民环境意识、引领公众树立科学正确的生态环境保护观念等方面取得了重大成绩。

2）在环境教育、环境科学普及与宣传工作中取得的成就，在该领域具有较广泛的影响力。

3）在环境教育、环境科学普及与宣传工作中取得的成就，对其他相关从业人员具有典型示范作用。

#### 14.3.2.2 中国生态文明奖

中国生态文明奖每三年评选表彰一次。各省（区、市）环境保护部门可提出候选先进集体1个和候选先进个人1名。其中，开展生态省（生态文明建设示范省）建设的省（区、市）可增加1个候选集体或个人。国家各有关部门每届可推荐1个候选先进集体或1名候选先进个人。

推荐机关事业单位干部作为候选先进个人的，推荐单位应按干部管理权限，征求组织人事、纪检监察、计划生育等部门意见；推荐企业作为候选先进集体的或企业负责人作为候选先进个人的，推荐单位应征求工商、税务、审计、纪检监察、环境保护、计划生育、安全生产、行业主管等有关部门意见。

申报中国生态文明奖应符合下列条件：

（1）先进集体。模范遵守国家法律法规，认真贯彻党中央国务院关于生态文明建设决策部署，积极践行社会主义核心价值观，在生态文明实践探索、宣传教育和理论研究等方面做出显著成绩和突出贡献，具有典型示范意义，五年内未发生违法违纪等问题。评选对象为从事生态文明建设的基层组织，主要包括企事业单位、社团、社区和基层政府或部门等。

（2）先进个人。模范遵守国家法律法规，积极践行社会主义核心价值观，在生态文明实践探索、宣传教育和理论研究等方面做出显著成绩和突出贡献，事迹具有先进性和典型性，无违法违纪等问题。评选对象为从事生态文明建设的一线工作者，主要包括学者、教育工作者、新闻工作者、社会组织工作者、企业管理人员、工人、农民、公务员、军人等。

具有下列情况之一的，不得被推荐为中国生态文明奖候选者：

1）不符合本办法规定的奖励范围和条件的。

2）曾经获得中国生态文明奖的。

3）申报资料不实或弄虚作假的。

#### 14.3.2.3 环境保护科学技术奖

环境保护科学技术奖项目由省、自治区、直辖市生态环境行政主管部门，国务院有关部门、国家级工业总公司、全国性行业联合会、协会、学会等机构，生态环境部直属单位、生态环境部重点实验室、生态环境部工程技术中心，以及经奖励委员会确认的具有推荐资格的其他法人单位推荐或者由项目申报内容相关专业领域三位具有正高级以上职称的人员联合签名推荐。符合规定的单位、组织或个人，可以向奖励项目推荐单位申报环境保护科学技术奖项目。

被推荐的环境保护科学技术奖项目必须符合《环境保护科学技术奖励办法》第十条的规定，并经主管部门或相关机构进行科技成果鉴定、验收、评审或获得专利后，实际应用一年以上的科技成果，同时须符合下列条件之一：

（1）属于环保装备或工艺性研究的项目，必须完成生产性试验。

（2）能作为商品的项目，必须达到批量生产的水平。

（3）软科学研究项目成果，必须被使用部门接受并应用于决策和管理实践。

（4）基础研究与应用基础研究项目，必须在国内核心期刊（或国外公开刊物）上发表研究论文或者正式出版专著。

推荐环境保护科学技术奖重大项目（总项目）时，应包括该项目所含的各子项目。具有独立应用价值的子项目，经总项目负责人同意，可单独推荐，但推荐总项目时应剔除子项目的技术内容，并注明子项目推荐及获奖情况。单独获奖的子项目，不再分享总项目的荣誉和奖金。

正在研究中的项目、成果权属有异议的项目不得作为推荐项目；已获国家级、省级科学技术奖的项目原则上不得作为推荐项目。

环境保护科学技术奖候选人是指对推荐项目的完成做出创造性贡献的主要完成人员。具体包括：

（1）相关科学技术论著的主要作者。

（2）项目总体方案的具体设计者。

（3）对解决项目关键技术和疑难问题做出重要贡献者。

（4）项目转化投产、推广应用过程中重大技术难点的解决者。

（5）在高技术产业化方面做出重要贡献者等。

环境保护科学技术奖候选单位应是在项目研制、开发、投产、应用和推广过程中提供技术、设备和人员等条件，对项目的完成起到组织、管理和协调作用的主要单位。各级政府部门及工作人员原则上不得作为环境保护科学技术奖的候选单位或候选人。

环境保护科学技术奖每年评审一次，奖励项目分为环境保护技术类研究项目和环境保护软科学类研究项目两类。

环境保护科学技术奖的奖励范围包括：

（1）在环境保护基础研究和应用基础研究领域中，发现或者阐明自然现象特征和规律的，具有重要科学价值并得到科学界公认的科学研究成果。

（2）应用于环境污染防治、自然生态保护和核安全等领域，具有创新性并取得显著效益的产品、技术、工艺、材料等科学技术成果。

（3）为推动环境综合决策，促进环境、经济和社会协调发展，实现决策科学化和管理现代化，在环境保护战略、政策、规划、环境影响评价、核安全审评、标准、监测、信息、环保科普等方面，具有前瞻性、前沿性和创新性、并在实践中得到应用取得良好效果的软科学研究成果。

（4）在应用、推广、转化具有重大市场价值的环境保护应用技术成果中，做出创造性贡献并且取得显著的环境、社会和经济效益的成果。

（5）对引进国外先进环保设备仪器的制造技术，已消化吸收，自主生产出产品，具有较强的示范、带动和推广能力的技术成果。

（6）在华注册的国际组织或机构与中国的组织或机构合作开展环境保护技术研究开发，取得的科学技术成果。

#### 14.3.2.4 国家水土保持示范工程

国家水土保持示范工程每年评选一次。国家水土保持示范工程由创建单位或市、县级水行政主管部门报省级水行政主管部门审核。水利部批复水土保持方案的生产建设项目，由项目建设单位直接报水利部。省级水行政主管部门按照示范标准对示范申报严格审核，择优提出推荐意见并排序，于每年 6 月 30 日前与申报单位的申报材料一并报水利部水土保持司。

国家水土保持示范工程，是指落实人与自然和谐共生的理念，符合生态良好、生态宜居的要求，各类防治措施标准高、防治效果显著，在同行业或所在区域具有典型代表性、示范引领作用强、社会影响良好的生产建设项目水土保持工程和生态清洁小流域工程。其创建标准为：

（1）水土保持规划设计方案合理，目标任务明确，水土流失综合防护体系完善，工程措施布局合理、建设质量标准高、建设管理规范，体现了绿色发展的理念。

（2）防治理念和模式先进，新技术、新工艺、新方法普遍应用，示范引领、辐射带动作用强。

（3）运行管护机制健全，管护责任明确，管护经费有保障，实现良性运行。

（4）生产建设项目水土保持工程还应满足。

1）水土保持方案依法依规审批，在主体工程的初步设计、施工设计阶段落实了水土保持措施和要求，防治标准高、措施有效，防治效果好。开工前足额缴纳水土保持补偿费。

2）水土保持管理规范，水土保持监理、监测工作及时开展，主动配合各级水行政主管部门的监督检查，按规定期限向水行政主管部门报送有关情况。施工过程中创新施工工艺和管理方式，严格控制扰动范围，最大程度避免地表植被破坏。监督检查、监理、监测工作过程中发现的问题做到及时整改。水土保持监测季报和总结报告“三色评价”结论均为“绿色”。

3）依法依规及时开展了水土保持设施自主验收并报备。水行政主管部门验收核查未发现较严重问题。

4）未被水行政主管部门进行责任追究，未被列入过水土保持信用监管“重点关注名单”和“黑名单”。

申报材料包括申报函和创建总结报告。具体包括：

（1）申报单位向水利部申请创建示范的申报函。

（2）创建总结报告：生产建设项目示范工程主要包括组织领导、建设管理、综合防治、防治成效等，还应包括示范标准完成情况的具体说明及相关规划、文件、报告等材料。

（3）创建成效的介绍视频及其他图片影像资料。

#### 14.3.2.5 中国水土保持学会优秀设计奖

中国水土保持学会优秀设计奖申报主体是承担水土保持规划设计或科学研究的机构、企业、院所及教育部认定的高等院校。申报水土保持设计类项目的单位应具有国家和省级有关行政主管部门颁发的设计或咨询资质。

申报项目应符合国家有关方针、政策和法律法规，严格执行《工程建设标准强制性条文》。采用突破国家、行业技术标准的新技术、新材料，须按照规定通过技术审定。

#### 14.3.2.6 全国水土保持工作先进集体和先进个人

为进一步调动广大干部职工的积极性，激励各级水土保持干部职工不忘初心、牢记使命，锐意进取、履职尽责，全面推动水土保持高质量发展，经中央批准，水利部评选表彰全国水土保持工作先进集体和先进个人。

全国水土保持工作先进集体评选范围：全国各级水行政、发展改革、财政、自然资源、生态环境、农业农村、林草主管部门及其内设机构、直属单位，各级水土保持委员会组成单位及其内设机构等具有水土保持相关职能或从事水土保持相关工作的处级（含）以下单位（集体），从事水土保持措施设计施工、监测监理、管理维护等工作的处级（含）以下单位（集体）。

全国水土保持工作先进个人评选范围：上述单位（集体）从事水土保持相关工作的处级（含）以下在职干部职工。评选表彰面向基层和工作一线，不评选副司局级或者相当于副司局级以上单位和干部、县级以上党委或者政府，县处级干部比例控制在 20% 以内。

全国水土保持工作先进集体的推荐条件如下：

（1）全面贯彻习近平新时代中国特色社会主义思想，深刻领悟“两个确立”的决定性意义，增强“四个意识”、坚定“四个自信”、做到“两个维护”，在思想上政治上行动上同以习近平同志为核心的党中央保持高度一致。

（2）领导班子严格落实管党治党责任，信念坚定、廉洁奉公、作风优良、团结有力，干部职工队伍勤政务实、清正廉洁、作风扎实、和谐进取，在水土保持相关工作中成绩优异，各项工作指标处于先进水平。

（3）2017 年 1 月 1 日以来，领导班子成员无刑事案件及违法违纪情况，本单位（部门）未发生违规违纪等问题，无重大生态环境损害责任事故。

（4）2017 年 1 月 1 日以来，本单位（部门）未发生较大影响的投诉或上访事件。

全国水土保持工作先进个人的推荐条件如下：

（1）认真学习贯彻习近平新时代中国特色社会主义思想，深刻领悟“两个确立”的决定性意义，增强“四个意识”、坚定“四个自信”、做到“两个维护”，对党绝对忠诚，政治立场坚定。

（2）模范遵守国家法律法规，热爱水土保持事业，在水土流失预防治理、监督管理、监测评价以及相关科研教学工作中，扎实工作、勇于创新、成绩显著。

（3）具有高尚的职业道德和良好的工作作风，以全心全意为人民服务为宗旨，具有艰苦奋斗、无私奉献的精神，受到同行好评，事迹突出。

（4）无违法违纪行为。

### 14.3.3 奖项管理

#### 14.3.3.1 中华环境奖

中华环境奖首届和第二届设立了五个中华环境奖，每名获奖者各奖励 10 万元人民币，另设立若干提名奖，每名提名奖获奖者各奖励 1 万元人民币。从第三届起，围绕城镇环境、环境管理、企业环保、生态保护、环保宣教五个方面设立五类奖，每类奖项评选不超过五位获奖者，其中设不超过一个中华环境奖，奖金 50 万元人民币；其余为中华环境优秀奖，奖金 10 万元人民币。

#### 14.3.3.2 中国生态文明奖

中国生态文明奖由中华人民共和国生态环境部主办，具体工作由中国生态文明研究与促进会承担，中央文明办、全国人大环资委、全国政协人资环委、人力资源和社会保障部、全国总工会、共青团中央、全国妇联等部委参与表彰。

中国生态文明奖的奖励资金来源是生态文明促进基金，由中国生态文明研究与促进会设立。评委会秘书处设在中国生态文明研究与促进会，负责中国生态文明奖表彰活动的日常事务。

#### 14.3.3.3 环境保护科学技术奖

环境保护科学技术奖设一等奖、二等奖、三等奖。一等奖获奖数量不超过申报项目总和的 5%，二等奖获奖数量不超过申报项目总和的 15%，三等奖获奖数量不超过申报项目总和的 20%。

一等奖授予在环境科学技术上有重大创新，技术难度大，总体技术水平、主要技术经济指标达到国际先进水平，得到广泛应用，取得重大环境效益，对推动经济发展和社会进步有重大意义和作用的项目；或者授予技术难度和工作量很大，具有较高理论、学术水平和创新特色，对推动环境管理改革和环保事业发展起到关键作用，取得重大社会效益和环境效益的软科学研究项目。

二等奖授予在环境科学技术上有较大创新，技术难度较大，总体技术水平、主要技术经济指标达到国内领先水平，在较大范围应用，取得显著的环境效益，对推动经济发展和社会进步有较大意义和作用的项目；或者授予技术难度和工作量大，在我国环境管理上有创新，对推动环境管理现代化和领导科学决策起到重要作用，取得很大社会效益和环境效益的软科学研究项目。

三等奖授予在环境科学技术上有创新，技术难度较大，总体技术水平、主要技术经济指标达到国内先进水平，取得较大环境效益，对推动经济发展和社会进步作用大的项目；或者授予技术难度和工作量较大，结合我国环境管理实际，具有前瞻性和可行性，对推动环境管理现代化与领导科学决策起到显著作用，取得较大的社会效益和环境效益的软科学研究项目。

#### 14.3.3.4　国家水土保持示范工程

水利部对国家水土保持示范工程实行动态管理。水利部对示范工程不定期组织暗访督查，对示范标准没有持续巩固保持的、发生严重水土流失及相关生态破坏问题的，撤销示范称号。被撤销示范称号的 5 年内不得再次申报。

省级水行政主管部门应对本辖区内各类示范开展监督检查，发现问题督促整改。对拒不整改或者整改不到位的，应上报水利部撤销其示范称号。

各级水行政主管部门应当建立激励机制，对示范工程给予政策和资金支持，巩固提升示范成果，确保持续发挥示范引领作用。对承建的工程认定为示范工程的生产建设单位，对其承建的其他生产建设项目，各级水行政主管部门可免水土保持现场监督检查 1 年。

#### 14.3.3.5　中国水土保持学会优秀设计奖

中国水土保持学会优秀设计奖每两年评选一次。一等奖获奖成果的授奖单位不超过 5 个，获奖人员不超过 15 名；二等奖获奖成果的授奖单位不超过 3 个，获奖人员不超过 11 名；三等奖获奖成果的授奖单位不超过 2 个，获奖人员不超过 7 名。

中国水土保持学会对获奖成果的授奖单位及个人统一颁发奖励证书，鼓励各单位自行奖励，对获奖成果在中国水土保持学会网站、微信公众号等信息平台进行公告并宣传。

#### 14.3.3.6　全国水土保持工作先进集体和先进个人

为表彰先进、树立榜样、弘扬正气，进一步激励全国水土保持战线广大干部职工的荣誉感和干事创业热情，中央批准由水利部开展全国水土保持工作先进集体、先进个人评选表彰活动。迄今为止已开展两届全国水土保持工作先进集体、先进个人评选活动。

评选表彰工作坚持公开、公平、公正的原则，按照自下而上、逐级推荐、民主择优的方式进行。按照评选条件，拟推荐对象由所在单位民主推荐、集体研究确定，并在本单位公示。各地拟推荐对象应经所在地县级以上水行政主管部门自下而上逐级推荐；国务院有关部门和央企按照民主推荐程序提出推荐对象。省部级推荐单位就推荐对象的推荐程序规范性、推荐材料的真实性以及被推荐对象的基本情况、主要事迹等进行审核，并将评选表彰推荐对象汇总表、推荐对象基本情况和主要事迹等报送水利部。

水利部对推荐材料进行初审遴选提出推荐建议名单，按程序反馈省部级推荐单位。省部级推荐单位将初审同意后的推荐对象按照管理权限征求组织人事、纪检监察等部门意见，并在省部级范围内公示。公示无异议后，水利部组织复审，根据需要征求相关方面意见并公示无异议后，按程序进行表彰。

## 14.4 电网环保培训与宣传

《国家电网有限公司环境保护管理办法》对电网环保培训与宣传的内容、形式和长效机制的建立提出了原则性意见。

### 14.4.1 培训

#### 14.4.1.1 目的

通过对国家电网有限公司系统企业员工以及承包或参与国家电网有限公司电网项目建设的规划、设计、施工、监理等人员进行环保有关法律、法规、技术标准、电网环保基础知识及环保管理等方面的培训，提高全员环保意识和电网企业环保工作管理水平。

针对施工建设、运行维护、客户服务等一线工作人员开展纠纷处理相关业务培训，重点包括纠纷处理相关法律法规和标准规范、典型环保纠纷案例剖析（纠纷原因、预防措施和应对策略）等，不断提高纠纷处理人员的环保专业素养和应对能力。

#### 14.4.1.2 内容

环保培训内容包括：

（1）习近平生态文明思想和重要讲话、指示精神，党中央、国务院生态文明建设和生态环境保护重大决策部署。

（2）国家生态环境保护、水土保持有关法律法规、政策制度和标准规范。

（3）生态环境、水利部门关于生产建设项目环境保护、水土保持监管工作要求。

（4）国家电网有限公司环保、水保管理制度、标准规范。

（5）电网环保管理主要内容及工作方法。

（6）输变电及电网环保基础知识。

（7）国内外环保新技术、新能源应用、循环经济等知识。

（8）电网环保科普知识。

现有培训课件见表 14–2。

表 14–2 培训课件清单

| 序号 | 课程清单 | 内容简述 |
| --- | --- | --- |
| 1 | 贯彻生态文明思想 | 介绍贯彻习近平生态文明思想，坚决打好污染防治攻坚战 |
| 2 | 中央环保督察有关工作要求 | 中央环保督察规定、中央企业环境保护监督管理等要求与案例分析 |
| 3 | 生态保护红线及管理要求 | 介绍生态保护红线出台背景、划定原则、管理思路 |
| 4 | 我国新能源发展与消纳情况和国家电网有限公司相关工作 | 介绍“碳达峰、碳中和”战略及新技术发展、新能源发展、运行消纳情况及国家电网有限公司开展的工作、新能源发展规划及保障措施 |
| 5 | 国家大气污染防治计划 | 介绍国家大气污染防治计划背景及大气污染控制战略与行动 |
| 6 | 新环境保护法、水土保持法解读 | 对新《环境保护法》《水土保持法》与企业的关系解读 |
| 7 | 卫星遥感和无人机航拍等新技术应用 | 介绍应用卫星遥感和无人机航拍技术强化输变电工程，施工期环保、水保过程管控 |
| 8 | 变电站废水处理技术及应用 | 介绍国家相关法律法规及标准、变电站废水处理技术及方案 |
| 9 | 电磁环境标准解读 | 介绍电磁场国家标准动向与电磁环境矛盾焦点展望 |
| 10 | 国家电网有限公司环保管理制度宣贯 | 介绍国家近期环境保护新动态、环保水保法律法规新变化、国家电网有限公司环保管理制度 |
| 11 | 电网环境保护与企业社会责任 | 介绍社会责任中的企业环境责任，实现绿色发展 |
| 12 | 支撑单位（国网经研院、中国电科院，省经研院、省电科院等）环境保护管理职责和任务 | 介绍支撑单位环境保护工作现状、新形势下环境政策发展及要求、支撑单位环境保护职责和任务、环境保护工作主要内容 |
| 13 | 国家电网有限公司环保工作概况和管理制度 | 介绍国家电网有限公司环保工作基本情况及国家电网有限公司环保管理制度 |
| 14 | 电网环保工作的回顾与思考 | 介绍电网环保工作背景、发展和成效、面临的形势和问题以及下一阶段的主要工作任务 |
| 15 | 输变电建设项目环境管理 | 介绍输变电环境监管现状、目前存在的突出问题、开展的工作及思路 |
| 16 | 输变电建设项目环境监管 | 介绍输变电建设项目环境监管涉及的法律法规、环境标准 |
| 17 | 输变电工程环境影响评价 | 介绍输变电工程环评有关法规、环评程序及报批要求、环评相关标准、环评注意要点 |

续表

| 序号 | 课程清单 | 内容简述 |
| --- | --- | --- |
| 18 | 输变电工程环境监理基础知识与实务 | 介绍环境监理基础知识、输变电工程的主要环境影响及防治措施、输变电工程环境监理实务 |
| 19 | 输变电工程竣工环境保护验收 | 介绍输变电工程竣工环保验收工作流程、环保验收关键节点管控以及其他需要关注的内容 |
| 20 | 输变电工程水土保持设施验收 | 介绍水保验收工作依据、水保验收工作流程、水保验收关键节点管控以及水保验收核查重点 |
| 21 | 输变电工程水土流失防治 | 介绍输变电工程水土保持特点、水土流失防治要求以及水土保持监督管理工作 |
| 22 | 输变电工程水土保持方案和水土保持监测 | 简述生产建设项目水土保持、介绍输变电工程水土保持方案编制及输变电工程水土保持监测工作 |
| 23 | 环保全过程技术监督精益化管理实施细则解读 | 介绍环保全过程技术监督精益化管理实施细则的修编目的、修编过程、监督项目修编说明、监督要点解读 |
| 24 | 环保技术监督全过程精益化管理 | 介绍技术监督概况、国家电网有限公司技术监督工作发展以及环保全过程技术监督情况 |
| 25 | 电网环保技术监督 | 介绍环保技术监督工作 |
| 26 | 电磁环境和声环境基础 | 介绍输变电设施电磁环境和声环境 |
| 27 | 电磁环境与噪声测量方法 | 介绍输电工程电磁环境及测量方法、声环境及测量方法 |
| 28 | 变电站（换流站）噪声超标治理 | 介绍变电站噪声治理技术、降噪技术研究及推广以及国家电网有限公司专项行动 |
| 29 | 变电站降噪新材料新技术 | 介绍设备本体降噪材料与技术、辅助降噪材料的应用和评价及技术发展趋势 |
| 30 | 变电站噪声治理工程实践 | 介绍变电站噪声源产生及特性、吸隔声材料特性、噪声治理措施以及整体噪声评价 |
| 31 | 变电站（换流站）噪声防治技术 | 介绍噪声控制标准、噪声控制的基本理论和方法、变电站（换流站）噪声治理技术以及设施的维护保养及监测 |
| 32 | 变电站噪声防治新材料与新技术 | 介绍输变电设备声源与频谱特点、输变电设备用降噪材料、噪声控制工程实例以及噪声控制技术现状及发展趋势 |
| 33 | 声测量方法及智能测试系统应用 | 介绍电磁环境与噪声测量方法及智能测试系统应用 |
| 34 | 国家电网固体废物环境无害化处置监督管理 | 介绍国家电网有限公司电网固体废物环境无害化监督管理制度、电网固体废物环境无害化管理现状、问题及管理措施 |
| 35 | 危险废物管理法规及要求 | 介绍固废管理法规、危废管理标准，国家电网有限公司危险废物内部转运、暂存、转运、处置管理要求 |

续表

| 序号 | 课程清单 | 内容简述 |
| --- | --- | --- |
| 36 | 六氟化硫气体回收处理及循环再利用 | 介绍六氟化硫气体的管理模式、职责分工、回收处理及循环再利用以及数据统计及信息化处理 |
| 37 | 电网固体废物资源化利用及无害化处置 | 介绍电网固体废物资源化及无害化处置进展情况以及废蓄电池等电网固体废物环保处置思路 |
| 38 | 输变电环境影响评价与纠纷处理 | 介绍环境影响评价的法规规定、程序、相关标准；纠纷处理的预防、应对诉讼以及公众关注的主要问题 |
| 39 | 国家环保政策形势、法律法规及环保纠纷案例 | 介绍环境保护政策形势变化与最新环境法律法规修改动向、输变电工程环境保护纠纷案例分析 |
| 40 | 环保行政复议及应诉案例分析 | 介绍环保行政复议知识及应诉案例分析 |
| 41 | 环境保护、水土保持法规、规章及典型案例解析 | 介绍环境保护、水土保持法规、规章，生态敏感区管理法规及管理要求，对典型案例进行解析 |
| 42 | e 基建 2.0 系统环保应用升级改造 | 介绍 e 基建 2.0 系统环保应用总体建设现状、存在的问题及下阶段工作计划 |
| 43 | e 基建 2.0 系统环保应用操作演示 | 对 e 基建 2.0 系统环保应用进行系统演示 |
| 44 | 噪声污染防治法解读 | 法律立法背景、主要内容解读及企业管理要求 |
| 45 | 自然保护地建设项目监管 | 介绍自然保护地监督及破坏主要案例，绿盾 2022 行动方案及企业建设项目监管要求 |
| 46 | 生产建设项目水土保持监管 | 介绍生产建设项目水土保持监管涉及的法律法规、制度标准，解读生产建设项目水土保持问题分类和责任追究标准 |
| 47 | 电网建设项目业主、施工、监理项目部环境保护和水土保持标准化管理手册 | 介绍电网建设项目业主、施工、监理项目部环保水保机构设置、工作职责、环保水保管理内容及环保水保设施措施标准工艺 |

#### 14.4.1.3 对象及要求

（1）国家电网有限公司系统全体员工。了解国家生态环境保护政策、电网环保基本知识、世界卫生组织关于极低频场健康影响的研究结论。

（2）环保管理及技术监督人员。熟悉国家环保有关法律、法规、国家电网有限公司环保管理相关规定及与电网环保相关的技术标准、监测规范，掌握输变电及电网环保基础知识、环保管理的主要内容及工作方法，科学应用世界卫生组织权威观点及最新成果。

（3）前期及建设管理单位人员。熟悉《环评法》《水保法》《建设项目环境保护管理条例》等法律、法规和相关技术标准，掌握电网建设项目环境影响评价、水土保持方案编报以及竣工环保、水保验收工作程序及要求。

（4）设计人员、第三方环保水保咨询机构人员。掌握环境影响、水土保持相关标准规范，熟悉国家电网有限公司建设项目可研、设计环保、水保篇章编制要点及审查要点，熟悉生态敏感区环境管理要求。

（5）监理、施工管理人员。了解输变电工程环境保护和水土保持的基本要求，掌握电网建设项目施工、监理项目部机构设置和岗位职责、责任清单，熟悉电网建设项目施工准备阶段、施工阶段、验收阶段环保水保管理要求和工艺标准。

（6）生产运行等一线人员。了解输变电设施运行中电场、磁场、噪声的环境影响，掌握事故油池、污水处理、噪声防治设施的工作原理及运行维护等知识，熟悉环保技术监督要求，了解国家有关技术标准、检测方法和环保纠纷的处理程序，掌握污染事故应急处理方法，熟悉生产运行环保档案的内容和归档工作。

（7）输变电实物资产管理人员。熟悉《固废法》等法律、法规和危险废物回收、暂存、转移、处置等相关技术规范，掌握电网固体废物环境无害化处置工作程序及要求。

#### 14.4.1.4 培训的组织

国家电网有限公司系统各级环保归口管理部门应制定环境管理及监测人员培训大纲、环保培训工作计划，组织对国家电网有限公司系统各单位人员培训。国网基建部负责对各省公司环保培训工作进行考核。

### 14.4.2 宣传

#### 14.4.2.1 宣传目的

通过广泛开展电网环保宣传，将国家电网有限公司生产管理、经营业绩、品牌建设、制度创新取得的环保做法和工作成果通过各种宣传手段、方法和形式告知于社会各界，树立国家电网有限公司重视环保、服务社会的良好形象，使公众了解输变电设施特点、作用、环境影响，优化电网发展的外部环境。

#### 14.4.2.2 基本原则

（1）切合国家环保政策，围绕国家电网有限公司发展战略，宣传权威观点。

（2）积极争取政府主管部门指导和支持，借助各种有效媒体，力争联合开展电网环保宣传。

（3）宣传输变电电磁环境科学知识与宣传输变电设施的基础性、公益性相结合。

（4）电网环保宣传与用电服务宣传相结合，突出企业社会责任；与弘扬企业文化相结合，树立国家电网品牌。

（5）环保宣传要做到依据科学、内容全面、信息均衡、表述客观。

（6）重点宣传与普遍宣传相结合，突出重点、贴近实际、注重实效。

（7）主题宣传与常态宣传相结合，远期目标与近期任务相结合，宣传工作持续有效。

（8）积极宣传世界卫生组织权威观点，解读最新研究成果，对外宣传的形式丰富多彩。

#### 14.4.2.3 指导思想

贯彻落实国家环境保护政策法规，履行企业社会责任，宣传国家电网有限公司环保工作方针与措施，传播科学、客观、全面的输变电设施电磁环境知识和信息，为电网发展营造和谐的外部环境。

电网环保宣传在增加宣传力度的同时，应注意宣传方式的多样性，例如通过平面广告、电视、广告等传统媒体以及网络、微信、微博、抖音等新媒体平台开展宣传，也应注重电网环保宣传效果评估方面的投入与产出。

#### 14.4.2.4 宣传重点

（1）输变电设施的基本特点，电网的基础性、公益性和对社会经济发展的支撑作用。

（2）输变电设施电场、磁场科普知识。

（3）世界卫生组织关于极低频电场、磁场与健康的最新研究成果和官方结论。

（4）国家电网有限公司在电网建设运行过程中采取的环境保护措施和取得的成效。

（5）国家电网有限公司在项目初始阶段就深度融合生物多样性保护的理念和思路。

#### 14.4.2.5 基础资料

世界卫生组织《制定以健康为基础的电磁场标准的框架》《WHO“国际电磁场计划”的评估结论与建议》《建立有关电磁场风险的对话》《电磁场防护法律范本》《环境健康准则：极低频场》中文译本。

《输变电设施的电场、磁场及其环境影响》《人居电力电磁环境》等环保科普书籍。

《电网环保 ABC》《建绿色电网，创和谐家园》等电网环保宣传手册。

《建绿色电网，创和谐家园——输变电设施电磁环境知识介绍》、央视焦点访谈《变电站、高压线有辐射吗？》等电视宣传片。

《输变电典型环保问题沟通手册》。

《国家电网有限公司 2021 环境保护报告》。

《国家电网有限公司环境保护报告（2021 ~ 2022）》。

#### 14.4.2.6 宣传方式

电网环保宣传应丰富宣传内容，努力拓宽渠道，主要宣传形式有：

（1）坚持主题宣传和日常宣传相结合，如“六・五”环境日与环保部门联合开展电网环保主题宣传活动。在用电营业厅等场所发放电网环保宣传材料。

（2）建立电网环保主题网站，宣传国内外电磁环境标准和研究成果，提供与公众交流的平台；组织专业人员在热点网站就电网环保有关问题答疑解惑。

（3）借助电视广播宣传国家电网公有限公司环保措施，如播放电网环保宣传片、制作和播出电网环保公益广告等。

（4）加强与新闻媒体的沟通，努力寻求媒体对国家电网有限公司的关注、理解和支持，通过媒体发布国家电网有限公司在环境保护和节能减排方面的举措和成效。

（5）通过专家访谈、座谈研讨等形式，介绍输变电电磁环境及其健康影响知识，解读世界卫生组织对电磁环境及影响研究成果。

（6）向政府部门、社会公众等赠阅电网环保有关宣传材料。

（7）在国内有较大影响的平面媒体刊登介绍输变电设施电磁环境、电网环保等系列文章。

（8）通过微信、微博、百度百科、抖音、快手、知乎等新媒体，在信息深度、粉丝量、曝光率、影响力等不同领域，开展电网环保科学化、规范化宣传，持续向公众宣传国家电网有限公司绿色发展理念。

（9）因地制宜宣传电网企业，将生物多样性保护融入电网环保管理的全流程。

（10）建设电网环保交流平台，利用互联网实现平台的持续宣传和普及推广，宣传输变电设施环保信息，促进电网行业健康发展，实现电网发展与社会公众和谐相处。

（11）建立电网环保宣传基地，组织开展学习交流电网环保宣传典型案例精选见表14–3。

表 14–3　　电网环保宣传典型案例精选

| 宣传活动名称 | 二维码或链接 |
| --- | --- |
| “六·五”“世界环境日”主题宣传活动 | http://dwhbkp.com/show_621.html |
| 2022 年国际生物多样性日宣传片 | http://edu.cctv.com/2022/05/19/VIDEPGgXPA0TIfz5WMw5mNeU220519.shtml |
| “电网电磁环境安全”主题宣传活动 | http://dwhbkp.com/show_633.html |
| 微信、微博等新媒体宣传 | https://mp.weixin.qq.com/s/T54b2nc4GTJytBSYoXWJ2g |
| 借助电视广播宣传电网环保知识：《焦点访谈》：“高压线变电站有电磁辐射” | https://v.qq.com/x/page/z0153x7n5ck.html |
| 电网环境保护宣传片 | http://dwhbkp.com/show_568.html |
| 电网环保有关宣传材料、普及环保知识 | http://dwhbkp.com/list_4.html |
| 输变电工程科普知识问答 | https://baike.baidu.com/wikisecond/search？wd=%E8%BE%93%E5%8F%98%E7%94%B5%E5%B7%A5%E7%A8%8B |

更多电网环境保护新闻知识可通过以下二维码进行了解，二维码如图 14–1 所示。

图 14–1　电网环境保护知识科普网站二维码

#### 14.4.2.7 宣传组织

（1）配合生态环境部组织的重大宣传活动，由国家电网有限公司组织指导开展。

（2）常态宣传，各单位根据本地区的特点，制定环保宣传工作计划及实施方案，相关部门密切配合，开展各类宣传活动，鼓励与地方环保部门共同组织宣传活动。

### 14.4.3 公众沟通

#### 14.4.3.1 目的和原则

为保障公众和相关组织获取环境信息、参与和监督环保的权利，畅通公众参与渠道，需要开展公众沟通工作。

公众沟通应当遵循依法、有序、自愿、便利的原则。

#### 14.4.3.2 沟通方式

可以通过征求意见、问卷调查，组织召开座谈会、专家论证会、听证会等方式征求公众和相关组织对环保相关事项或者活动的意见和建议。

公众和相关组织可以通过电话、信函、传真、网络等方式提出意见和建议。

#### 14.4.3.3 沟通要求

向公众和相关组织征求意见时，应当公布以下信息：

（1）相关事项或者活动的背景资料。

（2）征求意见的起止时间。

（3）公众提交意见和建议的方式。

（4）联系部门、联系方式和岗位。

公众和相关组织应当在征求意见的时限内提交书面意见和建议。

拟组织问卷调查征求意见的，应当对相关事项的基本情况进行说明。调查问卷所设问题应当简单明确、通俗易懂。调查的人数及其范围应当综合考虑相关事项或者活动的环境影响范围和程度、社会关注程度、组织公众参与所需要的人力和物力资源等因素。

拟组织召开座谈会、专家论证会征求意见的，应当提前将会议的时间、地点、议题、议程等事项通知参会人员，必要时可以通过政府网站、主要媒体等途径予以公告。参加专家论证会的参会人员应当以相关专业领域专家、环保社会组织中的专业人士为主，同时应当邀请可能受相关事项或者活动直接影响的公众和相关组织的代表参加。

对于法律、法规规定应当听证的事项，应当向社会公告，并举行听证。组织听证应当遵循公开、公平、公正和便民的原则，充分听取公众和相关组织的意见，并保证其陈述意见、质证和申辩的权利。除涉及国家秘密、商业秘密或者个人隐私外，听证应当公开举行。

对公众和相关组织提出的意见和建议进行归类整理、分析研究，充分考虑，并以适当的方式进行反馈。

#### 14.4.3.4 监督和举报

支持和鼓励公众和相关组织对环保公共事务进行舆论监督和社会监督。

公众和相关组织发现任何单位和个人有污染环境和破坏生态行为的，可以通过信函、传真、电子邮件、“12369”环保举报热线、政府网站等途径举报。

接受举报的单位依照有关法律、法规规定调查核实举报的事项，并将调查情况和处理结果告知举报人，对举报人的相关信息予以保密，保护举报人的合法权益。

## 14.5 e基建2.0系统

### 14.5.1 概述

公司加强环境保护数字化管理顶层设计，建成e基建2.0平台环境保护管理模块，于2024年3月分两个批次在总部、省公司、地市公司全面推广应用，实现了从项目前期、工程前期、建设期、运行期到退役期，对建设项目环境保护、水土保持的全流程管控、全时空监督、全要素治理、全周期处置、全息地图可视化展示。总部层面，实时在线展示全部电网建设项目环境保护和水土保持管理情况，并对风险进行监控、预警和告警；省公司层面，对省内电网建设项目开展全过程管控；地市公司层面对所辖电网建设项目开展全过程数字化管理，进一步压实各专业、各层级、各环节环境保护、水土保持责任，切实提升公司系统业务全流程管控能力、数据智能化分析能力和环境全要素治理能力，确保实现“程序合法、监测达标、环境友好、公众满意”的环境管理目标。

e基建2.0系统环保应用登录页面如图14–2所示。

登录成功后选择环保，即可进入全过程看板页面，如图14–3所示。

### 14.5.2 系统功能

#### 14.5.2.1 环保、水保复核

对当年需履行环评报告、水保手续的项目进行辨识，并支持对可研报告相关文件、环保、水保初步设计及施工图设计相关文件进行管理和查询。

#### 14.5.2.2 环评、水保方案管理

对当年计划开工电网建设项目以及今年需履行环评报告水保方案批复的项目进行环评报告和水保方案相关文件的管理和查询。

#### 14.5.2.3 施工期管理

管理施工期的环保、水保技术交底与培训、环保、水保措施、设施落实、水保补偿费缴纳、环保、水保问题整改及闭环、水保监测以及植被及迹地恢复等信息。

#### 14.5.2.4 环保验收管理

对环保验收全流程管理，通过流程驱动业务的模式，高效完成了环保验收工作。

#### 14.5.2.5 水保验收管理

对水保验收全流程管理，通过流程驱动业务的模式，高效完成水保设施验收工作。

#### 14.5.2.6 运行期环保管理

针对运行期环境监测以及六氟化硫回收再利用进行管理。

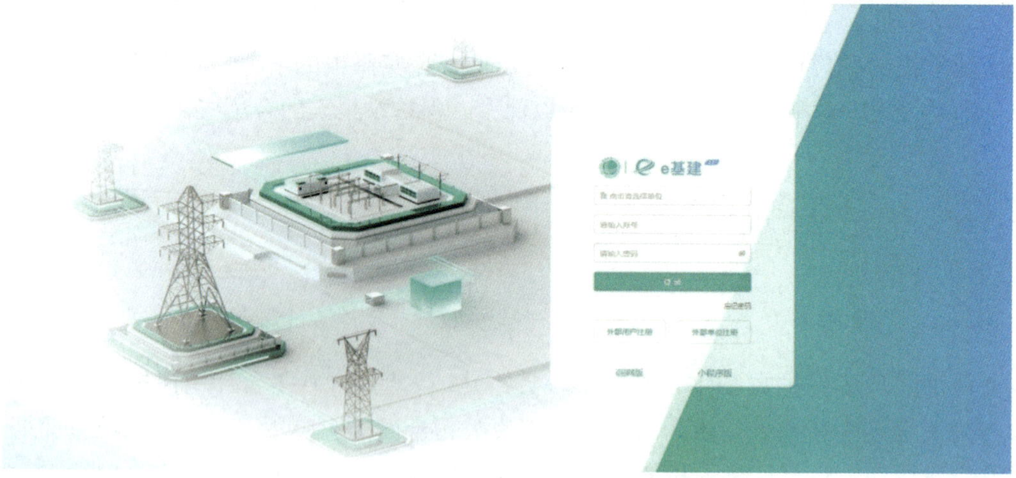


图 14–2　e 基建 2.0 系统登录页面

图 14–3　e 基建 2.0 系统全过程看板页面

### 14.5.2.7　危废固废管理

针对危险废物的处置单位、仓库信息以及危险废物的入库、暂存、处置信息进行管理。

### 14.5.2.8　环保水保监督检查

根据环保全过程技术监督实施细则中的监督要点进行电网建设项目全过程监督，对过程中发现的问题及时跟踪处理闭环。

### 14.5.2.9　统计分析

分为看板数据以及项目层级各阶段性统计分析页面，结合各层级用户实际需求，展示各个节点关键指标，为总部、省公司、建管单位等层级用户，提供分析、决策能力。

### 14.5.2.10　服务单位管理

针对各阶段招标的环保水保服务单位（环保验收调查单位、水保验收调查单位、水保监测单位）做招标信息、合同信息等的管理。

# 参考文献


[1] 国务院新闻办公室. 新时代的中国绿色发展[M]. 北京：人民出版社，2023.

[2] 中共中央宣传部，生态环境部. 习近平生态文明思想学习纲要[M]. 北京：学习出版社，人民出版社，2022.

[3] 习近平. 以美丽中国建设全面推进人与自然和谐共生的现代化. 中国政府网，2023年12月31日.

[4] 生态环境部. 我国环境保护的发展历程和成效. 生态环境部官方网站，2013年7月11日.

[5]（美）雷切尔·卡森. 寂静的春天[M]. 北京：人民文学出版社，2020.

[6] 宋伟，张城城，张冬，孙志. 环境保护与可持续发展[M]. 北京：冶金工业出版社，2021.

[7] 王金南，徐华清. 碳达峰碳中和导论[M]. 北京：中国科学技术出版社，2023.

[8] 余新晓，毕华兴. 水土保持学（3版）[M]. 北京：中国林业出版社，2013.

[9] 韦钢，江玉蓉，赵璐，朱兰. 电力工程基础[M]. 北京：机械工业出版社，2020.

[10] 刘振亚. 特高压电网[M]. 北京：中国经济出版社，2005.

[11] 袁清云. 特高压直流输电技术现状及在我国的应用前景[J]. 电网技术，2005，29(14)：1–3.

[12] 张广洲. 直流输电电磁环境影响[D]. 华中科技大学硕士学位论文，2006.

[13] 邬雄，张广洲，刘云鹏. 输电线路电晕及电晕效应[M]. 北京：中国电力出版社，2017.

[14] 向力，等. 输变电设施的电场、磁场及其环境影响[M]. 北京：中国电力出版社，2007.

[15] 张殿生. 电力工程高压送电线路设计手册[M]. 北京：中国电力出版社，1999.

[16] 舒印彪. 新型电力系统导论[M]. 北京：中国科学出版社，2022.

[17] 徐政. 柔性直流输电系统[M]. 北京：机械工业出版社，2016.

[18] 刘振亚. 全球能源互联网[M]. 北京：中国电力出版社，2015.

[19] 杨新村，李毅译. WHO“国际电磁场计划”的评估结论与建议[M]. 北京：中国电力出版社，2008.

[20] 美国邦维尔电力管理局生态研究工作组. 输电线路的电效应和生态效应[R]. 北京：水利电力部电力科学研究院，1987.

［21］邬雄．输变电工程的电磁环境［M］．北京：中国电力出版社，2009．

［22］万保权，干喆渊，何旺龄，等．电力电缆线路的电磁环境影响因子分析［J］．电网技术，2013，37（06）：1536–1541．

［23］曾庆禹．特高压输电线路电气和电晕特性研究［J］．电网技术，2007，（19）：1–8．

［24］隋晓杰，宋守信．高压输电线路电晕放电分析［J］．电力建设，2006，（03）：37–38．

［25］孙昕．交流输变电工程环境影响与评价［M］．北京：科学出版社，2015．

［26］罗竹杰．电力用油与六氟化硫［M］．北京：中国电力出版社，2007．

［27］刘强．电网建设生态环境保护管理［M］．北京：中国电力出版社，2020．

［28］孙昕．交流输变电工程环境影响与评价［M］．北京：科学出版社，2015．

［29］周年光．输变电工程环境保护管理［M］．北京：中国电力出版社，2017．

［30］《中华人民共和国国民经济和社会发展第十四个五年规划和2035年远景目标纲要》．

［31］国家电网有限公司组编．国家电网有限公司环境保护报告2021～2022．北京：中国电力出版社，2023．

［32］《新型电力系统数字技术支撑体系白皮书（2022版）》．